# 机械热点领域创新技术研究

JIXIE REDIAN LINGYU CHUANGXIN JISHU YANJIU

主　编　李意平

副主编　王　靖　邓学欣

知识产权出版社
全国百佳图书出版单位
—北京—

**图书在版编目（CIP）数据**

机械热点领域创新技术研究 / 李意平主编．—北京：知识产权出版社，2021.8

ISBN 978-7-5130-7265-6

Ⅰ．①机…　Ⅱ．①李…　Ⅲ．①机械—专利申请　Ⅳ．① G306.3

中国版本图书馆 CIP 数据核字（2020）第 206911 号

**内容提要**

本书通过发动机活塞、缝纫机压脚、焊接材料等 10 个机械领域的技术综述报告，针对各领域的技术热点，详细梳理各领域的技术发展路线，分析各领域申请人、技术分支、全球及国内专利申请状况，预测未来技术发展方向，梳理和介绍公知常识，并结合专利探析审查实践。

本书可帮助读者了解国内外相关行业机械热点领域关键技术发展的路线和方向，便于企业做好专利预警，同时可帮助专利审查员不断提高技术素养，把握本领域现有技术。

**责任编辑**：徐　凡　　　　**责任印制**：孙婷婷

**机械热点领域创新技术研究**

李意平　主编

王　靖　邓学欣　副主编

出版发行：知识产权出版社有限责任公司　　网　址：http：//www.ipph.cn

电　话：010-82004826　　http：//www.laichushu.com

社　址：北京市海淀区气象路 50 号院　　邮　编：100081

责编电话：010-82000860 转 8533　　责编邮箱：laichushu@cnipr.com

发行电话：010-82000860 转 8101/8102　　发行传真：010-82000893

印　刷：北京中献拓方科技发展有限公司　　经　销：新华书店、各大网上书店及相关专业书店

开　本：720mm × 1000mm　1/16　　印　张：18.5

版　次：2021 年 8 月第 1 版　　印　次：2021 年 8 月第 1 次印刷

字　数：255 千字　　定　价：85.00 元

**ISBN 978-7-5130-7265-6**

# 编委会

# 目　录

第一章　发动机活塞领域技术综述……1
一、引言……1
二、技术发展趋势分析……2
三、技术构成分析……4
四、区域布局分析……7
五、创新主体分析……11
六、典型技术问题分析……13
七、本章小结……23
第二章　缝纫机压脚专利技术综述……24
一、缝纫机压脚机构……24
二、缝纫机压脚技术专利整体态势分析……28
三、缝纫机压脚技术热点和空白点分析……34
四、重点申请人分析……47
五、本章小结……61
第三章　工程钻进机械——钻具技术专利分析……64
一、工程钻进机械——钻具概述……64
二、工程钻进机械——钻具专利技术研究内容及方法……66

三、工程钻进机械——钻具专利技术概况……68
四、工程钻进机械——钻具专利技术创新主体分析……76
五、工程钻进机械——钻具专利技术路线分析……89
六、工程钻进机械——钻具公知常识……95
七、本章小结……101
**第四章　焊接材料技术综述**……103
一、焊接材料常规成分研究……103
二、焊接材料领域专利现状分析……128
三、本章小结……137
**第五章　化学机械抛光垫沟槽专利分析**……139
一、技术概述……139
二、专利申请及技术构成分析……140
三、沟槽表面形式技术发展路线……143
四、沟槽制备工艺技术功效矩阵……146
五、本章小结……149
**第六章　搅拌摩擦焊专利技术综述**……151
一、搅拌摩擦焊接技术……151
二、搅拌摩擦焊接技术发展状况……152
三、搅拌摩擦焊接重要申请人分析……164
四、搅拌针形状分析……178
五、搅拌摩擦焊发展趋势……181
六、本章小结……186
**第七章　卷绕输送领域张力控制专利技术综述**……190
一、卷绕输送领域张力控制技术概述……190

二、卷绕输送领域张力控制的研究对象和研究方法……191
三、技术发展脉络……196
四、本章小结……207
**第八章 内燃机机体技术综述……208**
一、引言……208
二、发展趋势分析……209
三、技术构成分析……211
四、区域布局分析……213
五、创新主体分析……217
六、典型技术问题分析……221
七、本章小结……238
**第九章 起重机起吊装置的技术综述……240**
一、绪论……240
二、起升机构中的制动装置……252
三、起升机构中的卷扬装置……255
四、起升机构中的吊具……261
五、本章小结……265
**第十章 汽车轮毂轴承 ABS 技术专利分析……267**
一、概述……267
二、轮毂轴承 ABS 技术专利申请整体状况……269
三、轮毂轴承 ABS 技术的主要申请人……273
四、技术发展路线分析……277
五、未来技术发展预测……284
六、本章小结……284

# 第一章　发动机活塞领域技术综述

国家知识产权局专利局专利审查协作北京中心

马宇航　樊锦涛*

**摘要**：发动机好比是汽车的“心脏”，而发动机活塞则可以理解为发动机的“中枢”，是发动机中工作强度最大的零件之一。本章从专利分析的角度，从技术发展趋势、技术构成、区域布局和创新主体等几个方面对发动机活塞技术进行了整体分析，并进一步对发动机活塞的耐热性及其相关技术进行了详细分析。

## 一、引言

发动机活塞是在发动机气缸体中做往复运动的机件，是发动机中最忙碌的一个零件，其不断地进行着从下止点到上止点的往复运动。在发动机工作时，高温气体直接作用于活塞，且温度分布不均匀，同时活塞还要承受很大的气体压力，特别是做功行程时压力最大，活塞裙部与气缸壁接触，始终处于高变速运动状态，并且活塞的润滑条件差。在这种恶劣的条件下工作，活塞会产生变形并加速磨损，产生附加载荷和热应力，同时还会受到燃气的化学腐蚀作用。

随着汽车整车对发动机的动力性、经济性、环保性及可靠性的要求越来越严格，发动机活塞作为关键的零件之一，其耐热性、耐磨性、导向性和密

---

*　马宇航、樊锦涛同为第一作者。

封性直接影响着发动机的燃烧是否充分、排放是否达标。而活塞环和活塞杆的制造、活塞材料的选择、活塞的冷却及活塞顶面燃烧室的形成，则是影响活塞性能的主要因素。

本章的研究目标是对发动机活塞技术的总体发展趋势、技术构成、区域布局、创新主体和典型技术问题的解决手段进行分析。由于专利文献是世界上最大的技术信息源，其作为技术信息最有效的载体，囊括了全球科技技术信息的90%~95%，因此，本书着重以专利的视角来分析上述内容。

为了全面、准确地反映发动机活塞的专利技术现状及其发展趋势，在对现有专利数据库进行分析比较的基础上，确定专利检索与服务系统（Patent search and service system，以下简称“S系统”）中的中国专利文摘数据库（CNABS）、中国专利检索系统文摘数据库（CPRSABS）、德温特世界专利索引数据库（DWPI）、世界专利文摘数据库（SIPOABS）及IncoPat数据库作为检索数据库。因此，数据检索所使用的分类号主要为F02F3、F02F5、F16J1、F16J7、F16J9。检索所使用的关键词除了包含对活塞的中英文及扩展限定外，还包含对发动机领域的限定。

## 二、技术发展趋势分析

经过检索，截至2019年8月10日，发动机活塞技术领域的全球专利申请总量达36 088件，中国专利申请总量达7174件（统计结果中同族专利计为1件）。根据发动机活塞技术领域中全球和中国每年的专利申请量，得出两者的专利申请趋势，如图1-1所示。由于发明专利申请需要18个月公开，导致2018年和2019年的部分发明专利申请还未公开，因此2018年和2019年的专利检索结果不能代表真实的专利申请趋势，在图1-1中以虚线表示，实线部分表示到2017年为止发动机活塞技术在全球和中国的专利申请趋势。

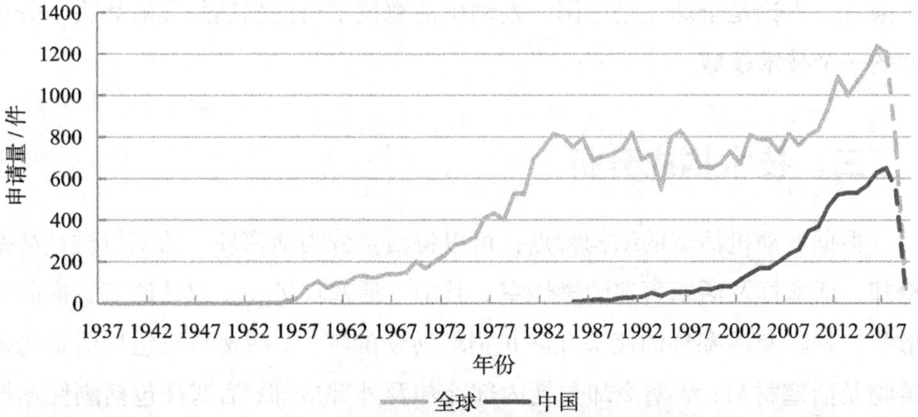


**图 1-1　全球和中国发动机活塞技术的专利申请趋势**

从图 1-1 中可以看出，发动机活塞技术的专利最早申请于 1937 年；随后的 20 多年中，发动机活塞技术的发展一直处于起步阶段；在 20 世纪六七十年代，随着汽车工业的快速发展，汽车性能的提高及汽车排放物的危害逐渐引起人们的关注，发动机活塞技术进入上升阶段；20 世纪 80 年代至 21 世纪初，受经济、战争的影响，全球的发动机活塞技术一直处于相对缓慢的波动发展阶段，在此期间，中国也开始加入该领域的研发；2008 年至今，发动机活塞技术一直处于快速上升发展趋势。而中国从 20 世纪 80 年代中期进入该领域后，历经了 10 多年的起步阶段，从 1995 年开始进入缓慢上升阶段，又经过 7 年左右的发展，到 2002 年进入快速发展阶段，直到目前，中国在该领域的发展始终呈现快速发展趋势。

从上述发展历程可以发现，全球发动机活塞技术的发展主要受能源危机或者经济危机的影响，这会导致发动机活塞技术的发展受很大的阻碍。由于中国经济环境持续向好，受经济危机的影响较小，市场规模大，而且中国政府也非常重视发动机技术的创新，积极出台相关鼓励性政策法规，因此中国在发动机活塞技术领域能够保持稳定的快速发展趋势。不过从总体的发展趋势来看，不论是全球还是中国，发动机活塞技术目前仍然是发展势头十分迅猛的一个技术领域。

## 三、技术构成分析

根据发动机活塞的结构特点，可以将活塞分为活塞环、活塞材质、活塞冷却、活塞杆及活塞顶部的燃烧室。其中，活塞环进一步包括调节、横截面形状、材料及活塞环的接头和防止损坏转动的零件；活塞材质包括活塞的覆盖物及活塞材料；活塞冷却包括内部冷却及外部冷却；活塞杆包括刚性连接及枢轴连接，如图 1-2 所示。

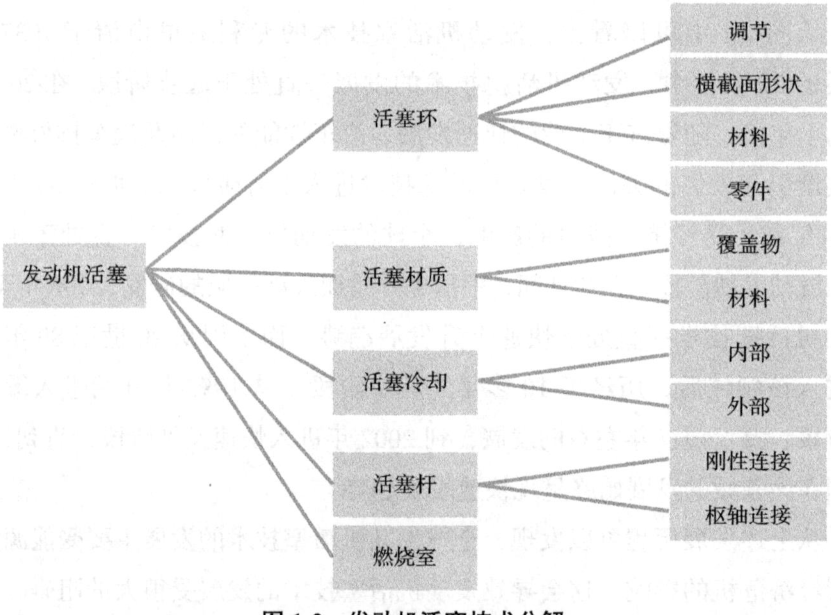


**图 1-2　发动机活塞技术分解**

对发动机活塞技术的各个分支进行检索，得出各个分支的技术构成，如图 1-3 所示。其中，图 1-3（a）表示的是发动机活塞技术的五个分支的专利申请量占比，图 1-3（b）表示的是活塞环的各个技术分支的专利申请量占比，图 1-3（c）表示的是活塞材质的各个技术分支的专利申请量占比，图 1-3（d）表示的是活塞冷却的各个技术分支的专利申请量占比，图 1-3（e）表示的是活塞杆的各个技术分支的专利申请量占比。上述五幅图中内圈均表示中国专利申请量占比，外圈均表示全球专利申请量占比。

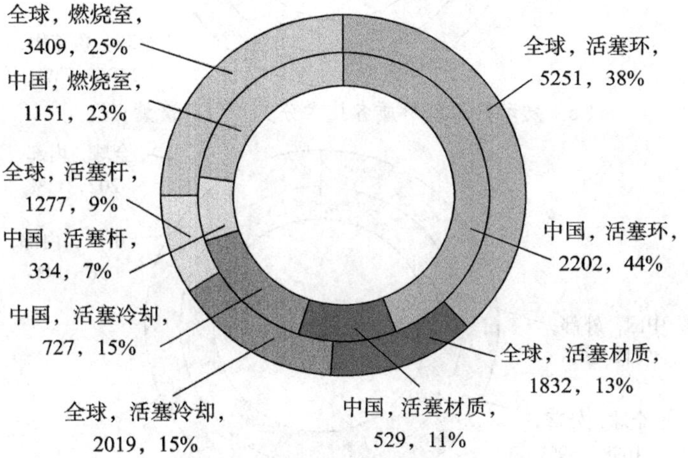


（a）发动机活塞二级技术分支专利申请量占比

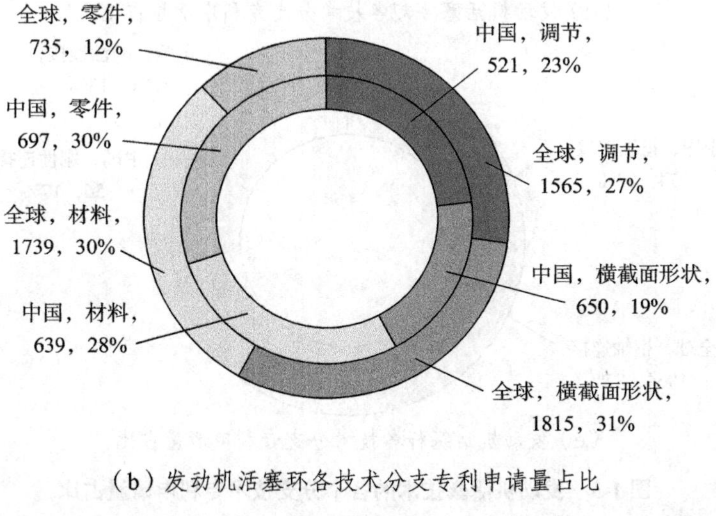


（b）发动机活塞环各技术分支专利申请量占比

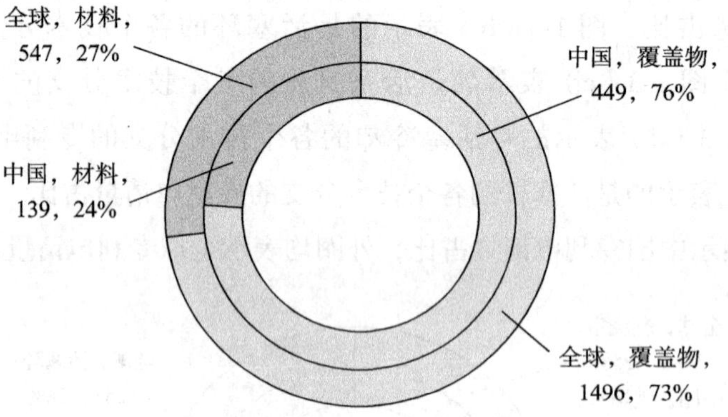


（c）发动机活塞材质各技术分支专利申请量占比

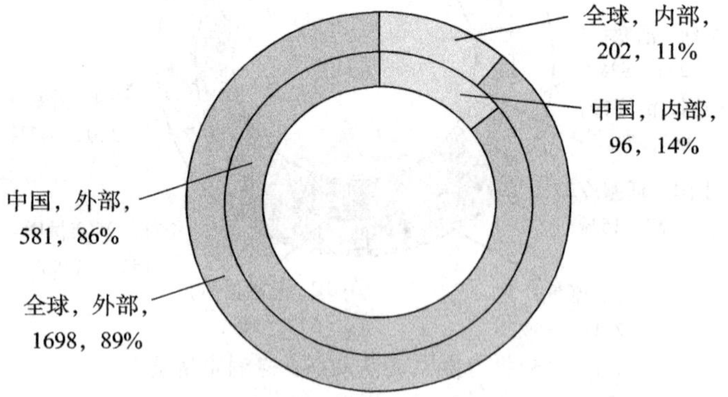


（d）发动机活塞冷却各技术分支专利申请量占比

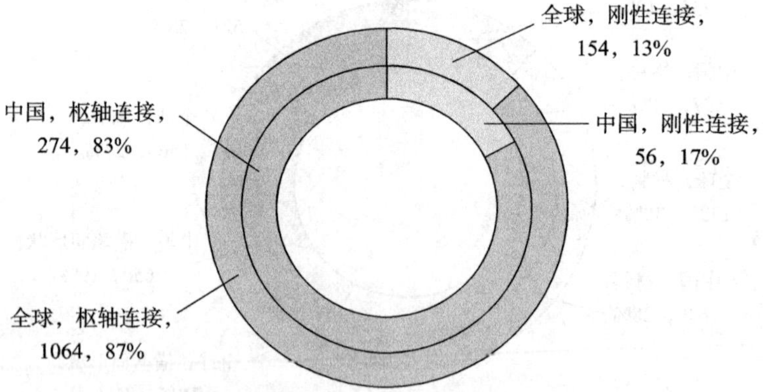


（e）发动机活塞杆各技术分支专利申请量占比

**图 1-3　发动机活塞技术的各个分支技术专利申请量占比**

从图 1-3（a）~图 1-3（e）中可以看出，在全球发动机活塞的五个技术分支中，活塞环和活塞顶部的燃烧室的专利申请量占比最高，其次分别是活塞冷却和活塞材质，活塞杆的专利申请量占比最小；在活塞环的四个技术分支中，调节、横截面形状以及材料的专利申请量占比基本相同，零件的专利申请量占比最小；在活塞材质的两个技术分支中，覆盖物的专利申请量占比大于材料的专利申请量占比；在活塞冷却的两个技术分支中，外部冷却的专利申请量占比远远大于内部冷却的专利申请量占比；在活塞杆的两个技术分支中，枢轴连接的专利申请量占比远远大于刚性连接的专利申请量占比。对比中国和全球的专利申请量占比可以发现，在发动机活塞的五个技术分支中，活塞环中国的专利申请量占比超过全球专利申请量占比，而其余四个技术分支中国专利申请量占比等于或低于全球专利申请量占比；在活塞环的四个技术分支中，调节、横截面形状及材料中国专利申请量占比均低于全球，而零件中国专利申请量占比则高于全球；活塞材质、活塞冷却和活塞杆的各个技术分支中国专利申请量占比基本与全球相同。

## 四、区域布局分析

通过对发动机活塞技术领域中专利申请主要技术来源国和技术目标国的情况进行梳理，可以清晰地反映在发动机活塞技术领域中哪些国家的技术实力较强，以及哪些国家是技术应用的热点市场，如图 1-4 所示。其中，浅灰色柱形表示发动机活塞技术领域中主要目标国的专利申请量，深灰色柱形表示发动机活塞技术领域中主要技术来源国的专利申请量。

从图 1-4 中可以看出，发动机活塞技术领域中的主要技术目标国按照专利申请量依次是日本、中国、德国、美国、韩国和法国。其中，日本的专利申请量远远高于其他国家，可见日本在发动机活塞技术领域的目标市场受到了全球的青睐，中国的专利申请量位居第二，可见中国的目标市场也越来越受到全球的重视，但与日本还有很大差距，中国在该领域中作为目标市场还有很大上升空间。发动机活塞技术领域中的主要技术来源国按照专利申请量依次是日本、中国、德国、美国、韩国和法国，日本依然遥遥领先，中国同样位居第二，但中国、德国和美国之间的差距不大。

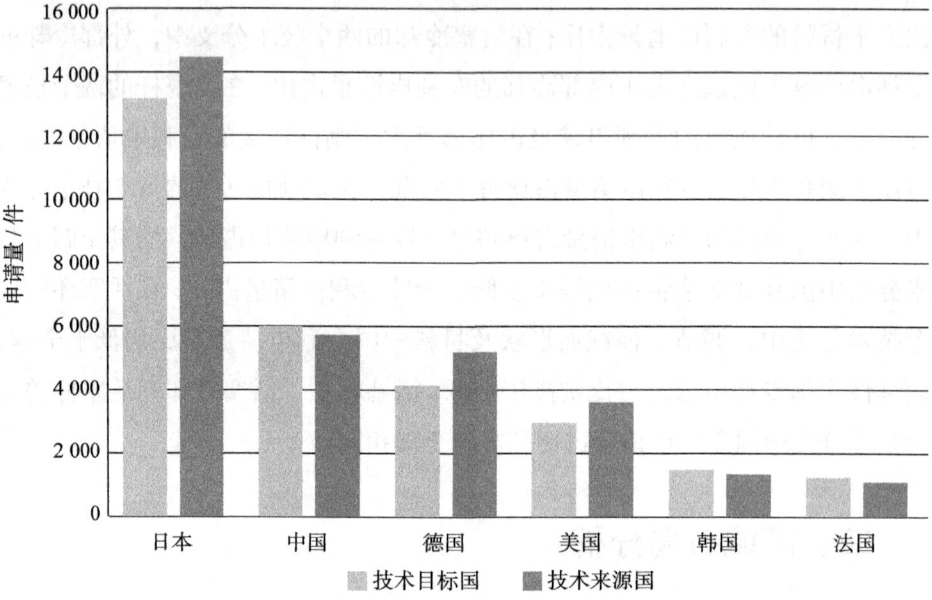


**图 1-4　全球主要技术目标国和技术来源国**

根据上述对于技术来源国的分析，仅能得出全球主要技术来源国的总体专利申请量的对比。为了展现这些主要技术来源国的全球市场开拓情况，将其专利申请量中仅在其本国内的专利申请量和包含国外申请的数量统计出来，如图 1-5 所示，其中，浅灰色柱形表示仅在本国内的专利申请量，深灰色柱形表示向国外申请的专利数量，二者之和构成该国作为技术来源国的专利申请总量，并将向国外申请的专利数量与其作为技术来源国的专利申请总量之比表示为该国的国外专利布局占比，如图 1-5 中的虚线部分所示。

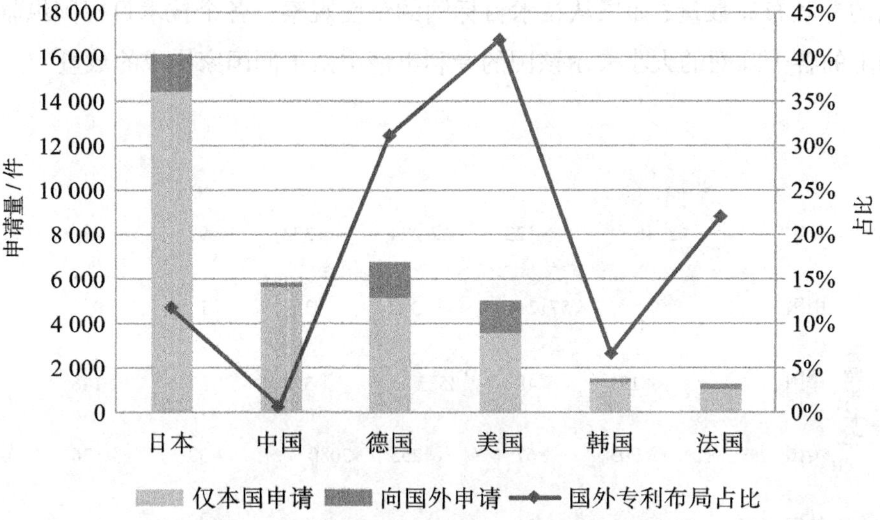


**图 1-5　主要技术来源国的国内外专利布局情况**

从各主要技术来源国的向国外申请的专利数量来看，各国都不是很多，日本、德国、美国基本一致，各有 1700 件、1619 件和 1503 件，法国、韩国、中国较少，各有 241 件、92 件和 36 件；从各主要技术来源国的国外专利布局占比来看，美国遥遥领先，占比为 42% 左右，其次是德国，占比为 31% 左右，中国最少，仅有 1% 左右。通过上述分析不难看出，在发动机活塞技术领域中，美国和德国非常重视国外市场的开拓；而中国虽然作为技术来源国，专利申请量位居全球第二位，但是其中绝大多数都只在国内申请，这对于中国企业拓展海外市场极为不利。

为了进一步分析上述主要技术目标国和技术来源国在各个国家的专利布局策略，将各个国家在本国和其他国家的专利申请量分别统计出来，如图 1-6 所示。其中，纵坐标表示的是各个技术来源国，横坐标表示的是各个技术目标国，横、纵坐标交汇处圆圈的大小表示专利申请的数量，即如果从技术来源国的角度观察，各个技术来源国横轴方向上的各个圆圈的大小表示其在不同目标国的专利布局数量；如果从技术目标国的角度观察，各个技术目标国纵轴方向上的各个圆圈的大小表示该国的专利申请中由不同国家构成的数量。

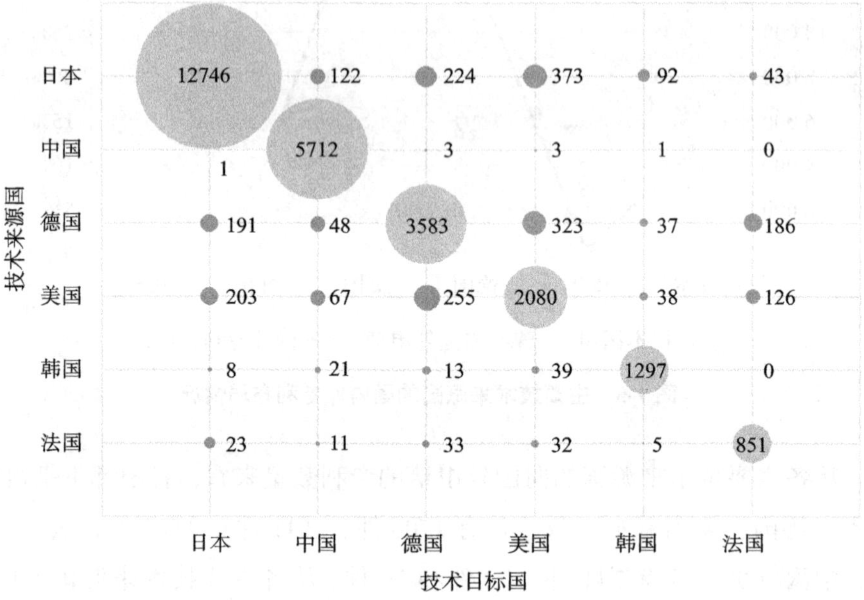


**图 1-6　全球主要技术来源国和技术目标国的专利布局策略**（单位：件）

从图 1-6 中可以看出，各个国家的专利主要来源于本国，作为技术目标国，除本国以外，日本的专利主要来自德国和美国；中国的专利主要来自日本、美国和德国；德国的专利主要来自日本和美国；美国的专利主要来自日本和德国；韩国和法国的专利均主要来自日本、德国和美国。作为技术来源国，除本国以外，日本的专利主要输出到美国，其次是德国、中国和韩国，法国较少；中国的专利基本没有向外输出；德国的专利主要输出到美国和日本，其次是法国、中国和韩国；美国的专利主要输出到德国、日本和法国，其次是中国和韩国；韩国和法国向外输出的专利比较少。

## 五、创新主体分析

对于任何一项新的技术，其产生的起源在于创新主体。通过对创新主体的信息进行统计，能够发现该领域中创新能力较强的企业或研发机构。图 1-7 和图 1-8 分别表示发动机活塞技术领域中全球及中国整体排名前 15 名的申请人。

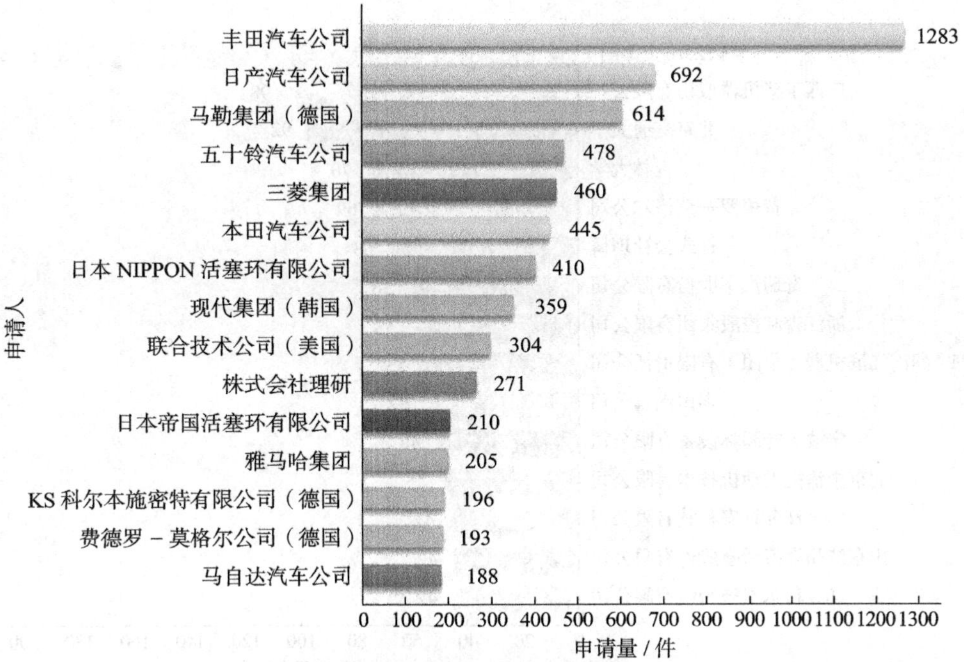


**图 1-7　全球主要申请人排名**

从图 1-7 中可以看出，首先，尽管前面分析了中国在发动机活塞技术领域全球的主要技术来源国中位居第 2 位，但是在全球排名前 15 位的专利申请人中却看不到中国企业的身影；其次，日本企业在发动机活塞技术领域中具有绝对的实力，全球排名前 15 位的专利申请人中有 10 家是日本企业，占三分之二，这也是日本能够位居全球技术来源国第 1 位的主要原因。另外，德国的马勒公司、KS 科尔本施密特有限公司和费德罗—莫格尔公司、美国的联合技术公司、韩国的现代公司也都榜上有名，它们分别代表了上述国家在发动机活塞技术领域中的全球技术地位；对于该领域的企业类型构成，在上述排名前 15 位的企业中，有 8 家为整车企业，另外 7 家企业均为零部件企业；具体到各个企业的专利申请量，丰田汽车公司在发动机活塞技术领域中的技术实力可称一枝独秀，其专利申请量远远超过位居第二位的尼桑公司。

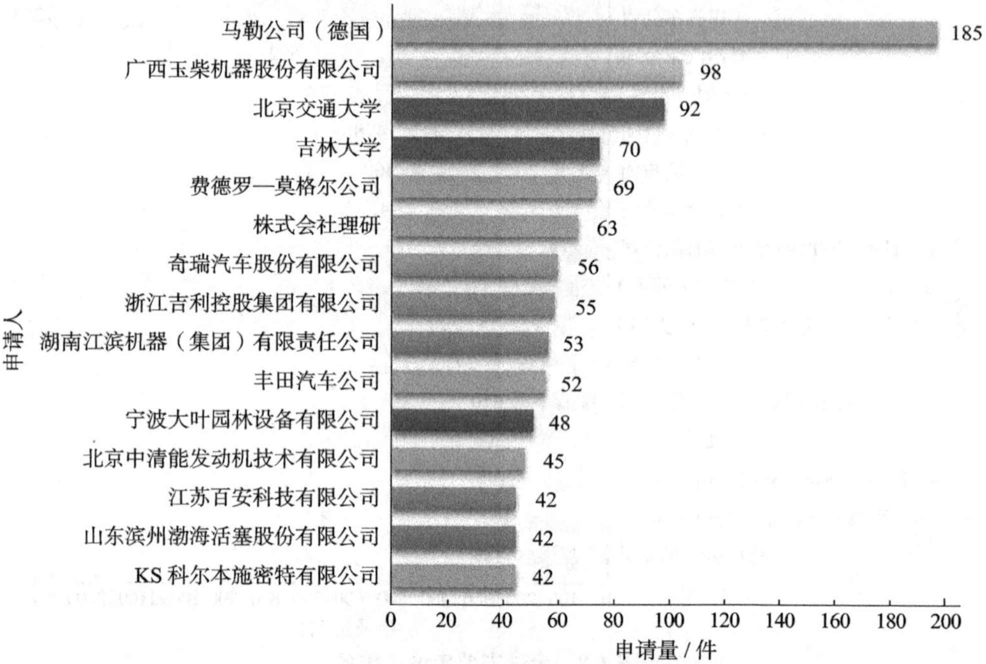


**图 1-8　中国主要申请人排名**

从图 1-8 可以看出，中国发动机活塞技术领域排名前 15 位的专利申请人中，处于第 1 位的是德国马勒公司，申请量为 185 件，同时还包括另外两家德国企业和两家日本企业，中国申请人占了 10 位，其中，广西玉柴机器股份有限公司位居第二，申请量为 98 件。中国在该领域的申请人类型构成可以分为三类：第一类是包括奇瑞汽车在内的两家整车企业，第二类是包括广西玉柴机器股份有限公司在内的 6 家零部件企业，第三类是北京交通大学和吉林大学这两家高校。从中国申请人的性质来看，除了两家高校以外，还包括三家国有资本全资控股或国有资本占控股地位的企业及 5 家民营企业。从上述分析可以看出，中国企业在发动机活塞技术领域中的发展还有很长的路要走。

## 六、典型技术问题分析

发动机活塞需要直接承受燃料燃烧产生的高温，而高温会影响活塞的导向性和密封性，进而影响发动机的整体性能。因此，发动机活塞的耐热性属于发动机活塞技术领域中比较典型的一个技术问题。下面期望通过梳理能够提高活塞耐热性的所有技术手段，以及对一些有代表性的典型专利的分析，能够对本领域技术人员进一步研发提供参考。

图 1-9 是提高发动机活塞耐热性的各种技术手段。提高发动机活塞耐热性的技术手段可以分为两种方式，一种是主动降温，专利申请量约占 69%；另一种是被动隔热，专利申请量约占 31%。主动降温主要通过活塞外部冷却及活塞内部冷却来实现，被动隔热则主要通过活塞覆盖物及活塞材料来实现。

通过活塞外部冷却是最主要的主动降温方式，约占主动降温的 89% 左右，主要包括使用液体或其他介质降温，其中又以使用液体降温为主；而通过活塞内部冷却约占主动降温的 11%，主要包括使用液体或固体降温，其中固体介质主要包括钠、钾等低熔点金属。

在被动隔热中，通过设置活塞表面的覆盖物来隔热是最主要的隔热方式，约占被动隔热的 74% 左右，主要通过设置金属涂层、非金属涂层、高分子材料涂层来实现；而选择活塞材料来隔热约占被动隔热的 26%，主要通过选择非金属材料、复合材料来实现。

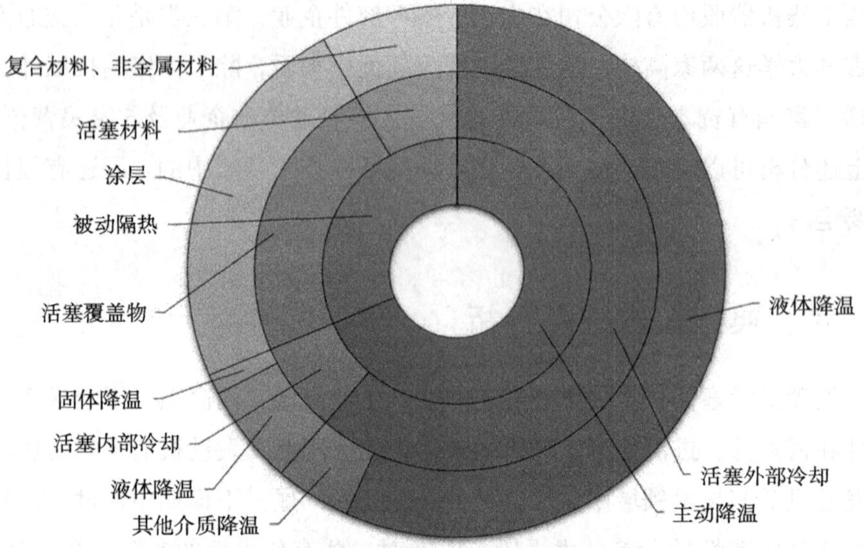


**图 1-9　提高发动机活塞耐热性技术手段分析**

以下将具体介绍一些有代表性的典型专利。

## （一）主动降温

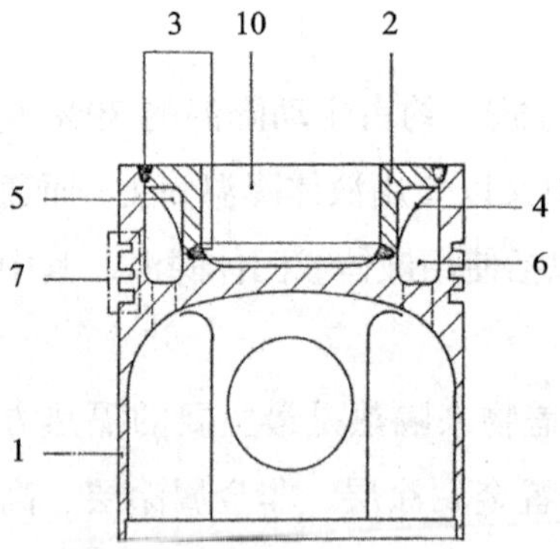


**图 1-10　“用于内燃机的活塞”专利申请附图**

1. 用于内燃机的活塞

公开号：DE3032671 A1

申请人：阿尔坎铝业有限公司

公开日：1982 年 3 月 18 日

如图 1-10 所示，用于内燃机的活塞具有活塞下部 1，活塞上部 2，冷却腔室 5、6 布置在活塞下部 1 和活塞上部 2 连接的区域中，并由活塞上下部的壁部分界定，两个冷却腔室 5、6 被隔板 4 隔开，其中，冷却腔室 6 与活塞下部 1 中的活塞环区域

7 相邻，冷却腔室 5 与活塞上部 2 的活塞头 10 相邻，冷却腔室 5 可以抽真空、充气或填充绝缘材料，而冷却腔室 6 则接收冷却剂。

通过设置两个相邻的冷却腔室，并填充绝缘材料和冷却介质，有效提高了内燃机活塞冷却效果，提高了活塞的耐热性。

2. 两件式活塞组件

公开号：US4377967 A

申请人：马克卡车公司

公开日：1983 年 3 月 29 日

如图 1-11 所示，两件式活塞组件 10 包括可由可锻铸铁、铸铁或类似铁制成的上部或环载体部分 20 和可由铝或其合金制成的下部或称为裙部的十字头部分 22，冷却系统主要包括主油道 30、活塞油冷却道 32 及活塞喷嘴 34，冷却系统将压力下的油喷向活塞的下表面 40，用冷却油冲洗活塞的下表面 40 的大部分。

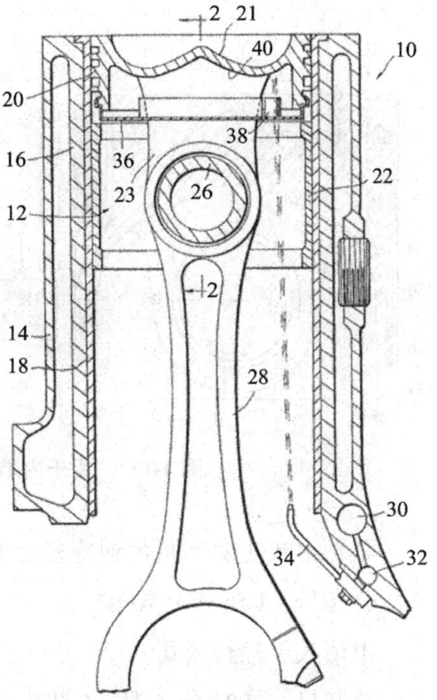

**图 1-11　"两件式活塞总成"专利申请附图**

该两件式活塞组件构能够增加冷却油与活塞下表面的接触，并消除该区域中的不当加热的问题，提高了活塞的冷却效果。

3. 用于内燃机的活塞

公开号：US2005087153 A1

申请人：现代集团

公开日：2005 年 4 月 28 日

如图 1-12 所示，活塞 100 具有主体 110，主体 110 具有在主体 110 壁中竖直延伸的气密腔 150 和部分填充气密腔 150 的传热流体 160，传热流体 160 包括汞、钾、钠、钠钾化合物和铋铅化合物中的至少一种材料。

当活塞上下移动时，传热流体在气密腔中上下移动，从而将热量从活塞的上部传递到其下部，增强了内燃机活塞的散热性能，提高了活塞和发动机的耐久性。

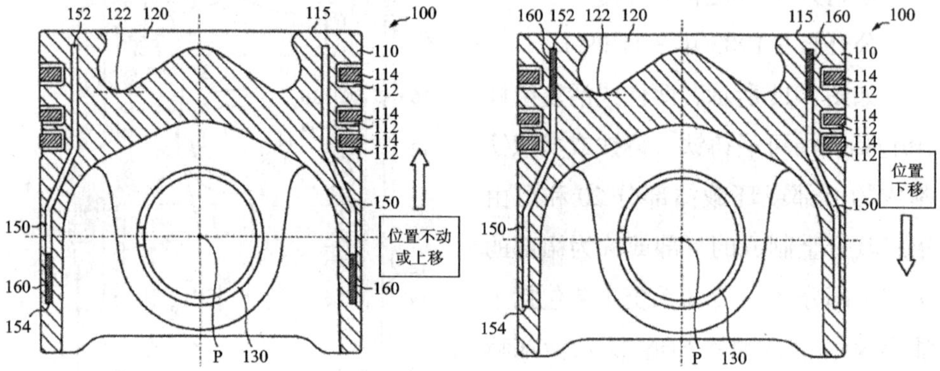


**图 1-12 “用于内燃机的活塞”专利申请附图**

4. 自由活塞发动机的钠冷却活塞

公开号：US6904876 B1

申请人：福特公司

公开日：2005 年 6 月 14 日

如图 1-13 所示，发动机包括用于圆柱形燃烧缸的活塞总成，活塞总成包括具有顶部 210、相对的底部 211 和在之间延伸的柱形侧壁的主体，主体包括从邻近顶部 210 位置延伸至邻近底部 211 位置的冷却孔 212 和 213，液体钠化合物 215 和 217 包含于其中并至少充满每个冷却孔的一部分。

在每个活塞往复运动时，液体钠化合物在每个冷却孔内往复移动以改善活塞的热量分配及整个活塞的热传导性能。

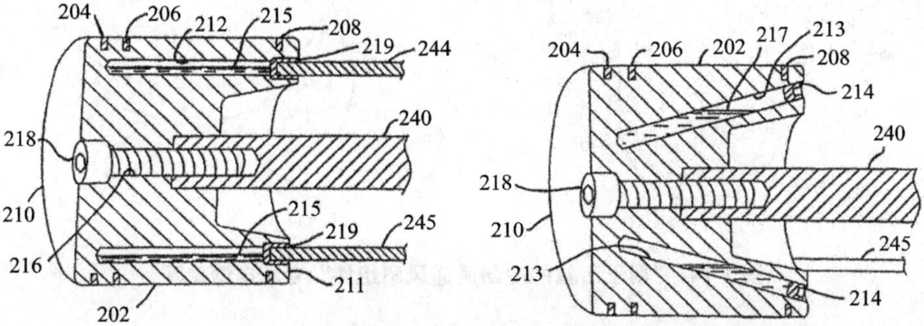


**图 1-13　“自由活塞发动机的钠冷却活塞”专利申请附图**

5. 用于活塞的冷却通道风扇组件

公开号：US7299772 B1

申请人：卡特彼勒公司

公开日：2007 年 11 月 27 日

如图 1-14 所示，用于内燃机的活塞 34 包括在活塞 34 内限定的冷却通道 94，冷却通道 94 绕活塞 34 的运动轴线环向延伸，风扇组件 70 定位在冷却通道 94 内，风扇组件 70 包括环形带 72 和绕环形带 72 间隔开的多个叶片 74，环形带 72 连接至活塞 34 的内部表面 59，叶片 74 向内部表面 59 的外侧壁 54 突出，使叶片 74 相对于冷却通道 94 被倾斜定向，以绕活塞 34 的运动轴线沿环向引导冷却液。

叶片的使用可以增加冷却液在冷却通道内的流速，冷却液沿活塞内部表面流速的增加能够允许更多的冷却液接触到更多的内部表面，并因此能够增加活塞的总散热。

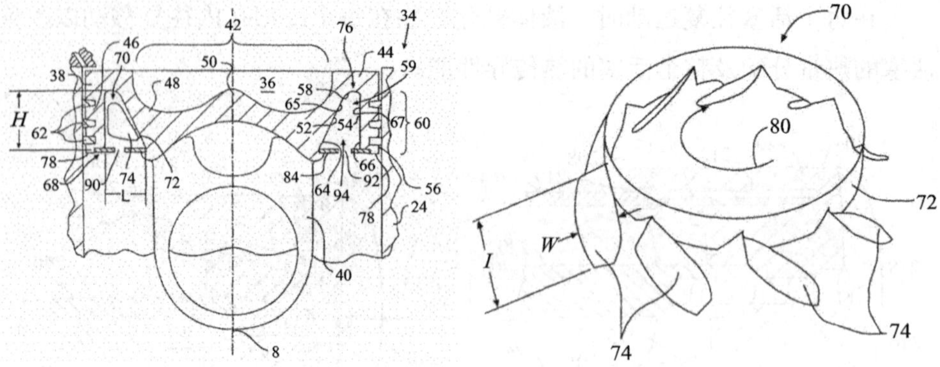


**图 1-14 “用于活塞的冷却通道风扇组件”专利申请附图**

6. 活塞和内燃发动机

公开号：JP2008286030 A

申请人：丰田汽车公司

公开日：2008 年 11 月 27 日

如图 1-15 所示，在内燃机中，从油路向油喷射器 100 供给油，并从喷嘴 102 的注入孔 102a 将油注入引导通道 80 中（如图中的箭头 F1 所示），引导通道 80 由活塞内壁和活塞裙部界定，注入引导通道 80 中的油在引导通道 80 中扩散的同时从引导通道 80 的顶侧开口 80a 流出（如图中的箭头 F2 所示）并沿着活塞顶部 30 的内周表面 30c 流动到达顶表面 26，从引导通路 80 流出并到达顶表面 26 的油沿着顶表面 26 朝向活塞中心轴线 C 侧流动（如图中的箭头 F3 所示）。

由于设置有引导通道，能够将从活塞裙部侧流到顶表面的油引导，有效冷却了活塞顶部，提高了活塞的冷却效果。

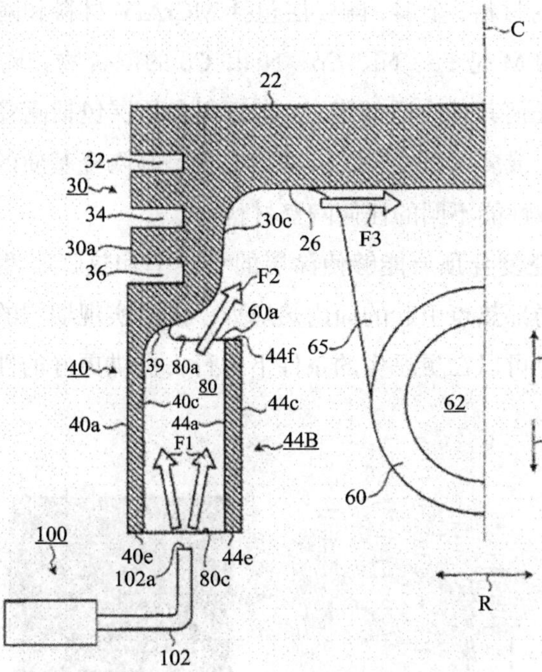


图 1-15 “活塞和内燃发动机”专利申请附图

## （二）被动隔热

1. 陶瓷复合涂层材料

公开号：US5305726 A

申请人：联合技术公司

公开日：1994 年 4 月 14 日

如图 1-16 所示，内燃机的燃烧室由气缸壁、活塞顶和活塞头爆破壁限定，气缸 2 中的活塞 4 的顶部涂有涂层 6，气缸 2 的面向活塞顶的封闭部分涂有涂层 8，涂层 6、8 面向燃烧室。涂层 6、8 是多层涂层，其包括金属粘合涂层、沉积在粘合涂层上的至少一个金属 / 陶瓷层及沉积在金属 / 陶瓷层上的陶瓷复合顶层。其中，金属粘合涂层是与金属基底和金属 / 陶瓷层形成良好粘结的材料；金属 / 陶瓷层包括 MCrAlY 材料和陶瓷材料，其中 MCrAlY 材料中的 M 是 Fe、Ni、Co、Ni 和 Co 的混合物，陶瓷材料包括莫来石、氧化铝或任何其他合适的陶瓷；陶瓷复合顶层包括陶瓷基质和分散在陶瓷基质中的一个或多个第二相，其中第二相是与陶瓷基质的热膨胀率、热导率、热容和机械性能不同的任何陶瓷材料。

涂层中的陶瓷复合顶层能够使涂层的导热率和热膨胀性适合特定的应用，可以减小由局部热点引起的面内热应力，同时实现期望的热导率，涂覆了该涂层的内燃机可以在更恶劣的条件下运行，提供更好的性能和效率并延长机体使用寿命。

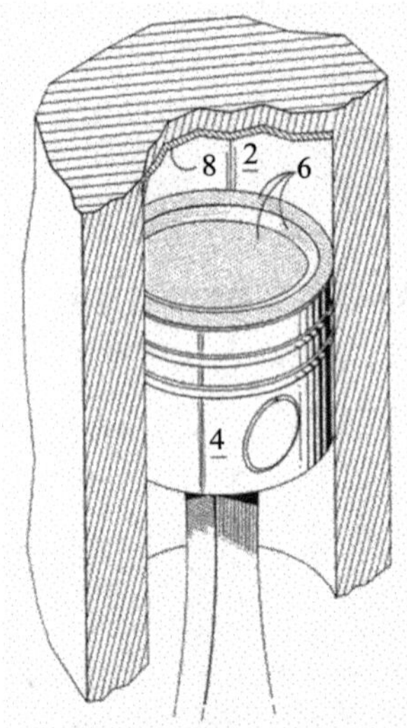

**图 1-16 “陶瓷复合涂层材料”专利申请附图**

2. 发动机

公开号：JP2009243352 A

申请人：丰田汽车公司

公开日：2009 年 10 月 22 日

如图 1-17 所示，发动机包括由气缸体 9、气缸盖 10 和活塞 12 共同构成的燃烧室 13，在气缸体内壁表面 9a、气缸盖下表面 10a、活塞顶表面 12a、进气门底表面 16a 和排气门底表面 17a 中的每一个上形成隔热薄膜 20。隔热薄膜 20 为包括每单位体积的导热率和热容量不同的多种隔热材料，多种类型的隔热材料中的每一种均具有等于或低于基础材料的热导率，并且具有每单位体积的热容量低于或基本等于基础材料的热容。隔热薄膜 20 包括基材 30、隔热材料 21、隔热材料 22 和纤维材料 23，隔热材料 21 与基材 30 和隔热材料 22 相比，导热率和每单位体积的热容量低，隔热材料 22 能够保护隔热材料 21 不受燃烧气体的影响，纤维材料 23 混合在隔热薄膜 20 中，以增强隔热薄膜的强度。

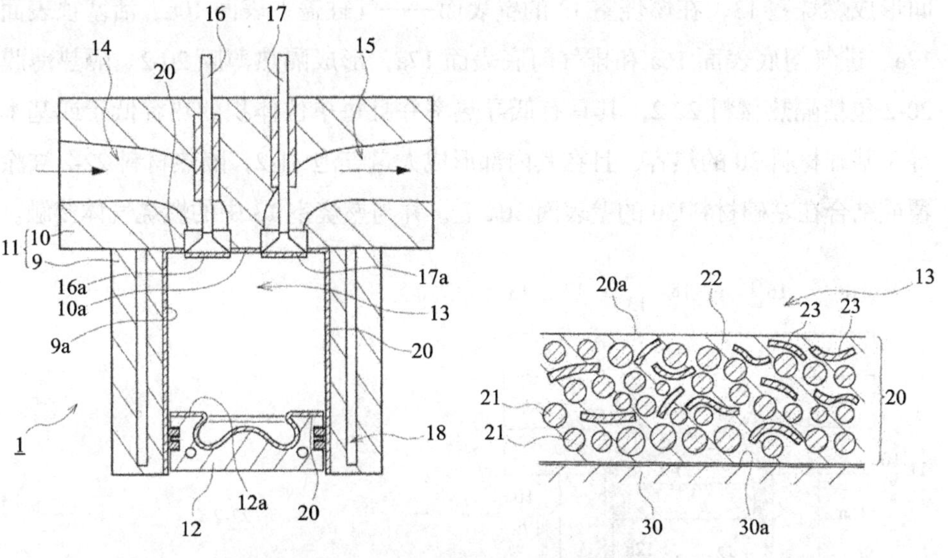


图 1-17 “发动机”专利申请附图

通过利用第二隔热材料保护第一隔热材料不受燃烧室内的燃烧气体的影响，限制了第一隔热材料相对于燃烧室内的燃烧气体的耐热性和耐压性，可以选择具有足够低的导热率和每单位体积的热容的隔热材料，并且可以充分降低整个隔热薄膜的导热率和每单位体积的热容，通过将用于增强隔热薄膜的增强纤维材料混合到隔热薄膜中，可以提高隔热膜的强度，并且可以提高隔热膜对热循环疲劳的耐久性。

3. 内燃发动机

公开号：JP2009243355 A

申请人：丰田汽车公司

公开日：2009 年 10 月 22 日

如图 1-18 所示，内燃发动机 1 包括气缸体 9 和气缸盖 10，气缸体 9 和气缸盖 10 形成气缸 11，沿轴向往复运动的活塞 12 容纳在气缸 11 中。由活塞 12 的顶表面 12a、气缸体 9 的内壁表面 9a 及气缸盖 10 的下表面 10a 包围的空间形成燃烧室 13，在燃烧室 13 的壁表面——气缸盖下表面 10a、活塞顶表面 12a、进气门底表面 16a 和排气门底表面 17a，形成隔热薄膜 20-2。隔热薄膜 20-2 包括隔热材料 22-2，其具有低导热率并且每单位体积的热容低于或基本等于基础材料 30 的热容，且在其内部形成大量气泡 31-2，隔热材料 22-2 被涂覆或结合在基础材料 30 的壁表面 30a 上，并与燃烧室 13 中的燃烧气体接触。

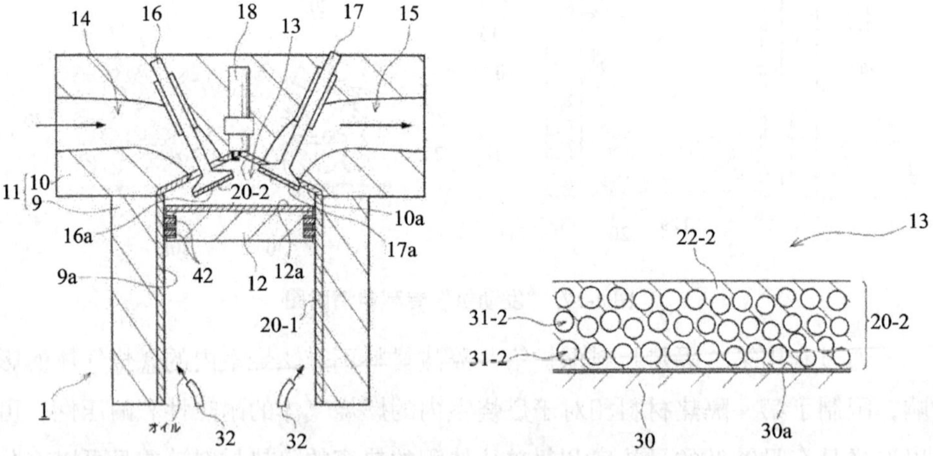


**图 1-18 “内燃发动机”专利申请附图**

该隔热薄膜包括形成有气泡的隔热材料，通过提高燃烧室壁表面温度对气缸中的气体温度的跟随性来提高热效率，同时进行隔热，能够提高隔热薄膜的耐久性。

## 七、本章小结

1）发动机活塞技术起源较早，而我国在该领域起步较晚。各个国家均关注汽车性能的提高及汽车排放物的危害，因此，国内和国外的发动机活塞技术一直呈现快速发展的态势。

2）发动机活塞技术的重点在于提高活塞的耐热性、耐磨性、导向性和密封性。

3）发动机活塞技术全球主要技术目标国和技术来源国是日本、中国、德国、美国、韩国和法国，其中日本遥遥领先于其他国家，美国和德国在海外专利布局方面领先，而中国的大部分专利仅布局国内。

4）发动机活塞技术全球领先的创新主体大部分来自日本，中国在该技术领域内领先的创新主体也有部分来自日本。

5）提高活塞耐热性是发动机活塞的典型技术问题，其技术手段主要包括主动降温和被动隔热。

# 第二章　缝纫机压脚专利技术综述

国家知识产权局专利局专利审查协作北京中心

杨眉　职秀娟*　李良孔　陈威亚　刘昶　赵晓东

**摘要：**随着缝纫机技术的日趋成熟，与之相配套的缝纫机压脚附件也越来越趋于标准化和多功能化。缝纫机压脚在实现自身常规功能的同时，对附加功能的要求也越来越广泛。因此，保证正常缝制过程均匀压力的同时使缝纫机压脚能适应更多缝纫机类型，并提高其相应的附加性能，是目前缝纫机领域普遍关注的问题。本章从专利技术的角度出发，分析了缝纫机压脚技术的申请趋势、地域分布、技术发展热点和空白点、重点申请人及专利技术构成，并对缝纫机压脚未来的发展趋势进行预测，为高价值专利的培育提供参考和建议。

## 一、缝纫机压脚机构

### （一）前言

缝纫机压脚是缝纫设备中的专用配件。随着缝纫机技术的发展，缝纫机压脚的种类和品种也在不断地创新和增加。目前，全球很多大型缝纫机制造公司，如日本重机株式会社（以下简称“重机”）、兄弟工业株式会社（以下简称“兄弟工业”）及德国杜克普公司等都有自己专门的压脚研究生

---

*　杨眉、职秀娟同为第一作者。

产机构，以满足不同品种和特殊线迹的缝制需要。对于缝纫机压脚而言，能够配合缝纫机类型以满足不同线迹需求，且在不影响缝纫机主机基本功能的前提下方便灵活地使用，对服装生产具有重要的意义。本章通过梳理1986年以来的缝纫机压脚专利申请，对缝纫机压脚专利技术进行分析，归纳和总结缝纫机压脚技术的发展特点、技术构成，并对重要申请人的技术进行分析，从而对了解缝纫机压脚技术提供参考。

### （二）压脚类型

为了使送料牙能移动缝料，在送料牙和缝料之间应有足够的摩擦力，缝纫机压脚的功能就是为了保证这个摩擦力的产生，从而给缝料提供一定的正压力，以配合送料牙实现良好的送料过程。在缝制过程中，根据缝料的喂入条件、品种、规格等因素，缝纫机采用不同类型的缝纫机压脚，通过各类型压脚的组合来实现不同的功能。

根据压脚的具体用途和类型，通常将压脚分为标准压脚和特殊压脚。而在特殊压脚中，又包括卷边压脚、牙签压脚、滚轮压脚、高低压脚、打皱压脚等（如图 2-1~ 图 2-6 所示）。

为了便于分析和统计，对上述压脚按主要用途进行分类。

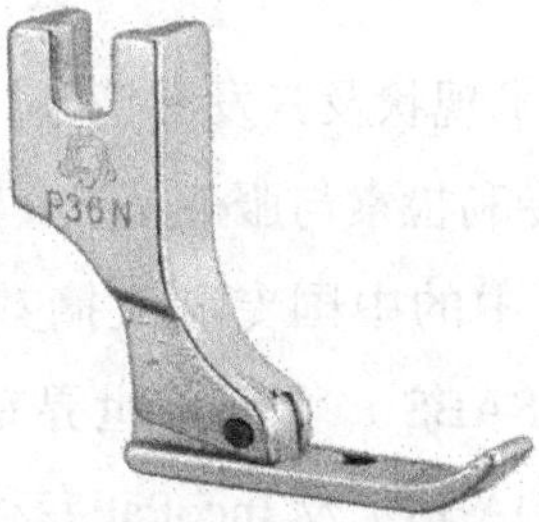


图 2-1　标准压脚

图 2-2　滚轮压脚

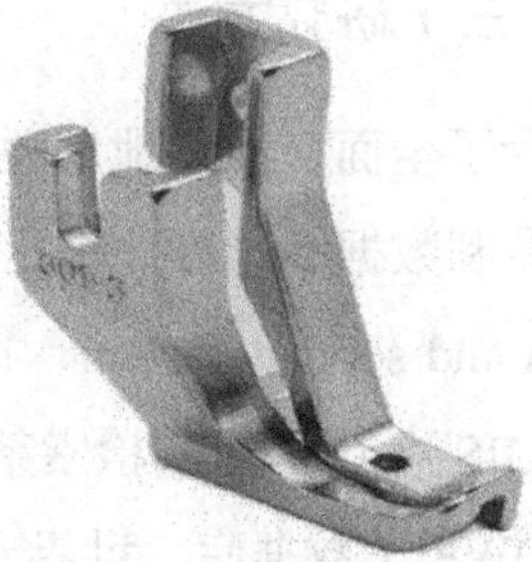

图 2-3　高低压脚

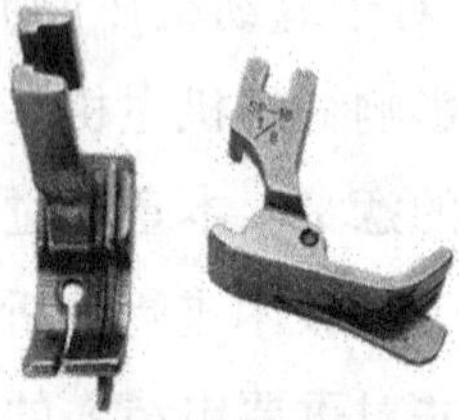

图 2-4　打皱压脚

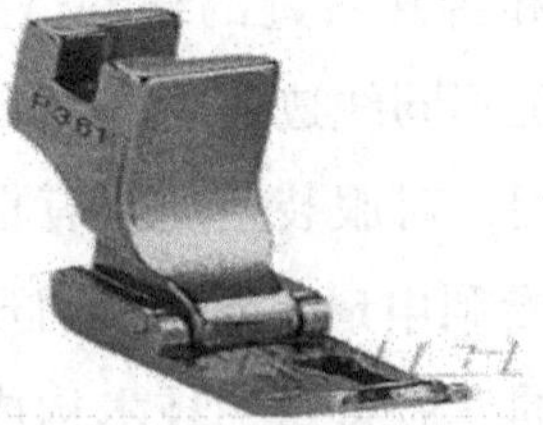

图 2-5　牙签压脚

图 2-6　卷边压脚

普通压脚：以压送缝料为主的压脚，类型包括标准压脚、硬柄压脚、组合滚轮压脚、铁氟龙压脚、滚轮压脚等。

定距压脚：主要用作缉缝不同阔度明线迹的压脚，通常用来压边线，缝纫套线直线压脚低的一边在布料沿，类型包括左边组合高低压脚、右边组合高低压脚、钢片缉明线压脚、间棉压脚。

摺卷压脚：主要用作褶缝或缩碎褶的压脚，可用于缝合薄料的较窄聚卷边，类型包括单摺压脚、弹簧摺卷、珠状摺卷压脚、双摺卷压脚。

牙签压脚：主要用于绱拉链使用，主要类型包括单边压脚、普通拉链压脚、隐形拉链压脚。

导带压脚：用于缉缝带条或绳子或包边的压脚，主要类型包括捆条压脚、捆绳压脚、绳子压脚等。

## （三）研究方法

为了全面、准确地反映缝纫机压脚的专利技术现状及其发展趋势，在对现有专利数据库进行分析比较的基础上，确定以专利检索与服务系统（Patent search and service system，以下简称“S 系统”）中的中国专利文摘数据库（CNABS）、中国专利检索系统文摘数据库（CPRSABS）、德温特世界专利索引（DWPI）数据库、世界专利文摘数据库（SIPOABS）及 IncoPat 专利数据库作为检索数据库。

因此，数据检索所使用的分类号主要为D05B29/00、D05B29/02、D05B29/04、D05B29/06、D05B29/08、D05B29/10、D05B29/12。

检索所使用的关键词，除了包含对压脚和压脚附件相应的中英文及扩展限定外，还进一步包含大型缝纫机生产厂商或企业。

截至2019年，在所使用检索数据库中检索得到的涉及缝纫机压脚技术的相关专利申请文件共计2811项。

## （四）技术分支

为了便于研究和分析，本部分将缝纫机压脚按照具体结构分为一级分支，在一级分支的基础上，根据压脚的具体用途或功能，将一级分支进一步分为二级分支，具体见表2-1。

**表2-1　缝纫机压脚技术分支**

| 技术领域 | 一级分支 | 二级分支（功能或用途） |
|---|---|---|
| 缝纫机压脚 | 压脚 | 压送缝料为主的压脚（普通压脚） |
| | | 用作缉缝不同阔度明线迹的压脚（定距压脚） |
| | | 用作褶缝或缩碎褶的压脚（卷边压脚） |
| 缝纫机压脚 | 压脚 | 用作绱拉链的压脚（牙签压脚） |
| | | 用于缉缝带条或绳子或包边的压脚（导带压脚） |
| | | 其他 |
| | 压脚附件 | 切线、切布等功能（割线压脚） |
| | | 防护 |
| | | 其他 |
| | 传动控制 | 压力调节 |
| | | 高度调节 |
| | | 其他 |

## 二、缝纫机压脚技术专利整体态势分析

### （一）全球专利申请态势分析

1. 全球专利申请趋势

全球涉及缝纫机压脚相关的专利申请量共2811件。从图2-7中可知，缝纫机压脚技术的专利申请最早开始于20世纪60年代，1978年以前整体申请量相对较少，每年的申请量不高于20件，且专利申请多来源于美国、欧洲和日本等国家和地区。自1979年开始，年均申请量逐步增加。其原因，一方面是由于世界缝纫机行业经历了由欧洲、美国向日本、韩国等国转移后，自20世纪90年代初开始向中国全面转移，国外企业开始在中国布局专利；与此同时，中国申请人也开始进行专利申请。在经历了平缓的增长后，自2004年开始，全球专利申请量呈快速增长的态势，其中在中国的专利申请占了较大的比例。在缝纫机相关技术全面转移到中国后，进入缝纫机行业的中

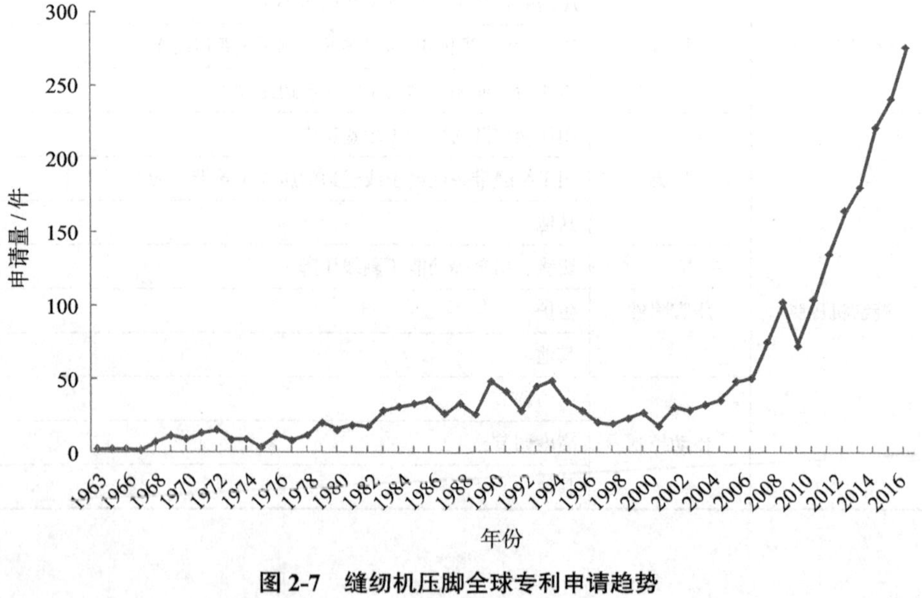


图2-7　缝纫机压脚全球专利申请趋势

国企业逐步增多，包括新杰克缝纫机股份有限公司（以下简称“新杰克”）、浙江美机缝纫机有限公司（以下简称“浙江美机”）、托卡奔马机电科技有限公司（以下简称“托卡奔马机电”）等。

2. 全球申请人排名

缝纫机压脚技术全球前20名申请人中，中国申请人数量占到了一半，共10家企业，日本申请人为9家，其余为美国的1家公司。尽管中国申请人数量最多，但整体的专利申请量要低于日本申请人。排名前3的申请人专利申请量与其余申请人相比具有绝对的优势，其中来自日本的重机和兄弟工业的申请量位居前2位，分别为203件和160件，位居第3位的中国企业新杰克申请量为148件。来自中国的中捷缝纫机股份有限公司（以下简称“中捷”）、浙江美机、托卡奔马机电、上海贵衣缝纫设备有限公司（以下简称“上海贵衣”）和宁波舒普机电科技有限公司（以下简称“舒普机电”）分别列位4~8名，专利申请量均在35件以上，如图2-8所示。

从前20名申请人的排名情况来看，日本申请人的数量和专利申请量间接说明了日本在缝纫机压脚技术领域的领先优势，而中国的缝纫机压脚技术领域起步较晚，尽管后期有许多企业进入该领域，但相较于发展时间较长的日本企业而言，专利申请量仍有待继续增长和突破。

3. 全球技术构成

缝纫机压脚专利申请中涉及的技术主题包括压脚、传动控制、压脚附件和其他。从各技术主题的申请量来看，压脚结构作为改进点的专利申请量最多，由于压脚本身结构简单，在其基础上进行进一步改进的方式较多、改进难度较低。缝纫机压脚的自动化及更高精准度的工作是目前的一个发展方向，因此传动控制方面的专利申请量仅次于压脚，申请量为911件。此外，通过设置额外的附件与压脚配合的相关专利申请量为184件，如图2-9所示。

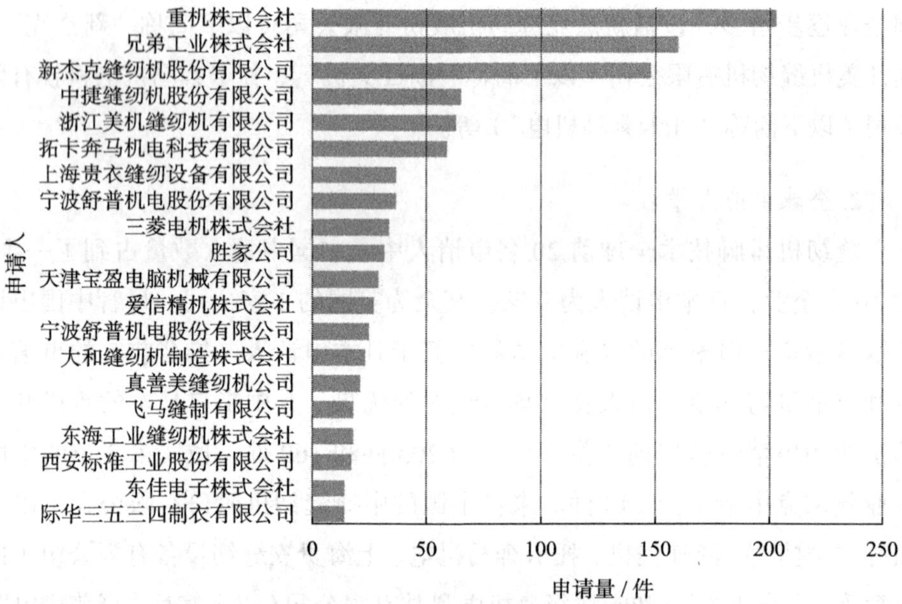


**图 2-8　缝纫机压脚全球申请人排名**

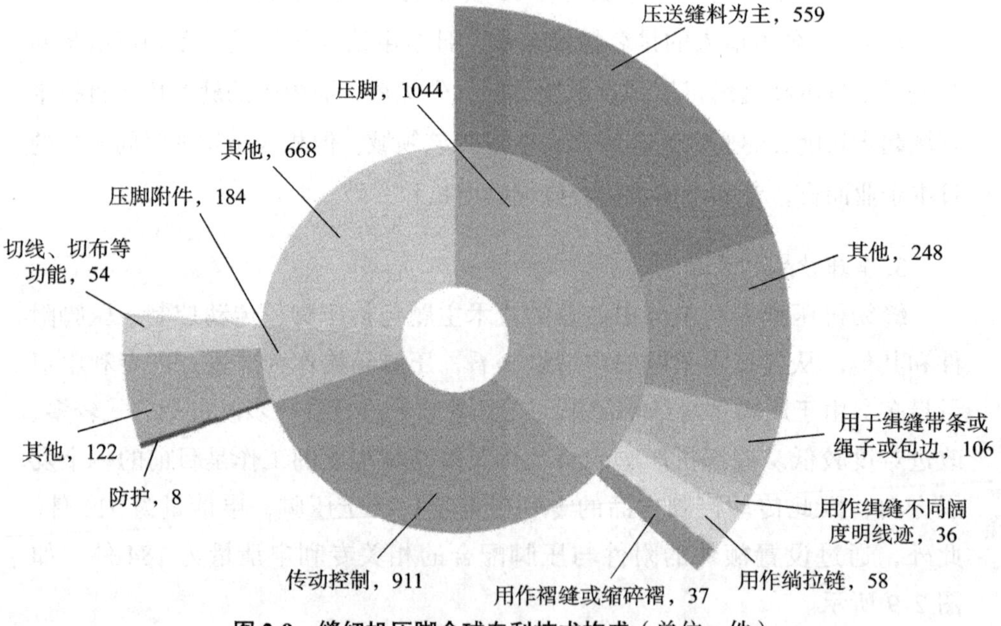


**图 2-9　缝纫机压脚全球专利技术构成（单位：件）**

对于压脚结构技术主题，压脚的本身功能就在于压送面料，因此，压送缝料为主的压脚相关专利申请量最多，且相较于其他功能性压脚的申请量具有明显的优势。压脚附件中主要涉及切线、切布功能，专利申请量为 54 件，此外，还涉及 8 件具有防护功能的压脚附件专利申请。

### （二）中国专利申请态势分析

1. 中国专利申请趋势

中国专利申请最早开始于 1985 年，早期的专利申请量非常少，多数为个人申请和国外申请人在华的申请，中国个人申请人的专利多为实用新型，而国外申请人在华的申请多数为发明专利申请。相较于发展时间久的国外企业，中国在缝纫机压脚技术领域的技术创新度较低。自 2001 年开始，中国申请人逐步增多，专利申请量呈迅猛增长态势。其中，除了中国个人申请人以外，多家中国缝纫机领域相关企业开始进行缝纫机压脚领域的专利申请，且发明专利申请的数量相较于早期有较大的增长，这可能是由于世界缝纫机行业开始全面向中国转移，中国缝纫机行业不断发展。2012 年申请量突破 100 件，2017 年申请量达到峰值 263 件，如图 2-10 所示。

2. 中国专利申请人构成

中国专利申请人类型中，企业占比最高，达到了 85%，个人申请人次之，大专院校的申请人数量最少，如图 2-11 所示。缝纫机压脚的相关技术理论性不高，且企业应用程度较广，因此，企业申请人在该领域的专利申请较为活跃。个人申请人中绝大多数为中国申请人，而个人申请人多为缝纫机行业相关企业的从业人员。以个人名义进行专利申请可能与相关专利申请减免相关政策、规避竞争对手的跟踪等因素有关。

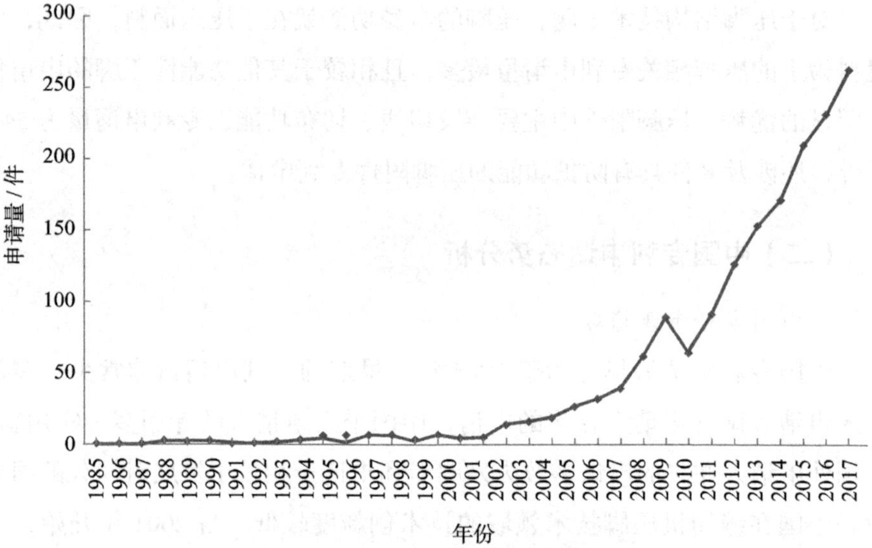


**图 2-10　缝纫机压脚中国专利申请趋势**

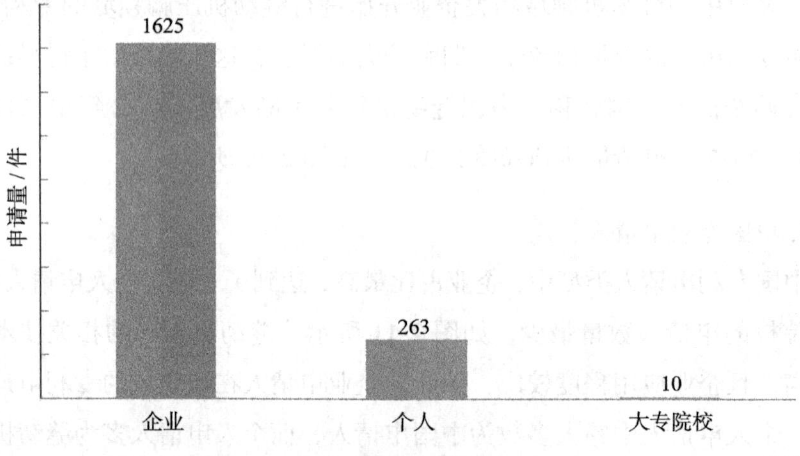


**图 2-11　缝纫机压脚中国申请人构成**

3. 中国专利申请人排名

在缝纫机压脚技术领域中国前 15 名申请人中，中国申请人 13 个，其余 2 个为日本企业。中国企业新杰克的专利申请量为 148 件，相较于其他申请人在申请量上具有绝对的优势；日本企业重机仅次于新杰克，申请量为 66 件，另一个日本企业兄弟工业位居第 8，申请量为 34 件。

中国作为专利布局的技术目标国时，尽管中国的企业发力较晚，但发展速度较快，专利申请量快速增长，多家企业发展相对不均衡，新杰克具有更多的专利布局，如图 2-12 所示。

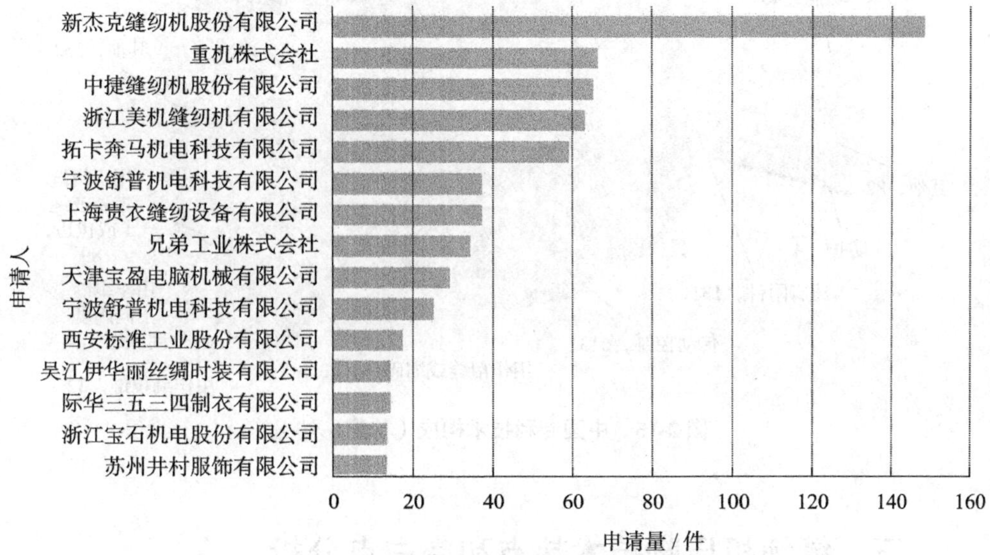


**图 2-12　缝纫机压脚中国申请人排名**

4. 中国专利申请技术构成

缝纫机压脚专利申请中涉及的技术主题包括压脚、传动控制、压脚附件和其他，从各技术主题的中国申请量来看，压脚结构作为改进点仍然是申请量最多的技术主题，其次为传动控制方面，申请量为 613 件，压脚附件为 131 件。

对于压脚结构技术主题，压送缝料为主的压脚仍是相关专利申请量最多的，且相较于其他功能性压脚的申请量具有明显的优势；压脚附件中涉及切线、切布功能的申请量为 45 件，涉及防护的有 4 件，如图 2-13 所示。

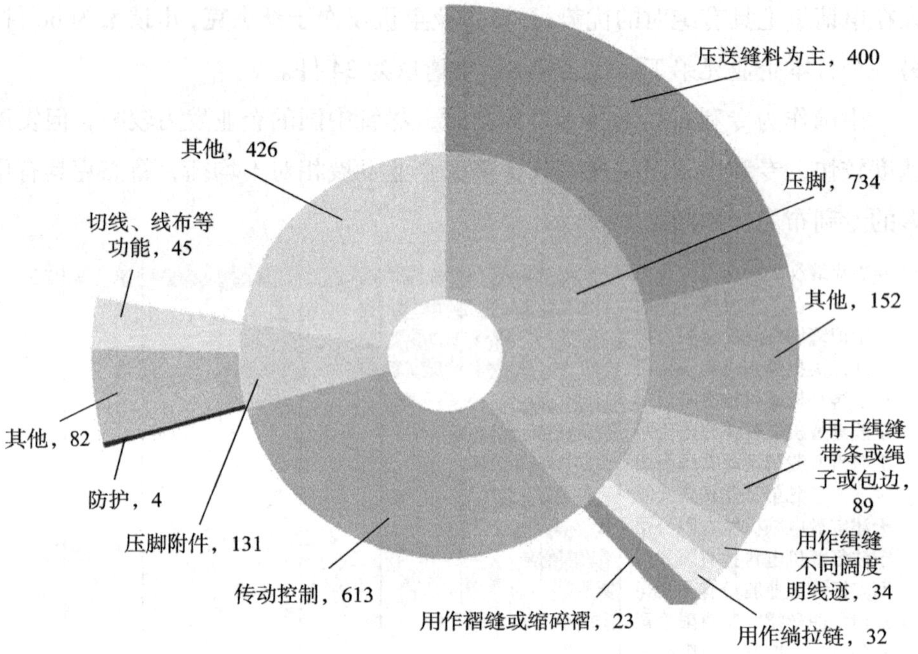


**图 2-13　中国专利技术构成**（单位：件）

## 三、缝纫机压脚技术热点和空白点分析

### （一）缝纫机压脚技术总体布局

缝纫机压脚专利申请中包括压脚（下述的压脚均指压脚本体）、传动控制、压脚附件和其他，其中压脚的申请占比最高，达到了 37%，其次是压脚传动控制（32%）、压脚附件（6%）。对于压脚结构技术主题，与压送缝料为主的压脚仍是相关专利申请量最多的，且相较于其他功能性压脚的申请量具有明显的优势，而压脚附件在压送缝料的基础上通常具有切布、防护等其他辅助功能，如图 2-14 所示。

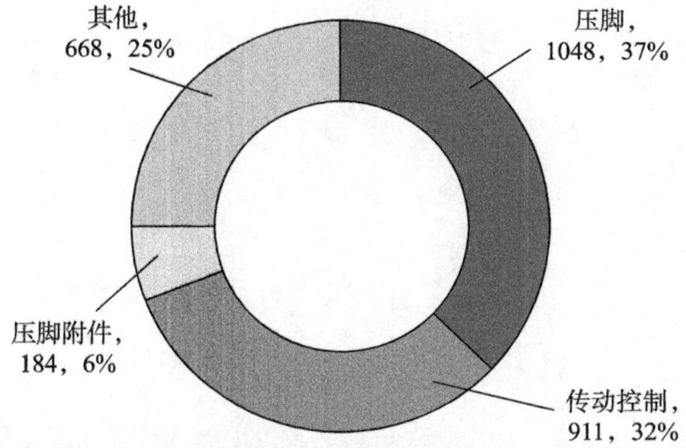


**图 2-14　缝纫机压脚的技术构成**（单位：件）

## （二）压脚技术分析

1. 专利申请趋势

压脚专利申请最早开始于 1966 年，早期的专利申请量非常少，申请数量基本在每年 20 件以内，但自 2008 年开始，申请量逐年增多，到 2012 年达到一个较高的水平，虽然之后到 2016 年略有下降，但之后的 2 年又呈现快速增长的势头，这与缝纫机行业开始全面向中国转移，中国缝纫机行业不断发展密切相关，如图 2-15 所示。

2. 申请区域

从涉及缝纫机压脚技术领域的申请区域来看，如图 2-16 所示，中国以 703 件的申请量遥遥领先于申请量为 153 件的日本，中国在缝纫机领域占据领先地位，并远远超过了缝纫设备的传统强国日本，这说明缝纫机压脚作为与缝纫机配套发展的附件，其在国内也呈现出体制化和可持续化的长效发展。而美国、德国、中国台湾等国家和地区也保持一定数量的申请，但整体而言涉及缝纫机压脚附件的申请量较少，也从侧面说明缝纫机压脚在这些国家和地区作为比较成熟的附件已进入稳定的发展阶段，发展速度与其缝纫机发展规模相适应。

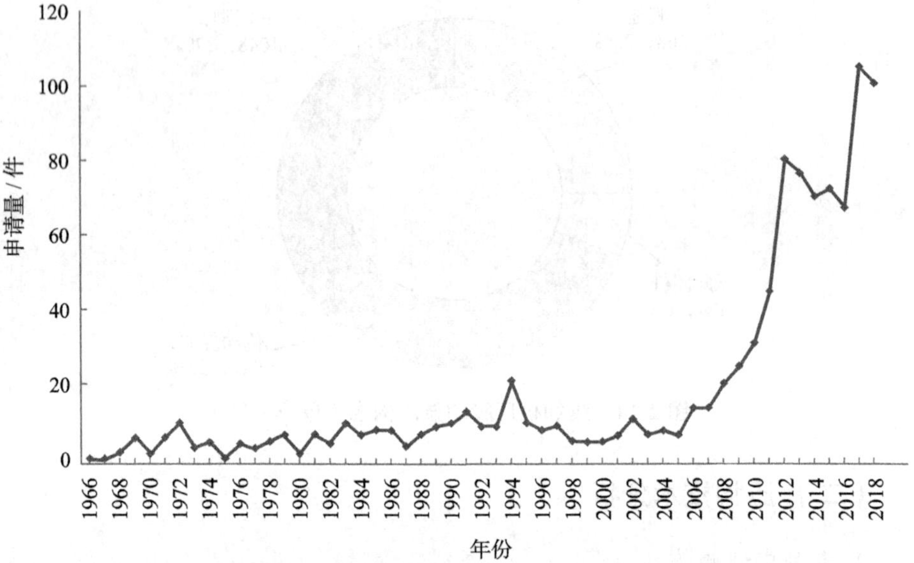


**图 2-15　缝纫机压脚在中国的申请趋势**

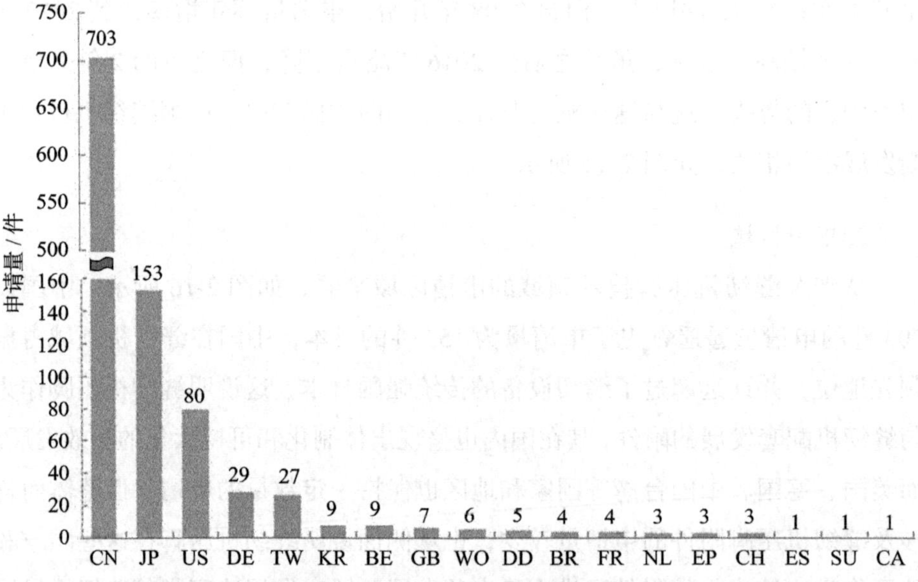


**图 2-16　缝纫机压脚的申请区域**

3. 申请人排名

从图 2-17 所示的申请人排名来看，缝纫机压脚的主要申请人集中在较大的公司，高校和个人申请较少，且从排名前 10 的申请人来看，中国公司占了 60%，上述公司中包括了新杰克、舒普机电及浙江美机等国内较为成熟的缝制企业，且这些企业也多分布在江浙地区，这说明缝纫机压脚的研发和生产已形成体制化、企业化和地域化，这种格局也为缝制技术的研发、生产和销售创造了较好条件。而其余四家申请人均来自日本传统的缝纫机企业，如重机和兄弟工业，可见日本的缝纫机压脚申请也随着缝纫机技术的发展而相应地配套发展。

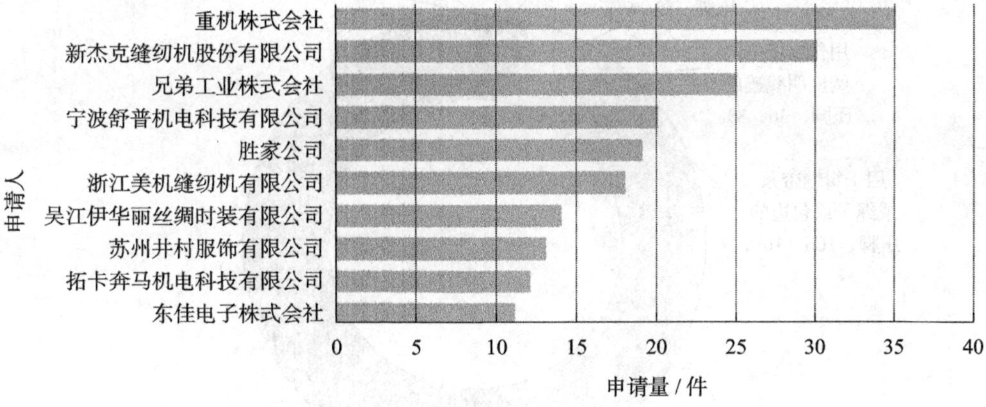


图 2-17　缝纫机压脚申请人排名

4. 关键技术分布

缝纫机压脚根据其主要功能可以分为以下五种类型：以压送布料为主的普通压脚、用作缉缝不同阔度明线迹的压脚、用作褶缝或缩碎褶的压脚、用作绱拉链的压脚及带有其他功能的压脚。

（1）关键技术布局

从缝纫机压脚的功能来看，仍然有 53% 的专利技术涉及以压送缝料为主的普通缝纫机压脚，而用于实现包边、导条及绱拉链等特殊功能的压脚的专利技术共占 23%，而这 23% 的申请中涉及特殊缝制的诸多方面。同时，对于占比为 24% 的其他方面的压脚而言，其申请也涉及了缝纫机压脚的其他功能。由此可见，压脚的专利申请在重点保持基础功能的基础上，特殊功能呈现多样化发展，这也为缝纫机压脚的多功能性提供了技术保证，如图 2-18 所示。

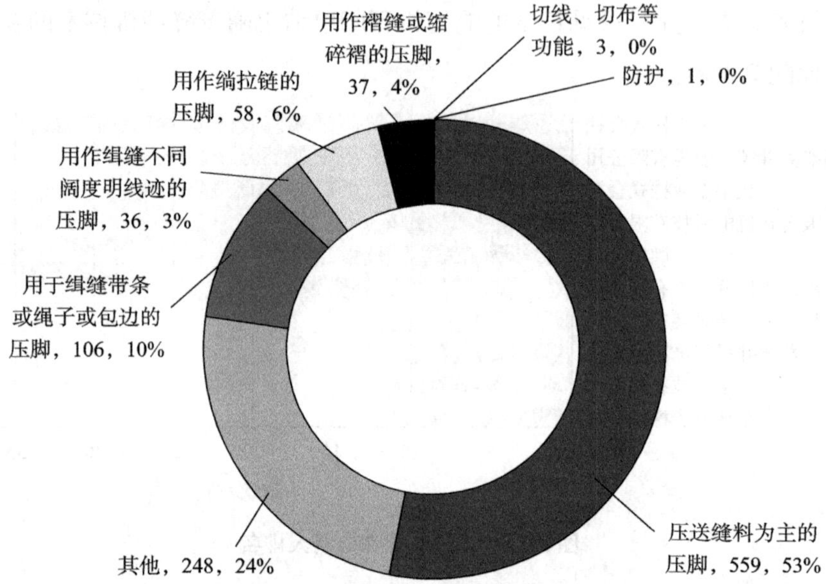


**图 2-18　缝纫机压脚本体的技术分支**（单位：件）

（2）关键技术演进

从缝纫机压脚技术的演进路线来看，2008 年之前的缝纫机压脚附件不论是普通压脚还是实现特殊功能的压脚其申请量都较小，但 2009 年之后缝纫机压脚的申请急剧增长，特别是针对以压送缝料为主的缝纫机压脚增长迅猛，其次是用于折边或包边功能的缝纫机压脚即执行特殊功能的压脚，但从上述技术发展来看，为压送缝料为主的压脚本体技术的发展仍是压脚技术发展的重点，见表 2-2 所示。

**表 2-2　缝纫机技术关键技术演进**

单位：件

| 技术分支 | 年份 | | | | | | | | | | | | | | | |
|---|---|---|---|---|---|---|---|---|---|---|---|---|---|---|---|---|
| | 1987 | 1988 | 1989 | 1991 | 1992 | 1993 | 1994 | 1995 | 1996 | 1997 | 1999 | 2000 | 2001 | 2002 | 2003 | 2004 |
| 用作褶缝或缩碎褶的压脚 | | | | | | | | | 1 | | | | | | | |
| 用作绱拉链的压脚 | 1 | | | | | | | 1 | | | | 1 | | | | |
| 用作缉缝不同阔度明线迹的压脚 | | | | | | | | | | | | | | | | |
| 用于缉缝带条或绳子或包边的压脚 | | | | | | | | | | 1 | | | | | | 1 |
| 压送缝料为主的压脚 | | | 2 | 2 | 2 | 1 | 2 | 1 | 1 | 4 | 2 | 1 | 2 | 2 | 3 | 3 |
| 其他 | | 1 | | | | 1 | | | | | | | 1 | 1 | | 3 |

| 技术分支 | 年份 | | | | | | | | | | | | | | | |
|---|---|---|---|---|---|---|---|---|---|---|---|---|---|---|---|---|
| | 2005 | 2006 | 2007 | 2008 | 2009 | 2010 | 2011 | 2012 | 2013 | 2014 | 2015 | 2016 | 2017 | 2018 | 2019 | |
| 用作褶缝或缩碎褶的压脚 | | | 2 | | 2 | 2 | | 1 | 1 | | 2 | 3 | 9 | | | |
| 用作绱拉链的压脚 | | 1 | | | | 1 | | 3 | 7 | 2 | 4 | 4 | 5 | 2 | | |
| 用作缉缝不同阔度明线迹的压脚 | | | | 1 | | | 6 | 6 | 3 | 4 | | 3 | 3 | 8 | | |
| 用于缉缝带条或绳子或包边的压脚 | | | 1 | 2 | 3 | 8 | 7 | 8 | 8 | 9 | 6 | 16 | 9 | 11 | | |
| 压送缝料为主的压脚 | 1 | 4 | 7 | 8 | 10 | 12 | 23 | 44 | 36 | 36 | 20 | 25 | 64 | 75 | 8 | |
| 其他 | 3 | 4 | 2 | 4 | 9 | 7 | 7 | 13 | 18 | 14 | 38 | 11 | 10 | 3 | | |

2008 年之前，缝纫机压脚技术发展较为平缓，压脚技术主要针对压脚的基础功能展开，技术改进主要集中在压脚的压板和压杆上，改进的主要目的通常与基础缝纫品质相关。其中，对于压板的改进技术而言，通过在压板上设置特殊的凹槽、开口、辅助滑动部件及活动支架，从而实现缝制的基础功能，而对于压杆而言，通过设置压簧或压脚夹具，从而实现压力均匀。其

代表专利如下。

US4403561A：一种缝纫机压脚，其弹簧一端通过开口与衬套相连，两个轴向对齐的构件被安装用于相对轴向移动，一个构件被连接到螺旋弹簧的一端，弹簧的另一端拧入开口环中，弹簧使开口环接合在第二构件中的环形槽中，从而允许在用不需要机械加工的螺旋槽来容纳弹簧的线圈的情况下进行连接，降低了制造成本。

CN101210364A：一种缝纫机的压脚，该缝纫机的压脚构成为，在向落针位置的前方延伸的左右压爪中的、与针板之间夹持上布料的一方的压爪上安装突出到与另一方的压爪之间的引导通路内的辅助引导部件，使另一方的压爪与辅助引导部件之间的通路宽度最佳化，将上布料和下布料保持良好的立起姿态，送进到固定刀片和可动刀片的配设位置，将上端缘切齐，由此，可以有效地防止因切齐的不完备而产生缝制不良。

2009—2016年，此阶段缝纫机压脚持续快速增长，随着自动化程度的提高，缝纫压脚向自动化、电子化、精细化和综合化方向发展。就压脚本体而言，多压脚技术、电子化检测手段、压力单独控制及综合切线、防护等多功能压脚是这个阶段压脚本体的研发重点。其代表性专利如下。

CN202881638U：一种全自动贴袋机的辅助压脚，包括传送架，传送架通过抬压机构连接有能上下运动的辅助压脚，辅助压脚设有两块用于压紧袋片的辅助压板和辅助气缸，辅助气缸能驱动两块辅助压板之间作相互靠拢或分离运动。辅助压脚的辅助压板通过驱动板与滑块导向板的配合，可以相互分离压住袋片的外圈，也可以相互靠拢压住袋片内圈，使压料更紧密。

JP2013009909A：一种对中空模塑的表皮材料进行线迹缝纫的缝纫装置，具有锁式线迹，该锁式线迹具有送布脚部，该送布脚部具有用于避免与从缝制部的边缘部在缝针内延伸的面线干涉的退刀槽。缝合部被设置成在线迹缝纫时释放下端。缝针的前端形成截面梭形。工件由搪塑成型的表皮材料制成。因此，能够改善线迹缝纫的外观。

CN206266827U：一种用于缝制渔网绳的缝纫机特种压脚，包括两个调节螺柱，各调节螺柱上分别安装有调节螺母，调节螺母下方垫有支撑垫片，支撑垫片下方设有压力弹簧，压力弹簧下方设有第二支撑垫片，第二支撑垫片下方设有压脚板，压脚板通过调节螺柱固定在压脚支撑架上表面；压脚支撑架固定在送料板上，送料板上方设有伸缩气缸，伸缩气缸的活塞杆连接有压脚固定钩；由于伸缩气缸对渔网绳进行水平方向夹紧，压力弹簧驱动压脚板对渔网绳进行垂直方向夹紧，渔网绳在缝制过程中可被牢固地夹紧而不发生位移，保证渔网缝制质量。

2017 年至今，压脚技术日趋成熟，发展呈现快速、多品种的趋势，并在完成多压脚技术、电子化检测手段及压力单独控制等功能的基础上，通过结合其他附件来完成缝制过程中特定功能，从而使普通缝纫机或专用缝纫机功能进一步扩展，同时也降低了机器的造价。在此阶段，国内压脚技术发展迅猛。其代表性专利如下。

TW10610113 一种具有吹纱功能的缝纫机压脚，包含一个压脚台及二个活动压板，该二个活动压板的至少其中之一具有一斜向吹纱通道，斜向吹纱通道具有一面向该主压板并朝该穿针孔的吹纱口，及一设置于该活动压板远离该主压板一侧的进气口，该活动压板未相对该压脚台行位移行程时，该吹纱口未被该主压板遮蔽而朝该穿针孔提供一吹纱气流。

CN207047491U：一种压脚机构及具有其的缝纫机，压脚机构包括压杆，压杆上设置有压脚，压杆上套设有弹性件和用于压设弹性件的压动块，压脚机构还包括：第一感应件，第一感应件设置在压动块上；第二感应件，第二感应件设置在压杆上，第一感应件与第二感应件相配合，以便在压杆发生升降时通过第一感应件和第二感应件之间的位置变化确定压脚的高度变化。

（3）热点空白点分析

如图 2-19 所示，对于缝纫机压脚结构而言，缝纫机压脚压板部分所占份额最大，且缝制时压力的均匀性、稳定性及良好的缝制品质是申请人重点关注的方向，因此，缝纫机压脚压板部分是缝纫机压脚的首要研发方向，申请人通常通过在压板部分设置槽、孔或相应的引导部件或弹性部件，以获得缝纫机压脚均匀压力的技术效果。其次，对于缝纫机压杆和压杆与压板连接部分的改进也是申请人较为关注的重点，通过在压脚杆部设置调节部件或滑动部件，或是调节压杆与压板连接部分的连接方式，从而提高压力的均匀性；而通过改进压脚的材质和形状或是通过压脚的具体安装的改进等相应技术手

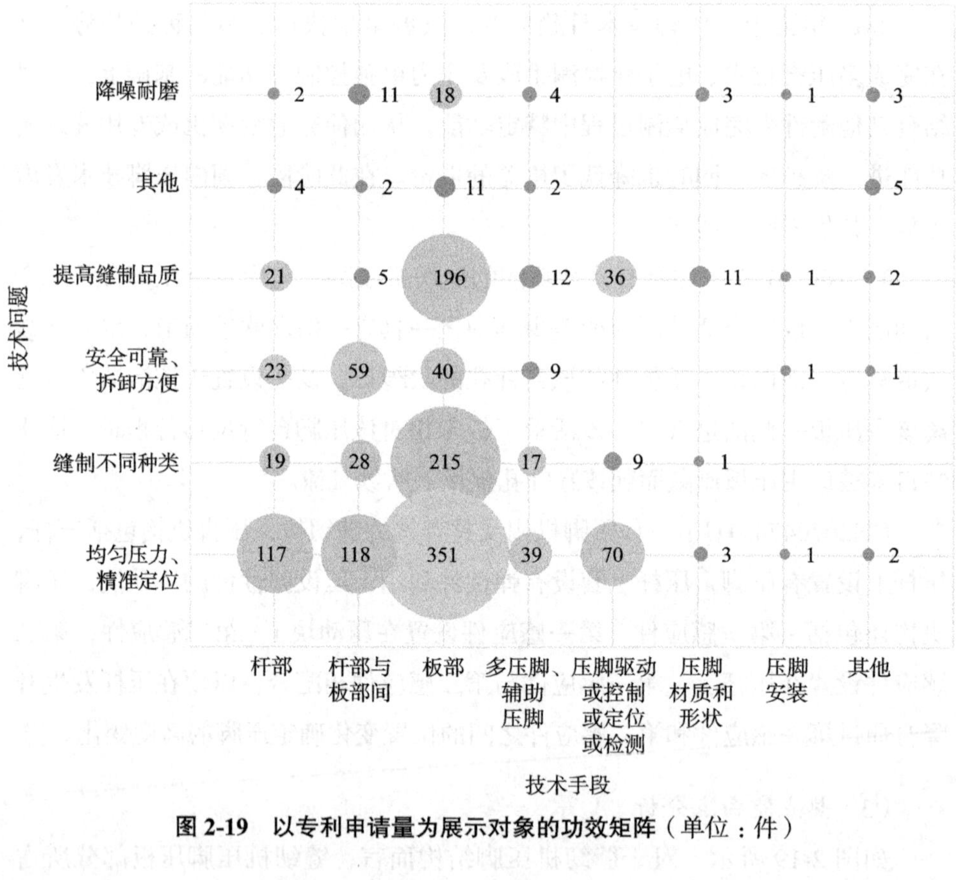


图 2-19　以专利申请量为展示对象的功效矩阵（单位：件）

段涉及的关键研发点较少，且其目的也主要用于实现均匀压力及改善缝制品质。此外，从缝纫机压脚的发展趋势看，压脚申请的重点还是集中在实现压脚基础功能的方向，因此，提高压脚的基础性能是缝纫机压脚研发的重点和热点，也是未来主要的发展方向。

### （三）压脚附件技术分析

1. 专利申请趋势

涉及压脚附件的申请最早开始于 1966 年，早期的专利申请量非常少，基本在每年 20 件以内，但自 2008 年开始，申请量逐年增多，从 2012 之后申请量呈迅猛增长态势，特别是到了 2017 年，申请量达到最大，这也体现了缝纫技术向多功能化发展的趋势，如图 2-20 所示。

**图 2-20 压脚附件的申请趋势**

2. 申请区域分布

从涉及缝纫机压脚技术领域的申请区域来看，如图 2-21 所示，中国以

117件的申请量遥遥领先于36件的日本，在缝纫机领域处于领先地位，而美国、中国台湾等其他国家和地区涉及缝纫机压脚附件的申请较少。这也从侧面说明缝纫机压脚附件作为一种比较成熟的附件进入标准化生产阶段，与这个国家的缝纫机发展技术密切相关。

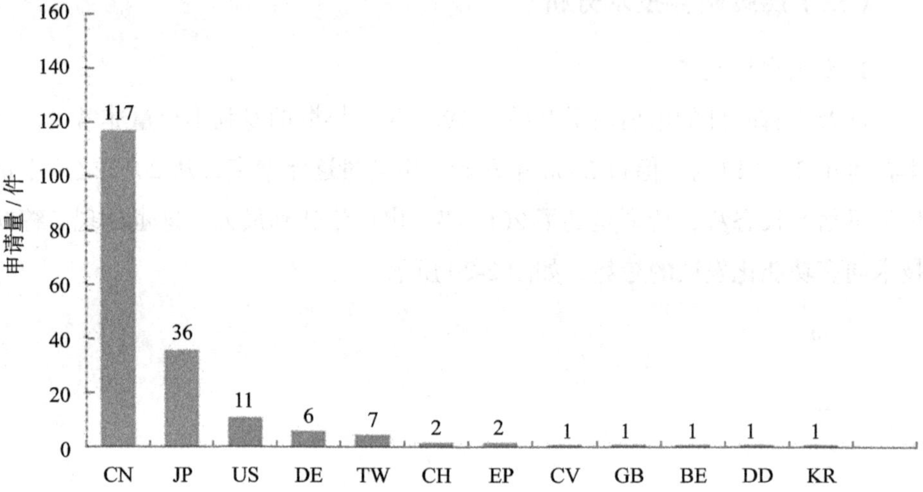


**图2-21 压脚附件的申请区域**

3. 申请人排名

从图2-22所示的申请人排名来看，除日本兄弟工业外，缝纫机压脚附件的主要申请人全部为中国企业，并且申请人也主要集中在较大的缝制企业，说明缝纫机压脚附件在国内属于较为成熟的企业，通常一般的缝制企业都会设置缝纫机压脚的配套申请。而这些中国企业，如上海贵衣、浙江中捷等也均集中在江浙地区，对缝纫机技术的区域化发展提供了支撑和保障。

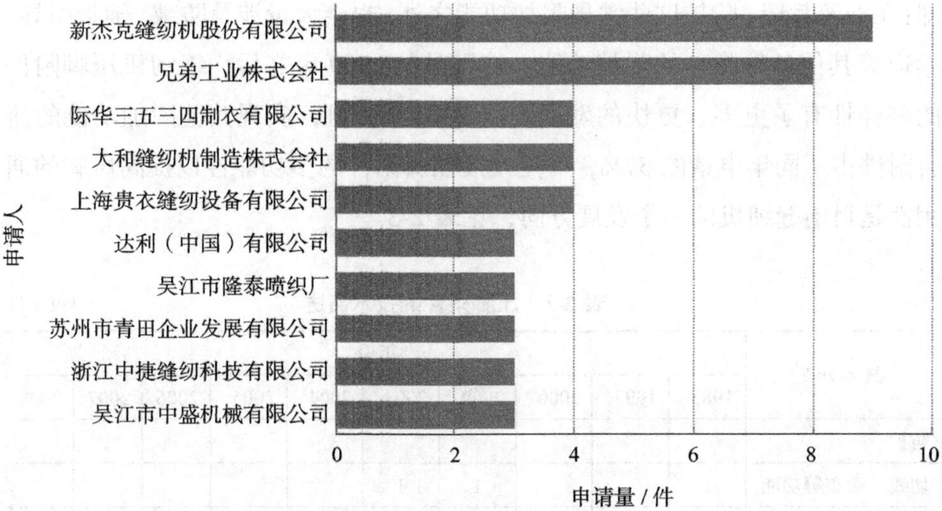


**图 2-22　压脚附件的申请人排名**

4. 关键技术分布

（1）关键技术布局

缝纫机压脚附件根据其主要功能可以分为以下三种类型：实现裁切功能的压脚附件、实现防护功能的压脚附件及实现皱缩功能的压脚附件。其中实现裁切功能的压脚占比为 66%，可以实现缝制的多功能性是其主要研发方向，其次是实现缝纫过程中安全性防护的压脚附件，占比为 4%，上述两类压脚占了整个缝纫机附件的 70%，如图 2-23 所示。

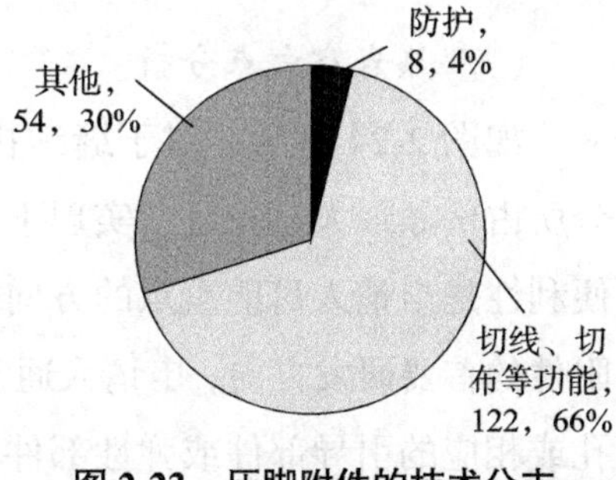


**图 2-23　压脚附件的技术分支**

（2）关键技术演进

从缝纫机压脚附件的技术演进来看，除实现缝纫机裁切功能的缝纫机压脚附件申请量较大之外，实现其他各类附加功能的专利申请并不完全相同，即：在涉及裁切、防护这些常规附加功能之外，也会大量涉及防皱、辅带引导、卷边等其他各种类型的附加功能，特别是从2009年之后，缝纫机压脚附件的多样性有了更多、更快的发展。以2016年为例，实现其他附加功能的压脚附件占了同年申请的57%，可见发展压脚附件的多功能性以提高压脚的通用性是目前缝纫机的一个发展方向，见表2-3。

**表2-3　压脚附件的技术演进**　　单位：件

| 技术分支 | 年份 | | | | | | | | | |
|---|---|---|---|---|---|---|---|---|---|---|
| | 1985 | 1997 | 2000 | 2002 | 2003 | 2004 | 2005 | 2006 | 2007 | 2008 |
| 防护 | | | | | | | | | | |
| 切线、切布等功能 | 1 | | | 1 | 1 | | | | | |
| 其他 | | 1 | 1 | 2 | 2 | 2 | 3 | 2 | 1 | 3 |
| 技术分支 | 2009 | 2010 | 2011 | 2012 | 2013 | 2014 | 2015 | 2016 | 2017 | 2018 |
| 防护 | | | | 1 | 1 | | | 1 | | 1 |
| 切线、切布等功能 | 2 | 2 | | 3 | 2 | 4 | 3 | 8 | 10 | 8 |
| 其他 | 10 | 6 | 4 | 4 | 6 | 2 | 3 | 12 | 16 | 5 |

（3）热点空白点分析

如图2-24所示，对于缝纫机压脚附件而言，涉及缝纫机压脚的压板部分所占份额最大，并且，实现不同类型的缝制线迹及实现缝纫机压脚操作的便利性是申请人目前重点的方向。因此，缝纫机压脚压板部分是缝纫机压脚附件的首要研发方向，申请人通常通过压板结构的改进，比如在压板设置槽、孔或相应的引导部件或弹性部件，以实现缝制的同时完成切线、防护等其他附加功能。其次，结合缝纫机压脚附件的主要技术分支的发展趋势，通过缝纫机压脚附件的附加功能以实现缝纫机压脚的多功能性是以后的发展方向。虽然目前涉及缝纫机的附加辅助功能的申请量并不是很大，但从缝纫机压脚的发展趋势看，这是未来的发展方向。

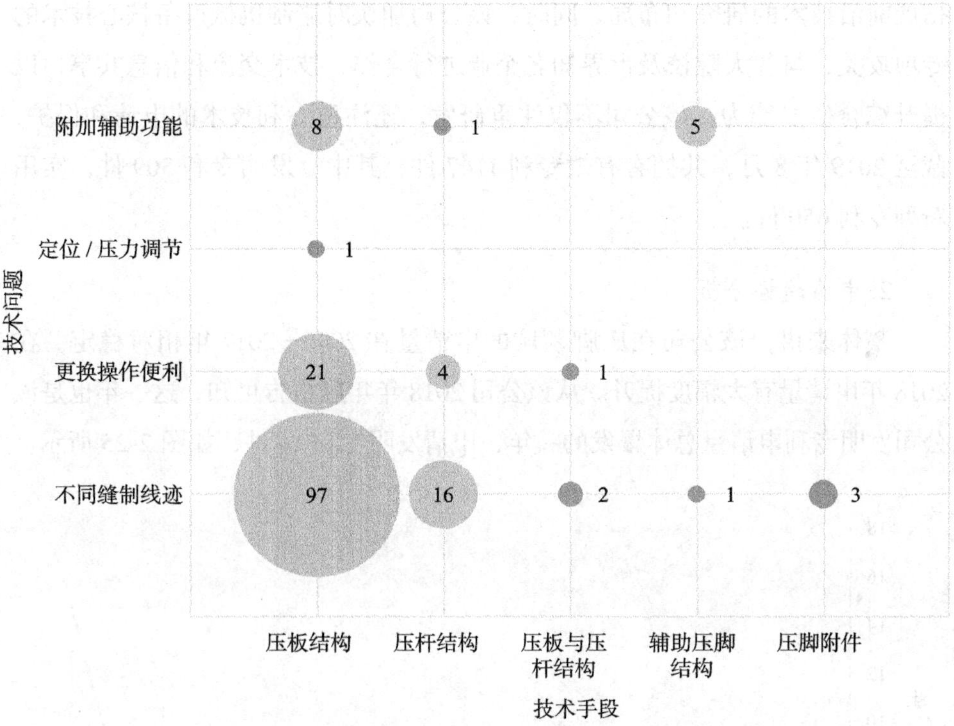


**图 2-24　以压脚附件申请量为展示对象的功效矩阵（单位：件）**

# 四、重点申请人分析

## （一）新杰克缝纫机股份有限公司

1. 企业简介

新杰克缝纫机股份有限公司的缝纫机产业始于 1995 年 7 月。该公司主营业务为工业缝制机械的研发、生产、销售、技术咨询和技术服务。该公司于 2006 年引入 IPD（集成产品开发），2018 年与华为技术有限公司合作优化 IPD 流程体系，分别在德国、意大利、台州、北京等地设立研发基地，不断拓展前沿技术的研究和布局。同时，该公司加快对缝制机械设备核心技术的专项攻关，与各大院校及世界知名企业进行合作、技术交流和信息共享，以提升综合研发能力。该公司不仅注重研发，还注重专利技术的申请和保护，截至 2019 年 8 月，共拥有有效专利 1147 件，其中，发明专利 309 件，实用新型专利 650 件。

2. 申请趋势分析

整体来讲，该公司在压脚领域的申请量在 2006—2017 年相对稳定，在 2018 年申请量有大幅度提升。从该公司 2018 年年度报告可知，这一年也是该公司发明专利申请量总体爆发的一年，申请发明专利 16 件，如图 2-25 所示。

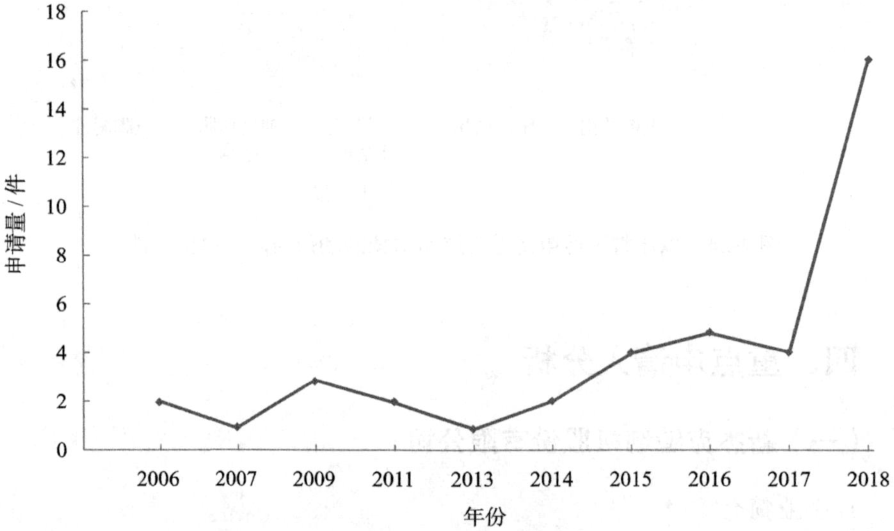


图 2-25　新杰克公司申请趋势

3. 技术构成分析

对缝料施加压力是缝纫机压脚的首要功能，并且随着缝纫技术的发展，缝纫机压脚也衍生出一些附加的功能和部件。基于压脚的结构和功能，缝纫机压脚分为对缝料施加压力的压脚、带有附加部件及功能的压脚、压脚的传动控制部件等，新杰克公司压脚申请主要集中在压送缝料为主的压脚和用作褶缝或缩碎褶的压脚。

（1）压脚技术分析。

由图 2-26 可知，该公司压脚申请中压送缝料为主的压脚占绝大部分。从结构上来讲，这些专利技术的改进之处有 42% 集中在压脚的压脚板部，32% 集中在压脚的压脚杆部，其他集中在压脚的压脚板部和杆部之间；有 26% 涉及辅助压脚和多压脚改进，分别涉及压脚中的弹性件、压脚材料和形状的改进。从技术效果上来讲，有 46% 涉及均匀压力、精准定位，有 32% 涉及提高缝纫品质，其余涉及安全可靠、便于拆卸及缝制种类。

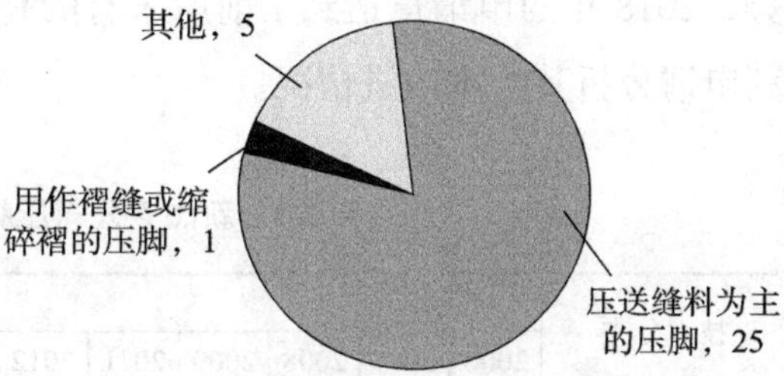

**图 2-26 新杰克公司压脚申请的技术构成**

（单位：件）

需要说明的是，一件专利申请的结构改进点可能涉及一个以上，所对应的技术效果也可能涉及一个以上。

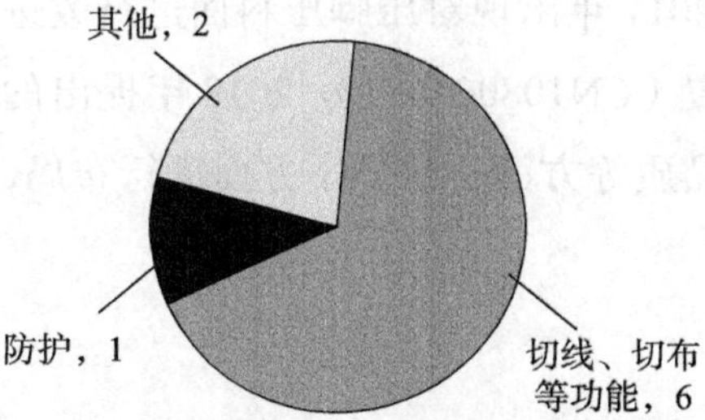

**图 2-27 新杰克公司压脚附件的技术构成**

（单位：件）

（2）压脚附件技术分析。

压脚附件主要包括带有切线、切布等结构和功能的压脚附件、带有防护结构和功能的压脚附件。由图 2-27 可知，该公司压脚附件的专利申请主要集中在切线、切布等功能压脚；从结构上来讲，这些专利技术的改进之处主要集中在压脚的压脚板部，其余集中在压脚的压脚杆部和压脚的压板与压杆之间，从技术效果上来讲，大部分涉及切割等压脚附加辅助功能，其余涉及定位、压力、张力控制等功能。

4. 技术演进分析

整体上来讲，该公司缝纫机压脚的申请量随时间的发展呈现上升的态势，2018 年的申请量达到了前所未有的高度，见表 2-4。下面结合该公司专利申请分析其技术演进情况。

**表 2-4 新杰克公司压脚机构的技术演进** 单位：件

| 技术分支 | 年份 | | | | | | | | | | | | |
|---|---|---|---|---|---|---|---|---|---|---|---|---|---|
| | 2006 | 2007 | 2008 | 2009 | 2011 | 2012 | 2013 | 2014 | 2015 | 2016 | 2017 | 2018 | 2019 |
| 传动控制 | | | 3 | 7 | 2 | 1 | 13 | 13 | 9 | 9 | 10 | 9 | 11 |
| 其他 | | | | | 4 | | 1 | 1 | 5 | 6 | 2 | 1 | 2 |
| 压脚 | 1 | 1 | | 3 | 2 | | | 2 | 4 | 2 | 2 | 15 | |
| 压脚附件 | 1 | | | | | | 2 | | 1 | 3 | 2 | 1 | |

（1）压脚技术演进

该公司的压脚专利申请中压送缝料为主的压脚申请量在 2017 年之前都处于平稳发展的趋势，2018 年随着该公司整体申请量的上升，压送缝料为主的压脚申请数量也达到了最高值。

该公司在 2006 年提出一项具有固定在压脚前端的挑簧的缝纫机压脚，避免跳针和线迹跑偏（CN201065469），2017 年出现对压脚压料面进行改进的压脚（CN107345342）和两级压脚装置（CN108004684），2018 年提出的申请中集中在压脚压力调节、提高缝制品质等方面，在多个方面进行布局，见表 2-5。

（2）压脚附件技术演进

该公司在压脚附件方面的申请一直处于较为平稳的态势，在 2015—2018 年陆续有关于带刀压脚的申请提出（CN205275900、CN103924389、

CN206015250、CN206512399、CN206799905、CN207331222、CN209144402、CN208201305），这些申请的改进点都集中在压脚压板位置，见表 2-6。

**表 2-5　新杰克公司压脚的技术分支**　　单位：件

| 技术分支 | 年份 | | | | | | | | |
|---|---|---|---|---|---|---|---|---|---|
| | 2006 | 2007 | 2009 | 2011 | 2014 | 2015 | 2016 | 2017 | 2018 |
| 其他 | | | 1 | 2 | 1 | 1 | | | |
| 压送缝料为主的压脚 | 1 | 1 | 1 | | 1 | 2 | 2 | 2 | 15 |
| 用作褶缝或缩碎褶的压脚 | | | 1 | | | | | | |

**表 2-6　新杰克公司压脚附件的技术分支**　　单位：件

| 技术分支 | 年份 | | | | | |
|---|---|---|---|---|---|---|
| | 2006 | 2013 | 2015 | 2016 | 2017 | 2018 |
| 防护 | | 1 | 1 | | | |
| 其他 | 1 | | | 1 | | |
| 切线、切布等功能 | | | 1 | 2 | 2 | 1 |

5. 热点空白点（功效矩阵）

由前文可知，缝纫机压脚从结构主要分为压脚和压脚附件，压脚又分为压送缝料为主的压脚、用作缉缝不同阔度明线迹的压脚、用作褶缝或缩碎褶的压脚、用作绱拉链的压脚、用于缉缝带条或绳子或包边的压脚等，通过对新杰克公司缝纫机压脚的专利申请分析可知，其在缉缝不同阔度明线迹、绱拉链、缉缝带条或绳子或包边方面缝纫机压脚的专利申请存在空白点。

在压脚方面，从技术问题和技术手段来讲，该公司在通过杆部、杆部与板部之间、板部、多压脚和辅助压脚、压脚驱动或控制或定位或检测、压脚材质和形状及压脚安装等技术手段来提高安全性和可拆卸性方面存在较多技术空白点，在通过压脚材质和形状来提高缝制品质方面也存在技术空白点，如图 2-28 所示。

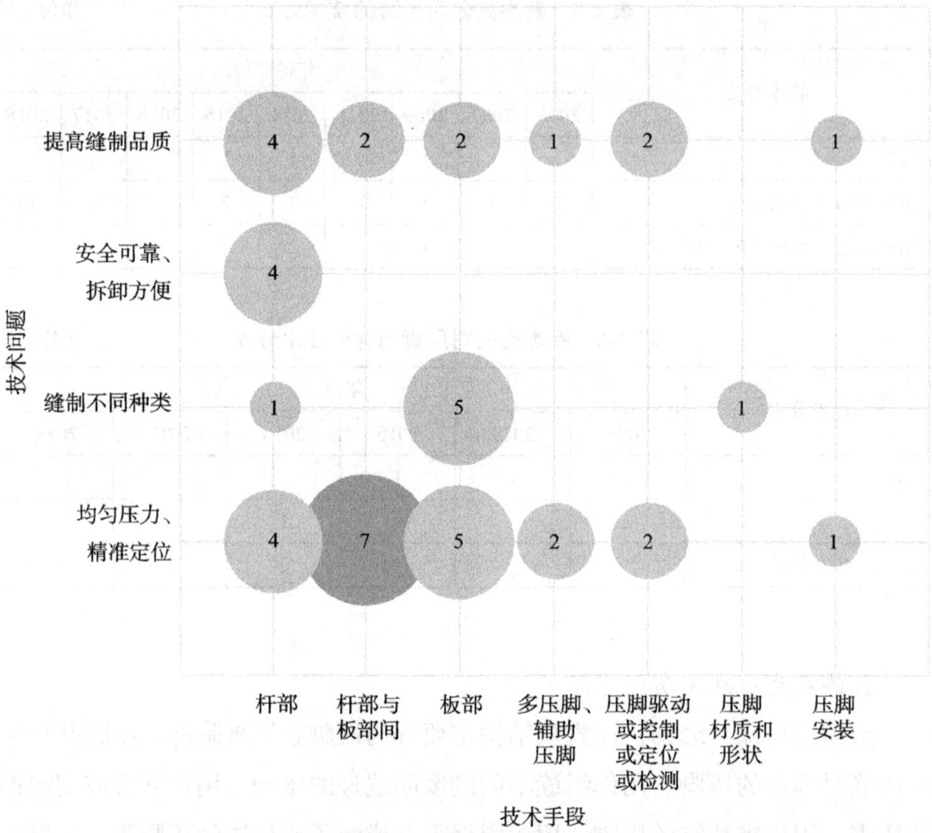


**图 2-28　新杰克公司压脚的技术功效矩阵**（单位：件）

在压脚附件方面，压脚的附加功能主要集中在压脚压板上，该公司尚未在压板与压杆之间进行压脚附加功能改进的专利申请及在压杆方面进行定位 / 压力调整方面的专利申请，如图 2-29 所示。

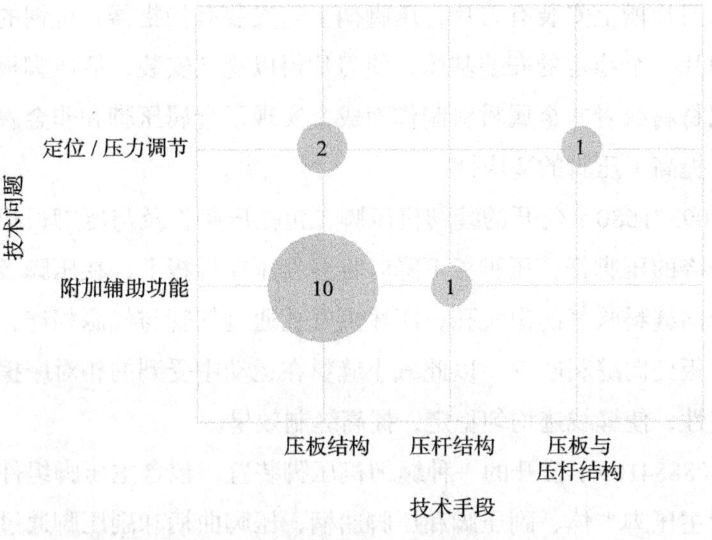


**图 2-29 新杰克公司压脚附件的技术功效矩阵（单位：件）**

6. 重点专利分析

在该公司的缝纫机压脚申请中，比较有代表性的有以下几项。

CN108004684：公开的两级压脚装置，包括固定件、前压脚和后压脚，所述前压脚和所述后压脚沿 $X$ 向一前一后间隔地且均可沿 $Z$ 向升降地安装在所述固定件的下端，通过前压脚和后压脚的相互配合，当缝料上凸起的高处先后经过前压脚和后压脚时，可使前压脚和后压脚先后沿 $Z$ 向上升而抬起，使缝料上凸起的高处能够顺利通过，当缝料上凸起的高处通过前压脚或后压脚后，前压脚或后压脚则可沿 $Z$ 向下降复位而与缝料保持接触，从而实现了在缝制过程中平稳地通过高低不平的缝料拼接处，提高了缝制品质，且也能够适用于卷边缝制。

CN105463712：公开的一种缝纫机压脚，包括由全钢材料制作而成的压脚柄、压脚板和活压脚板，压脚板和活压脚板通过销轴铰接且两者之间还设有弹簧，压脚板和活压脚板之间还可以通过轴位螺钉铰接，活压脚板上开有刀片槽，刀片槽上安装有刀片，压脚柄上还安装有护指器，全钢的活压脚板提供给刀片一个稳定的安装基体，使刀片得以稳定安装，活压脚板还可以由其他金属材料或者非金属材料制作而成，实现了金属压脚和非金属压脚的快速切换，提高了压脚的适应性。

CN109371580：公开的缝纫机压脚，包括压脚板及与压脚板相连且带动压脚板升降的压脚杆，压脚板下降时将缝料压在针板上，在压脚板或针板上设有用于向缝料吹气的出气孔，所述出气孔通过气管与气源相连，通过在压脚板或针板处向缝料吹气，以此减小缝料在运动中受到的相对摩擦，提高其运动稳定性，使缝线迹均匀稳定，提高缝制效果。

CN208884109：公开的一种缝纫机压脚装置，包含主压脚组件，主压脚组件包含主压脚本体、副压脚和压脚曲柄，压脚曲柄和副压脚通过主压脚本体上的凹槽设置在主压脚本体上，副压脚可沿高度方向活动，主压脚组件上还设置有可沿缝纫机高度方向移动的弹力调节件，副压脚的压力可以分别调整适应折叠布料，使折叠高度不同布料能拥有均衡的压力，还可以适应厚薄不同的布料加工送料的顺畅性，同时将两个副压脚同时调高，可以极大扩大上料区间，方便上料。

这几项专利申请涉及压送缝料、褶缝、卷边、切割、防护等方面，是缝纫机压脚技术领域中比较有代表性的专利技术。

### （二）重机公司

1. 企业简介

日本重机公司创立于1938年。在工业缝纫机事业、家用缝纫机事业、产业装置事业、集团公司事业、客户支持事业五大业务领域开展业务，是一家83%的销售业务分布在海外、工业用缝纫机领域的产品售往180多个国家的全球化企业。除了日本本土的研发中心，还在中国和越南设立研发中心，该公司是在缝纫机压脚领域专利申请量最多的申请人。

2. 申请趋势分析

重机公司的缝纫机压脚专利申请量在 1990 年、1993 年、1996 年、2001 年、2002 年、2006 年和 2017 年较为均匀，在 2008 年申请量达到最大值后 2009 年又大幅降低，直至 2017 年申请量都维持在较低水平，如图 2-30 所示。这说明该公司近年来在缝纫机压脚方面的专利申请不活跃。

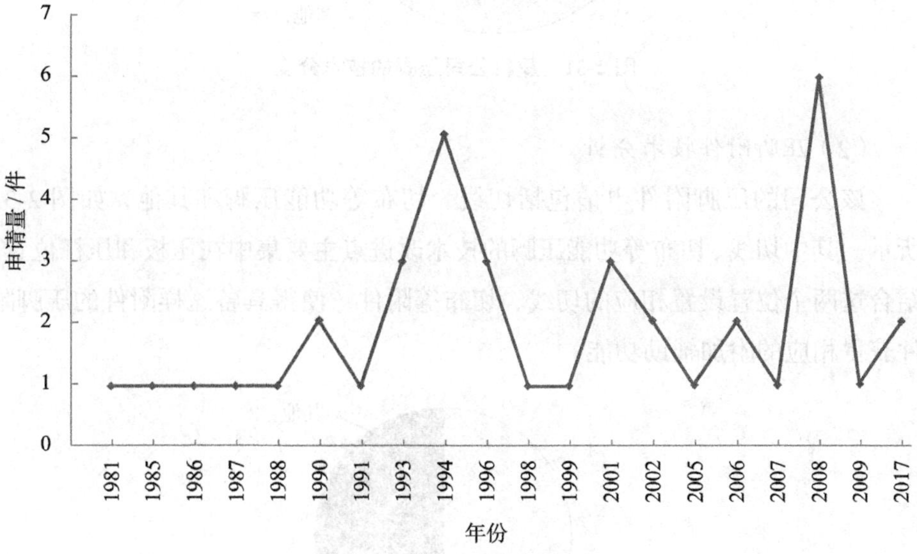


**图 2-30 重机公司压脚的申请趋势**

3. 技术构成分析

重机公司的缝纫机压脚申请分为压脚、压脚附件和其他，下面对其中的压脚和压脚附件进行着重分析。

（1）压脚技术分析

该公司的压脚申请包括压送缝料为主的压脚、用作褶缝或缩碎褶的压脚、用作绱拉链的压脚、用作缉缝不同阔度明线迹的压脚及其他，除去归类为其他的，压送缝料为主的压脚的申请量占比最多，如图 2-31 所示。

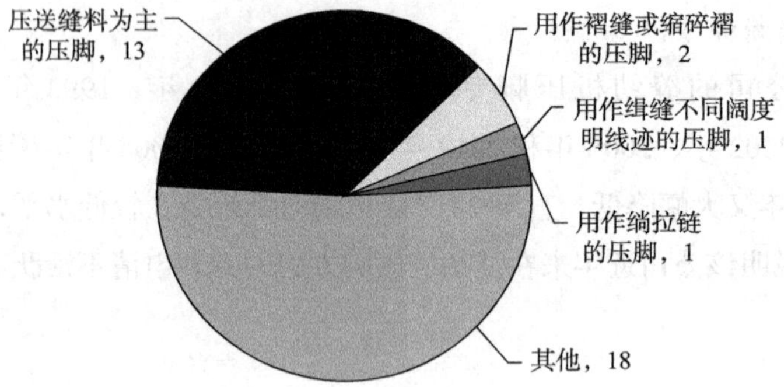


**图 2-31　重机公司压脚的技术分支**

（2）压脚附件技术分析

该公司的压脚附件申请包括切线、切布等功能压脚和其他，如图 2-32 所示。其中切线、切布等功能压脚的技术改进点主要集中在压板和压杆位置，结合这两个位置设置相应的切线、切布等附件，使得具备这样附件的压脚附件获得相应的附加辅助功能。

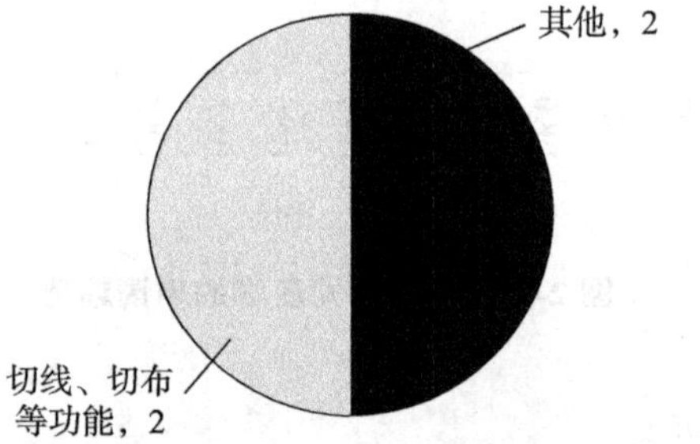


**图 2-32　重机公司压脚附件的技术分支**

4. 技术演进分析

重机公司在缝纫机压脚方面的专利申请量从 1981 年以来有几个起伏波动，2011 年以后多数年份压脚和压脚附件的申请量降至 0，仅在 2017 年有两件实用新型专利申请，即该公司近年来的专利布局几乎舍弃了这一领域。见表 2-7。下面重点分析压脚技术和压脚附件技术的发展概况。

表 2-7 重机公司压脚的技术演进 单位：件

| 技术分支 | 年份 | | | | | | | | | | | | | | | | |
|---|---|---|---|---|---|---|---|---|---|---|---|---|---|---|---|---|---|
| | 1981 | 1985 | 1986 | 1987 | 1990 | 1991 | 1993 | 1994 | 1996 | 1998 | 2001 | 2002 | 2005 | 2006 | 2007 | 2008 | 2017 |
| 其他 | | | | 1 | 1 | 1 | 1 | 2 | 2 | 1 | 1 | 1 | 1 | 1 | 1 | 2 | 2 |
| 压送缝料为主的压脚 | 1 | 1 | | | | | 2 | 2 | | | 2 | 1 | | 1 | | 3 | |
| 用作绢缝不同阔度明线迹的压脚 | | | | | | | | | | | | | | | | 1 | |
| 用作绱拉链的压脚 | | | | | 1 | | | | | | | | | | | | |
| 用作褶缝或缩碎褶的压脚 | | | 1 | | | | | 1 | | | | | | | | | |

（1）压脚技术演进

在压脚方面，截至 2008 年，该公司以压送缝料为主的压脚为主题提出了一系列专利申请，其中，1985 年前后提出的压脚着重通过改进压脚的形状以获得保持空线环的良好效果（JPS61249495），1993 年、1994 年及 2002 年研发重点集中在通过在压脚上添加滚轮以实现引导物料的连续性的系列专利技术申请（JPH07185168、JPH07299268 和 JP2004049581），2007 年提出的差动送布缝纫机的压布装置能够良好地进行布料聚拢缝制（JP2007185296），2008 年出现能够根据工件的类型调节从压脚的前端部施加到工件上压力的压布装置（US2009056607）和嵌条布压脚机构（CN101469490）。而在用作摺缝或缩碎褶的压脚（JPS63139594）、用作绱拉链的压脚（JPH07289762）及用作绢缝不同阔度明线迹的压脚（CN101324014）方面则没有形成技术上的延续。见表 2-8 所示。

表 2-8　重机公司压脚的技术分支　　单位：件

| 技术分支 | 年份 | | | | | | | | | | | | | | | | |
|---|---|---|---|---|---|---|---|---|---|---|---|---|---|---|---|---|---|
| | 1981 | 1985 | 1986 | 1987 | 1990 | 1991 | 1993 | 1994 | 1996 | 1998 | 2001 | 2002 | 2005 | 2006 | 2007 | 2008 | 2017 |
| 其他 | | | | 1 | 1 | 1 | 1 | 2 | 2 | 1 | 1 | 1 | 1 | 1 | 1 | 2 | 2 |
| 压送缝料为主的压脚 | 1 | 1 | | | | | 2 | 2 | | | 2 | 1 | | 1 | | 3 | |
| 用作缉缝不同阔度明线迹的压脚 | | | | | | | | | | | | | | | | 1 | |
| 用作绱拉链的压脚 | | | | | 1 | | | | | | | | | | | | |
| 用作褶缝或缩碎褶的压脚 | | | 1 | | | | | 1 | | | | | | | | | |

（2）压脚附件技术演进

该公司在 1988 年首次提出一种压脚装置，该压脚能够根据待压制物料的厚度自动切换抬压脚高度，以便在缝料缝制完成后顺利切线（JPH0223986）；1996 年提出关于中压脚调节控制的申请（JPH09253365）；1999 年提出一种能抑制紧线不良且不产生线迹倾斜、缝制物变形，并且具有可靠的固定且不引起位置偏移地进行缝制的压脚装置（JP2001157785）；2009 年提出一项附加有切断功能的压脚，其固定切刀设置在压脚上，切刀压力调节弹簧将可动切刀向固定切刀预紧，布料切断装置通过固定切刀与可动切刀的协同动作，将向布料引导部送入的布料切断。通过上述分析可知，在切线、切布等功能压脚方面，重机公司的申请量也较为分散，没有形成技术上的延续，且近 10 年来再未有相关专利申请提出，见表 2-9 所示。

表 2-9　重机公司压脚附件的技术演进　　单位：件

| 技术分支 | 年份 | | | |
|---|---|---|---|---|
| | 1988 | 1996 | 1999 | 2009 |
| 其他 | | 1 | 1 | |
| 切线、切布等功能 | 1 | | | 1 |

5. 热点空白点分析

整体来讲，该公司在压脚和压脚附件方面的专利申请量较少，尤其是近 10 年来，因此，在该方面的专利布局中存在较多的技术空白点，比如在杆部、杆部与板部间改进以使产品安全可靠、拆卸方便以及提高缝制品质等，如图 2-33 所示。

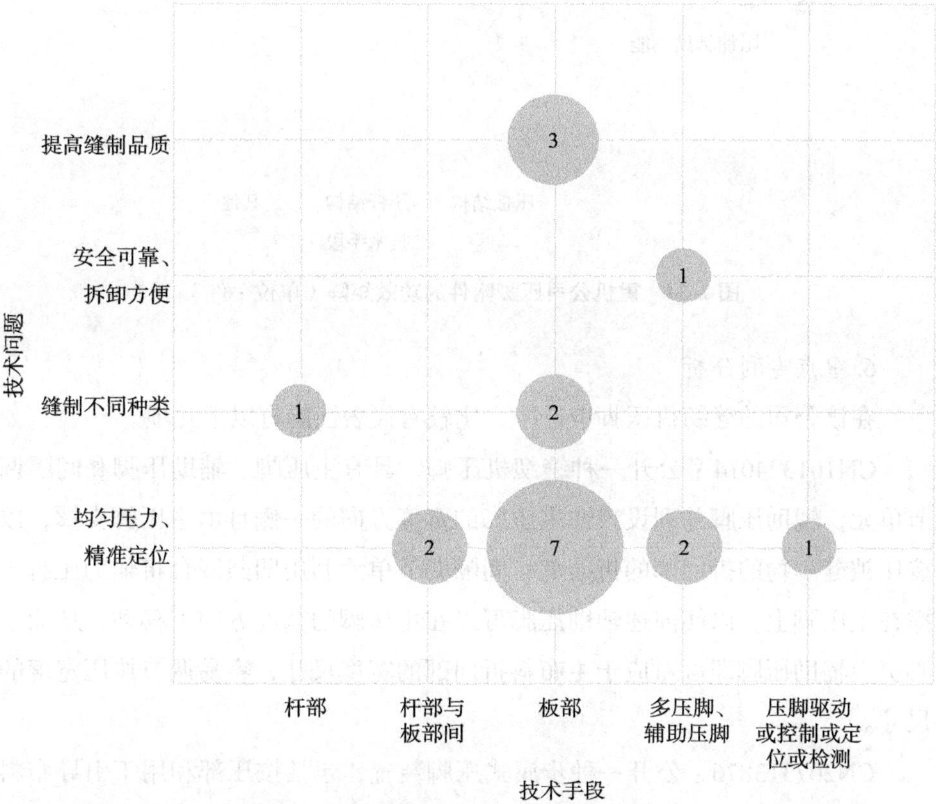


**图 2-33　重机公司压脚的功效矩阵**（单位：件）

该公司压脚附件专利申请主要集中在通过压板结构的改进来提升压脚的附加辅助功能，但是缺少在压杆结构处改进以提高附加辅助功能的申请，也没有在压板结构处的改进来提升定位 / 压力调节方面的申请，如图 2-34 所示。

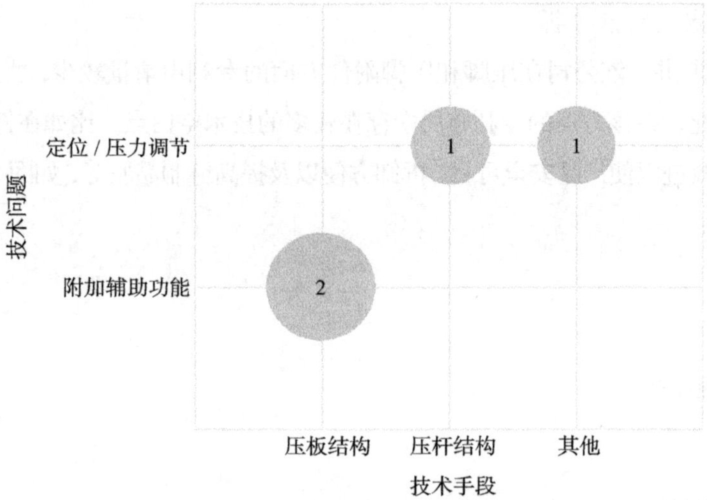


**图 2-34　重机公司压脚附件的功效矩阵**（单位：件）

6. 重点专利分析

在该公司的缝纫机压脚申请中，比较有代表性的有以下几项。

CN101324014：公开一种缝纫机压脚，具有主压脚、辅助压脚和间隔调节单元，辅助压脚并列设置在主压脚的宽度方向的一侧且由主压脚支撑，以按压被缝制物的折回部的折痕部，间隔调节单元利用凹凸嵌合将辅助压脚支撑在主压脚上，以使前述辅助压脚可以在主压脚的宽度方向上移动，从而不必更换辅助压脚即可对应于主布料折回部的宽度尺寸，容易调节按压宽度的尺寸。

CN207313876：公开一种步履式压脚装置，包括按压部和用于引导布料移动的布料压板。按压部包括倾斜设置的基座，基座与布料压板相连，在放置布料时，布料压板上升，在进行缝制时，布料压板下降，上升或者下降均可由操作者手动完成，也可由驱动装置进行驱动完成。布料压板包括带有凹槽的压脚以及与压脚相连的连接块，压脚用于朝向布料的待缝制一侧，连接块通过倾斜杆与基座固定连接，并且连接块与基座之间存在有间隙，为了防止操作者的手指由于误操作而伸入该间隙中，在基座与布料压板之间设置手指保护件。手指保护件能够阻止操作者的大拇指向着靠近连接块的反方向移动，从而避免操作者的手指被夹伤的现象。

JP 平 4-26460：公开一种缝纫机，在缝纫机的缝纫机本体上设置了前后保持部件，该前后保持部件在送布方向上将拉链保持为拉紧状态，在送料时通过导向用压脚引导拉链的左右齿，将芯布、左右两片布料以及拉链的左右齿夹持在前后保持部件的夹持体的上板和下板之间。气缸工作时，其中一个保持体被拉向反布进给方向，并且左右两片布料在布进给方向上张紧，将拉链的前端插入压脚的导向槽和导向孔中，然后进行缝纫，从而方便整齐地缝制拉链。

JP2004049581：公开一种压脚，其中压杆可上下移动地支撑在缝纫机臂上，承受向下的弹力，固定在上述压杆下端的辊支承台，可转动地支承在上述辊支承台上的输送辊；压臂，其可转动地支撑在所述辊支撑台上，并被向一个方向施力；压脚，其固定在所述压脚臂的一端侧，并沿送布方向形成有长孔形状的针孔，在上述压脚的底面上形成有其半径中心大致位于针孔中心线上的圆弧面、并在所述压脚的针孔外周形成有半圆状的切口部，该切口部在与送布方向正交的方向上位于针孔部的相反侧，在进行台阶部缝制时，压脚的圆弧状底面防止布料的浮起。另外，由于在压脚的针孔外周设置了切缺部，所以在针下降时面线能够顺利地通过压脚针孔，所以形成了针脚所需的足够大的线环，从而防止了缝制不良。

这几项专利申请涉及了按压宽度、防护、褶缝、绱拉链等方面，是该公司缝纫机压脚技术领域中比较有代表性的专利技术。

## 五、本章小结

1）对 1986—2019 年共 2811 件的缝纫机压脚专利申请中压脚本体及其

压脚附件（共 1232 件）分析可知，以实现压送缝料为主的缝纫机压脚技术仍是目前缝纫机压脚技术研发的重点，可见关注压脚的基础功能并实现优化，是保证缝纫品质最基础也是最关键的因素之一。而对于缝纫机压脚附件而言，在保持传统裁切、防护等常规附加功能的基础上，目前也更多地向引导、卷边和多功能技术发展，可以实现压机的附加功能的多样性，也适应不同的缝纫机类型及缝纫线迹的需求，是缝纫机压脚附件的发展方向。

2）通过对缝纫机压脚的申请趋势进行分析可看出，缝纫机压脚从 2010 保持了高速的增长，日本作为缝纫机的老牌强国，申请量在全球申请中保持领先地位，特别是重机、兄弟工业这些传统的缝纫机技术强企。但近 10 年，上述日本企业在缝纫机压脚本体方面的研发速度放缓，而中国企业近 10 年在缝纫机压脚本体的研发发展较快，特别是新杰克、中捷、浙江美机等缝纫机企业的崛起和发展，为缝纫机压脚技术的发展提供了活力。

3）缝纫机压脚作为缝纫机中最常用的部件，根据压脚结构的技术改进点和技术效果分析发现，其研发重点主要涉及缝纫机压脚的压板部分，通过对压板部分设置槽、孔、引导部件或弹性部件等技术手段，以获得缝纫机压脚的均匀压力是目前缝纫机压脚研发的重点；而对于缝纫机压板附件而言，其主要技术手段也集中在缝纫机压板部分。

此外，从压脚中压送缝料为主的压脚技术发展来看，随着缝纫机自动化程度的提高，缝纫压脚向自动化、电子化、精细化和综合化方向发展。就压脚本体而言，多压脚技术、电子化检测手段、压力单独控制及综合切线、防护等多功能压脚是压脚本体的研发重点，越来越多的压脚能够结合其他附件完成缝制过程中特定的功能，从而扩展缝纫功能，降低造价；但研发的重点和热点也逐步向配合压脚实现送料的控制、传动和驱动方向发展。

4）从目前最大的两家重点申请人分析，新杰克针对压脚技术的研发近几年发展很快，技术改进重点集中在压脚的压杆与压板之间的连接方式及压板的结构，从而实现压力的均匀调节及提高缝制品质，其压脚附件的技术相对集中，比如将切刀布置在压脚的压板位置，以达到缩短线头和/或方便切刀拆装的功能；重机公司近10年来对压脚和压脚附件的研发热度均不高，其裁切功能压脚技术主要集中在裁切被缝制布料实现拼缝，主要改进点集中在切刀位置、压力及切刀与压脚之间相互配合方面。这也说明两家申请人处于技术发展的不同阶段，日本公司的压脚技术已从压脚本体向压脚控制和驱动方向发展，这也为国内申请人在专利研发时提供发展方向和思路。

5）缝纫机压脚作为一项发展较为成熟的技术，在保证缝纫过程压力均匀的基础上，实现压脚的功能性和兼容性是压脚技术的未来发展方向。因此，对于国内申请人而言，在传统竞争对象开始技术转型的情况下，国内申请人应该把握机会，从以下两个方面进行专利布局和培育：一方面，提高缝纫机压脚专利申请的质量，抓住当前技术发展的热点和空白点，对压脚专利进行精准布局，在压脚结构方面，在传统压板结构改进的基础上，通过在压脚上设置辅助部件、间隔调节部件进行压脚驱动控制的改进，或者通过在压板上设置按压辊等方式防止缝制不良，或者通过多压脚技术、电子化检测、压力单独控制及综合切线、防护等进行专利布局；另一方面，针对压脚的用途而言，在标准压脚的基础上增设切线、绱拉链、防护、除皱等多种附加功能，实现压脚与特殊缝纫机的兼容性，也是压脚未来的发展方向。此外，国内申请人大多为较大的缝制企业且区域多集中在江浙一带，良好的区域集群也为缝纫机压脚发展提供了便利。

**参考文献**

[1] 杨明才．缝纫设备技术手册[M]．南京：江苏科学技术出版社，2009：210-211.

[2] 胡睿．缝纫机的现状与发展趋势[J]．商业文化，2011（9）：316-317.

[3] 大卫．缝纫机附件[J]．上海轻工业，1995（1）：6-9.

[4] 李世波．当今缝制技术发展动向综述（上）[J]．北京纺织，1996（2）：49-51.

[5] 李世波．当今缝制技术发展动向综述（下）[J]．北京纺织，1996（4）：48-51.

# 第三章 工程钻进机械——钻具技术专利分析

国家知识产权局专利局专利审查协作北京中心

袁任远 高瑞孜* 孙付东 徐琦 赵洁

**摘要**：本章从专利技术信息方面对工程钻进机械——钻具的技术创新趋势、技术分布、创新主体、创新团队、产学研合作、关键技术发展路线及公知常识的脉络进行了全面梳理，立足服务审查，从工程钻进机械——钻具技术整体状况进行分析，对主要的创新主体西南石油大学、贝克休斯公司进行全面深入分析，对中国石油天然气集团有限公司、中国石油化工集团有限公司、西南石油大学产学研技术转化应用合作进行了全面分析，并分析了关键耐磨技术、取芯钻头技术的发展路线，包括发展的基础知识、当前发展的状况及未来可能的趋势走向。通过综合分析工程钻进机械——钻具技术，使得本领域技术人员能够初步了解工程钻进机械——钻具技术状况。对于专利审查过程中遇到的问题、可疑的公知，可以通过公知常识表获得帮助。

## 一、工程钻进机械——钻具概述

### （一）工程钻进机械概述

在矿山采掘、水电、铁道、公路、建筑施工、石方工程作业中，用于钻

---

* 袁任远、高瑞孜同为第一作者。

凿岩孔的机械称为凿岩机械。凿岩机械包括凿岩机、凿岩台车、钻机及辅助凿岩设备等。凿岩机和凿岩台车的性能是凿岩机械的关键工具之一，因此，理清凿岩机和凿岩台车的整体技术状况和专利情况、技术发展趋势，有利于专利审查工作的开展。

凿岩机是用来直接开采石料的工具，按照动作原理和破碎方式，可分为冲击式凿岩机和冲击－回转式凿岩机；按其动力来源，可分为风动凿岩机、内燃凿岩机、电动凿岩机和液压凿岩机四类。不同的凿岩机有不同的特性、适用范围。风动凿岩机以压缩空气驱使活塞在气缸中向前冲击，使钢钎凿击岩石，应用最广；电动凿岩机由电动机通过曲柄连杆机构带动锤头冲击钢钎，凿击岩石，并利用排粉机构排出石屑；内燃凿岩机利用内燃机原理，通过汽油的燃爆力驱使活塞冲击钢钎，凿击岩石，适用于无电源、无气源的施工场地。液压凿岩机依靠液压通过惰性气体和冲击体冲击钢钎、凿击岩石，这种凿岩机的冲击机构在回程时，由转钎机构强迫钢钎转动角度，使钎头改变位置继续凿击岩石。

目前，凿岩机械技术日趋成熟，产品不断完善，品种规格齐全，使用日益广泛。20 世纪 90 年代中期以来，国内对计算机导向和全自动控制的凿岩机械的研制已取得实质进展。随着电液比例技术和自动化技术在凿岩机械上的应用，凿岩机械正从机械化向自动化、环保化（主要体现在消声减震技术）、多样化（主要体现在标准化、系列化等）发展。

### （二）钻具概述

工程钻进机械用的钻具主要包括钻头、钻杆及其他附属的结构构造等，其中，钻头的性能是影响钻进机械的关键因素之一，因此，理清钻头的整体技术状况及专利情况、技术发展趋势等，有利于专利审查工作的开展。

针对不同的岩石地质情况、钻进方式、钻孔直径等，钻头可以分为不同的类型，大体上来看，可以分为硬质合金钻头、金刚石钻头、牙轮钻头、刮刀钻头及冲击回转钻进用钻头（或称为钎头），不同的钻头有不同的特性、适用范围及制造方式、钻进工艺。

现有的破岩工具和钻井方法普遍存在钻井速度慢、钻头寿命短、成本高等问题，为此，国内外各大钻头公司、科研院所不断研制新的破岩工具，发展高效破岩技术。目前，钻头技术的发展主要体现在以下几个方面：在材质方面，由于新材料的不断出现，特别是超级钢和纳米材料的发展，会出现新型钢材、硬质合金等，以提高钻头的使用寿命；在结构方面，对钻头采用计算机优化设计、可靠性设计和快速模拟试验与仿真研究，使其几何结构与强度更加合理；在理论研究方面，钻头的断裂机理、内外表面的强化与防腐、磨损机理及其受力分析等方面还有待进一步深入研究，以指导实践。

## 二、工程钻进机械——钻具专利技术研究内容及方法

### （一）研究对象

本章对凿岩机械领域的技术进行梳理，具体分支见表3-1，并对凿岩机械各个分支及相关的公知常识进行详细梳理分析，目的在于使本领域技术人员能够清楚了解到凿岩机械当前公知常识（《专利法》意义上的界定）情况、从何处可以索引到，形成索引表。

同时，为了从专利方面深入分析技术创新情况，对凿岩机械的钻具进行了深入分析，见表3-2，列出各个分支的数据量。

**表3-1 凿岩机械技术分支表**

<table>
<tr><th>一级</th><th>二级</th><th>三级</th><th>四级</th></tr>
<tr><td rowspan="17">凿岩机械</td><td>底盘行走系统</td><td></td><td></td></tr>
<tr><td rowspan="2">换杆系统</td><td>机械手</td><td></td></tr>
<tr><td>夹杆机构</td><td></td></tr>
<tr><td rowspan="2">定位系统</td><td rowspan="2">角度机构</td><td>涡轮蜗杆式</td></tr>
<tr><td>油缸式</td></tr>
<tr><td rowspan="2">凿岩系统</td><td>旋转 + 冲击</td><td></td></tr>
<tr><td>旋转</td><td></td></tr>
<tr><td rowspan="3">推进系统</td><td>推进梁</td><td></td></tr>
<tr><td rowspan="2">油缸联动机构</td><td>链条式</td></tr>
<tr><td>钢丝绳式</td></tr>
<tr><td>除尘系统</td><td></td><td></td></tr>
<tr><td rowspan="5">钻具</td><td rowspan="4">钻头</td><td>取芯钻头</td></tr>
<tr><td>牙轮钻头</td></tr>
<tr><td>扩孔钻头</td></tr>
<tr><td>其他钻头</td></tr>
<tr><td>潜孔冲击器</td><td></td></tr>
<tr><td>液压系统</td><td></td><td></td></tr>
</table>

**表3-2 工程钻进机械——钻具技术分支数据表**

<table>
<tr><th>一级</th><th>二级</th><th>数据量 / 件</th><th>三级</th><th>四级</th><th>数据量 / 件</th></tr>
<tr><td rowspan="5">凿岩机械</td><td rowspan="5">钻具</td><td rowspan="5">中文：30 188<br>外文：33 214</td><td rowspan="4">钻头</td><td>取芯钻头</td><td>中文：5 949；外文：6 199</td></tr>
<tr><td>牙轮钻头</td><td>中文：1 912；外文：3 300</td></tr>
<tr><td>扩孔钻头</td><td>中文：2 245；外文：4 050</td></tr>
<tr><td>其他钻头</td><td>中文：15 186；外文：15 045</td></tr>
<tr><td>潜孔冲击器</td><td></td><td>中文：4 836；外文：4 620</td></tr>
</table>

## （二）研究目的和方法

本章对钻具的整体专利情况进行分析，从中获取钻具技术的创新趋势、布局、技术趋势，在总体分析的基础上，进一步对技术创新主体和研发团队进行深入分析，探究钻具领域创新主体主要集中在哪个技术方向、创新的结构如何、创新的关键技术问题和难点问题，并在技术构成、产学研用、市场份额等方面进行全面分析，将创新主体与研发团队分析有机联合在一起，深入对创新趋势、创新保护情况进行分析，并结合当前专利审查情况，分析创新主体和研发团队的技术创新状况和创新应用情况，从专利布局角度对国内外创新主体的布局进行分析，给出专利审查检索的一些指示导向。同时，为了使得专利审查对公知常识的准确把握，对凿岩机械及钻具的公知常识进行全面分类梳理，形成索引表，便于专利审查工作的开展。

## 三、工程钻进机械——钻具专利技术概况

### （一）总体趋势

如图 3-1 和图 3-2 所示，近 30 年国内外关于钻具的申请量趋势随着时间日渐增长，在工程钻进机械——钻具专利技术领域，相较于国外申请，国内的相关专利申请起步较晚。从 20 世纪 80 年代开始，申请量稳定在每年几十件的状态，在 20 世纪 90 年代，申请量逐渐发展到年均过百件，而到了 21 世纪初，随着我国对科学技术的重视及经济的蓬勃发展，从事工程钻进机械领域的专家学者都普遍意识到知识产权的重要性，申请量也逐步进入快速增长状态，从图 3-1 可以看出，申请量年均增长量已经从近百到过百件，2009 年国内工程钻进机械——钻具专利申请人的专利申请量已经达到了 894 件，2010 年以后，工程钻进机械领域—钻具专利的专利申请量进入爆发式增长阶段，2016 年申请量已经达到 4173 件。可见，现在我国工程钻进机械——钻具领域的研究正处于热门时期，这也极大地推动了工程建设的进步和发展。

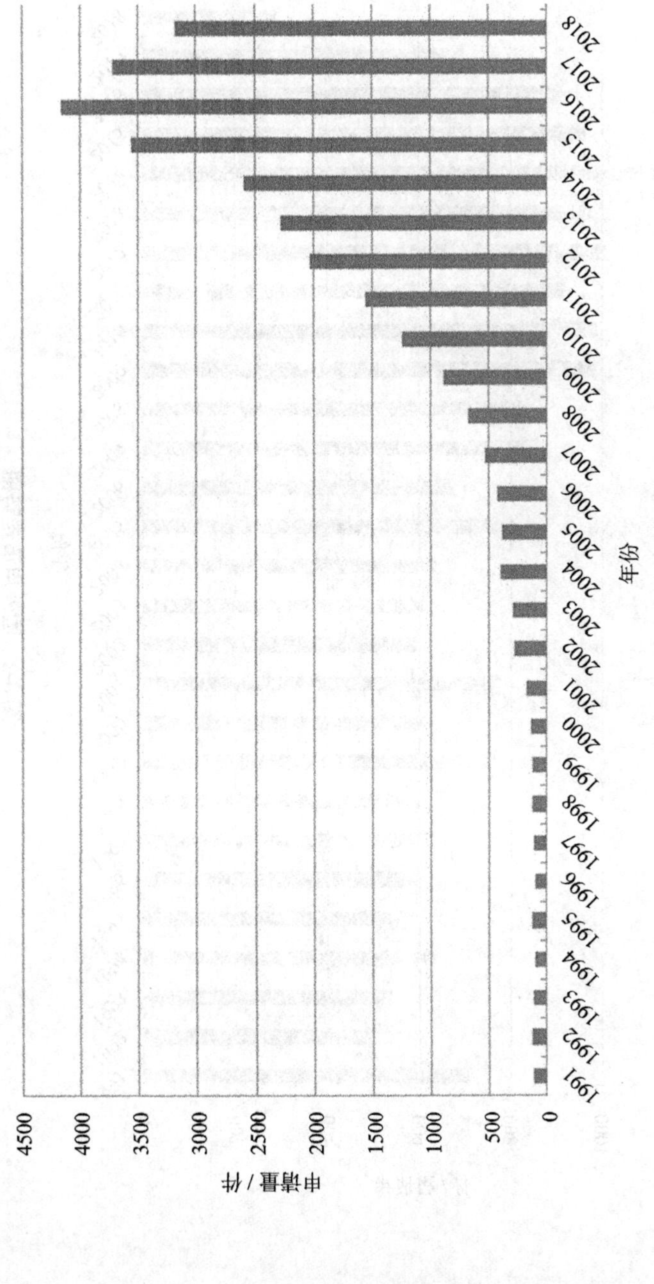
申请量/件
0
500
1000
1500
2000
2500
3000
3500
4000
4500
年份
1991
1992
1993
1994
1995
1996
1997
1998
1999
2000
2001
2002
2003
2004
2005
2006
2007
2008
2009
2010
2011
2012
2013
2014
2015
2016
2017
2018

**图 3-1 国内申请走势图**

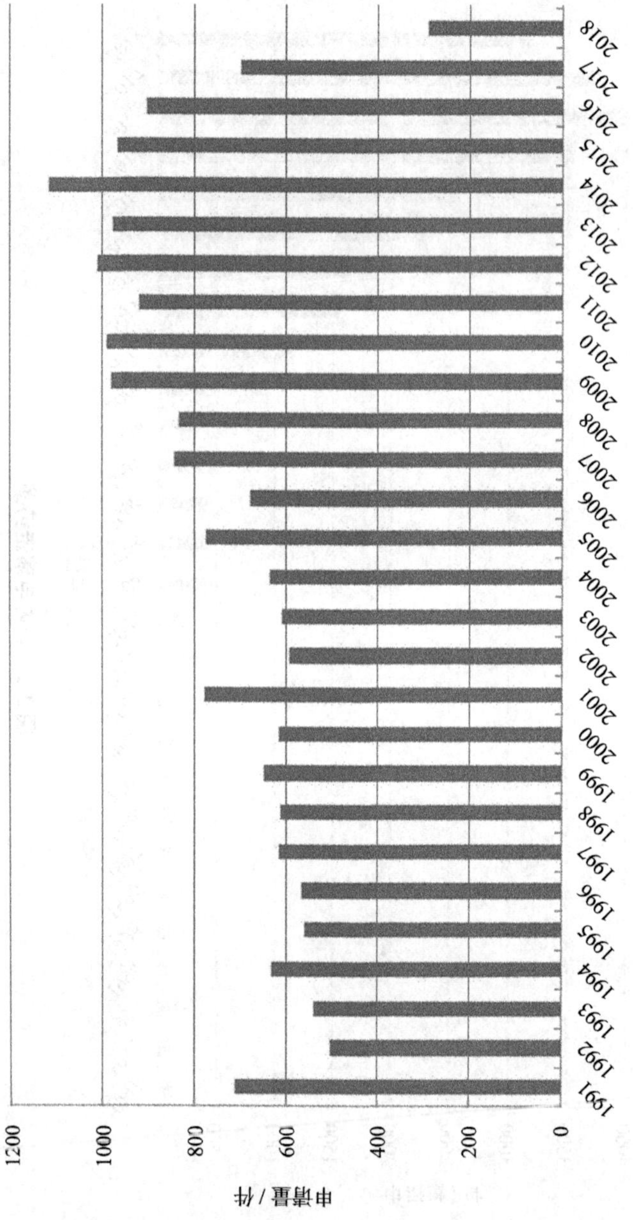
申请量/件
0
200
400
600
800
1000
1200
年份
1991
1992
1993
1994
1995
1996
1997
1998
1999
2000
2001
2002
2003
2004
2005
2006
2007
2008
2009
2010
2011
2012
2013
2014
2015
2016
2017
2018

**图 3-2　国外申请走势图**

国外关于工程钻进机械——钻具专利技术领域的申请量起步比国内发展要早，一直处于稳定状态。早在 1979 年，关于工程钻进机械——钻具的申请量已经达到 723 件，接下来的 30 年关于钻具专利技术的发展基本趋于平稳发展，专利申请量只有小幅变化，有时还有所下降。从图 3-2 可以看出，2007—2016 年，国外关于工程钻进机械——钻具的专利申请量有小幅提升，申请量于 2014 年达到最高，为 1116 件。由此可见，国外关于工程钻进机械——钻具的研究一直较稳定，相对于国内稍显逊色。

截至 2019 年，提交到国家知识产权局的工程钻进机械——钻具领域专利的专利申请总量为 30 188 件。按类型统计，发明专利申请为 14 147 件，约占 47%，实用新型专利申请为 15 999 件，外观设计专利申请为 42 件，如图 3-3 所示。

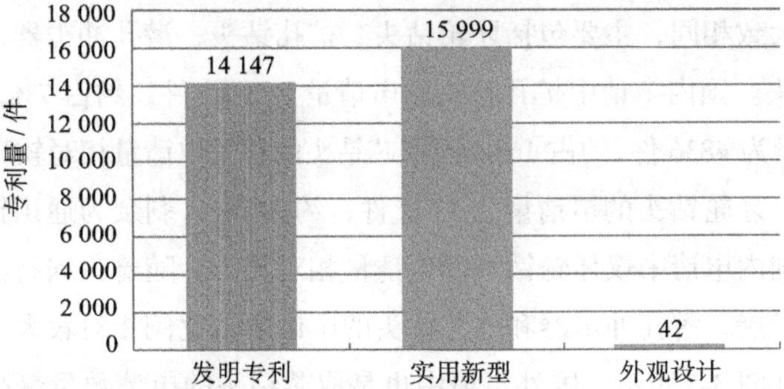


**图 3-3　国内专利类型具体分布图**

按法律状态统计，授权专利为 12 063 件，约占 40%，驳回专利为 836 件，约占 3%，可见，工程钻进机械——钻具领域的专利水平相对较高，专利终止数量为 8433 件，已撤回专利为 3653 件，专利中真正高价值专利比例还有待提高，如图 3-4 所示。

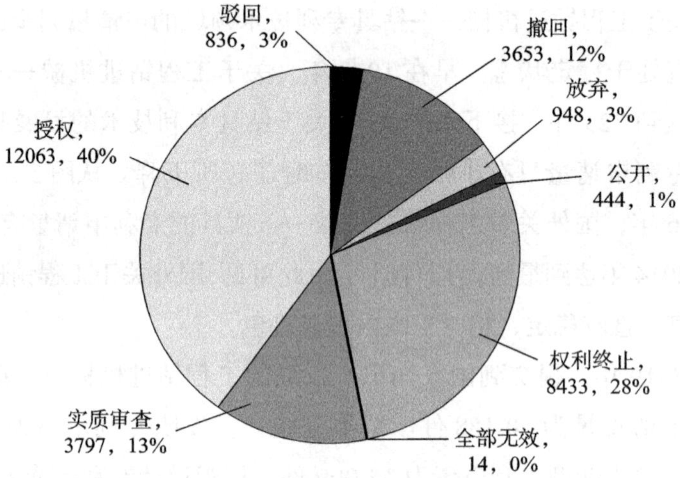


**图 3-4　国内专利法律状态分布图**

如图 3-5 和图 3-6 所示，在工程钻进机械——钻具领域专利申请的国内外技术分布大致相同，主要包括牙轮钻头、扩孔钻头、潜孔冲击器、取芯钻头和通用钻头。国内申请中扩孔钻头的申请量为 2245 件，约占 7%，潜孔冲击器的申请量为 4836 件，约占 16%，而取芯钻头的相关申请量相对较高，5949 件，约占 20%，牙轮钻头的申请量为 1972 件，约占 7%，剩余为通用钻头。与国外相比，国内申请中仅牙轮钻头的申请量相对较少。随着我国石油开采及地质勘探的发展，潜孔冲击器和取芯钻头的申请所占比例相对较大。国内技术分支分布如图 3-5 所示。国外申请中也是取芯钻头的申请数量最高，占所有国外申请数量的 19%，其次是潜孔冲击器，申请数量占所有国外申请数量的 14%。国外技术分支分布如图 3-6 所示。

## （二）区域分布

国内专利申请主要集中在山东、北京、四川、江苏、湖北、河南、江苏、浙江、天津、湖南、河北等省市，山东排名第一，超出第二名北京申请数量近 1000 件，比最后一名广西申请数量多 3700 件。具体分布情况如图 3-7 所示。

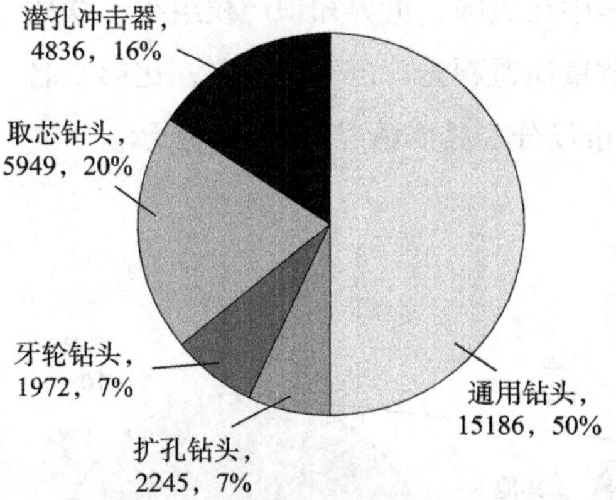


图 3-5　国内技术分布图

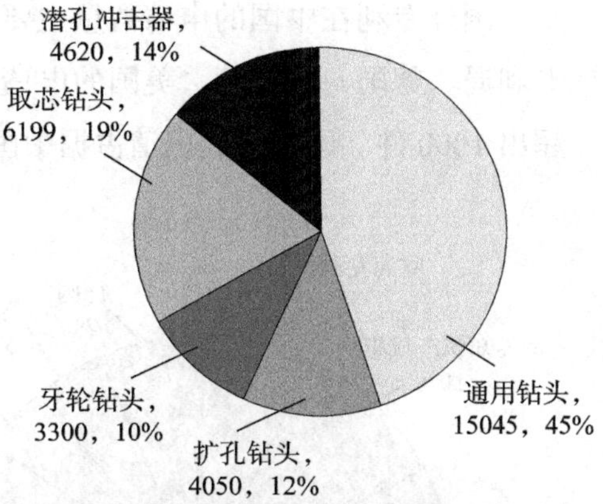


图 3-6　国外技术分布图

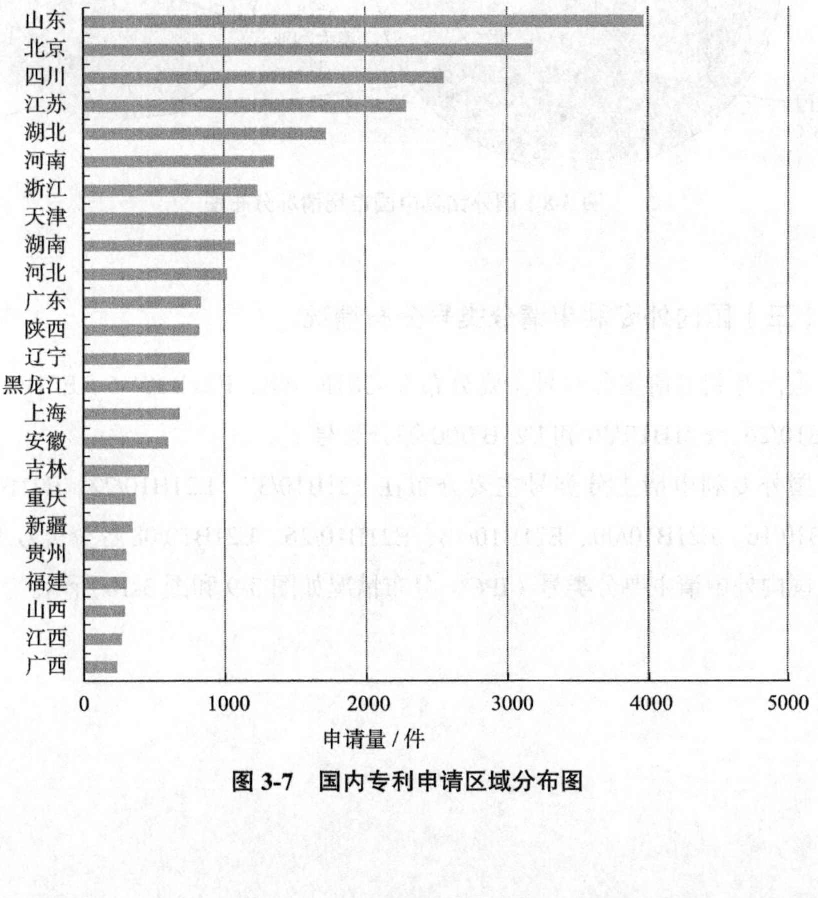


图 3-7　国内专利申请区域分布图

国外专利在中国的申请数量主要集中在美国、世界知识产权组织、欧洲专利局、德国、英国等，美国的申请数量遥遥领先，位于第一名，比第二名超出 1000 件。国外专利申请占据中国市场分布具体情况如图 3-8 所示。

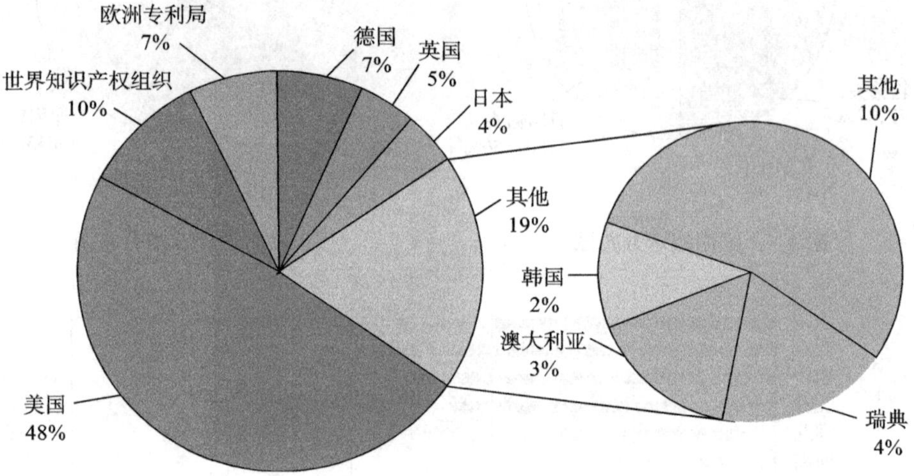


**图 3-8　国外钻具中国市场情况分布图**

## （三）国内外专利申请分类号分布情况

国内专利申请主分类号主要分布在 G01N1/08、E21B10/46、E21B25/00、E21B10/26、E21B10/36 和 E21B7/00 等分类号下。

国外专利申请主分类号主要分布在 E21B10/32、E21B10/22、E21B7/28、E21B10/16、E21B10/00、E21B10/18、E21B10/26、E21B10/08 等分类号下。

国内外申请主要分类号（IPC）分布情况如图 3-9 和图 3-10 所示。

图 3-9　国内申请主分类号 IPC 分布情况图

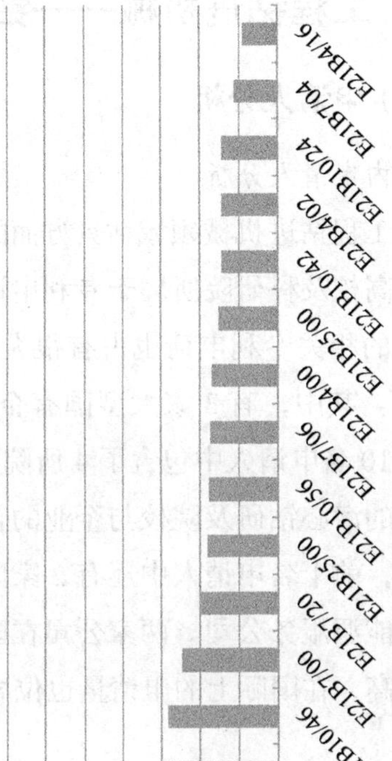


图 3-10　国外申请主分类号 IPC 分布情况图

# 四、工程钻进机械——钻具专利技术创新主体分析

## （一）申请人分析

1. 国内申请人分析

国内工程钻进机械领域钻具方面的研究是百家争鸣的状态，其中国有企业、相关高校及科研院所属于专利申请的主力，当然，国外大型跨国公司在我国国内的相关专利申请也占有很大比重，图 3-11 为国内申请量排名前 10 的申请人。其中，有 3 家大型国有企业，其专利申请量明显高于其他申请人，而前 10 名申请人中包含了 4 所院校，占前 10 名申请人中近半数的比例。科研院校的潜心钻研及院校与企业的合作推动了我国工程钻进机械的快速发展。此外，前十名申请人中还有 2 家国外大型跨国公司——贝克休斯公司和哈里伯顿能源服务公司。两家公司在国内各有自身的专利布局，其专利价值也相对较高，在国际上的申请量也位居前列。

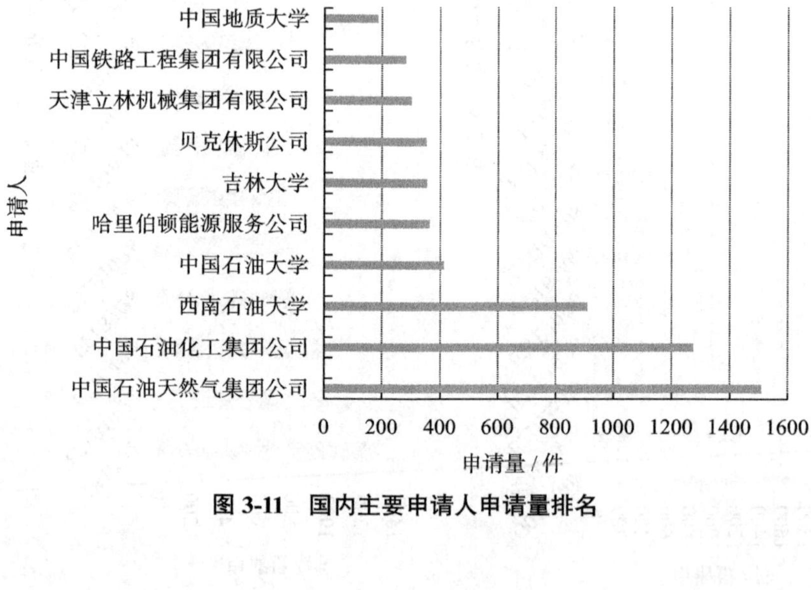


图 3-11　国内主要申请人申请量排名

下面，在众多国内工程钻进机械——钻具专利的申请人中，选取两个比较有代表性的申请人做进一步分析。

（1）西南石油大学。

西南石油大学坐落于四川省成都市，是一所以工为主、多学科发展、石油天然气优势突出的本科院校，于1958年成立，初名四川石油学院，1970年更名为西南石油学院，2005年更名为西南石油大学。2008年11月1日，中国石油天然气集团公司、中国石油化工集团公司、中国海洋石油总公司与四川省人民政府签署共建西南石油大学的协议。西南石油大学常年致力于工程钻进机械——钻具的研究，在此领域有着长时间的专利布局。如图3-12所示，其从1989年西南石油学院时期就开始了钻具方面的专利申请，且专利申请量处于逐年上升的趋势，2016年之后，其钻具方面专利的申请量一直年均过百件，2016年峰值年申请量达到160件，这样的年申请量已经超过了很多公司的整体申请量。

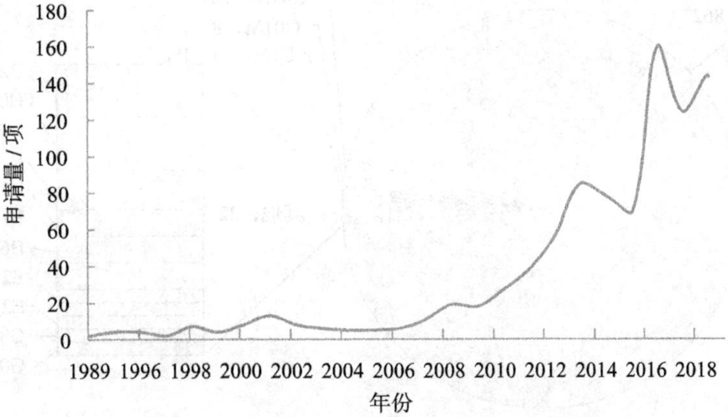


图3-12　西南石油大学历年专利申请趋势

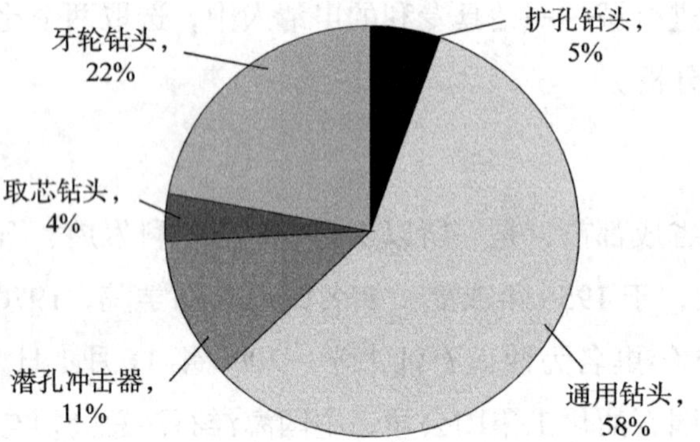


图 3-13　西南石油大学钻头领域技术分布

在钻头的技术研发方面，西南石油大学在各个分支都有涉猎，其在通用钻头方面研究最为突出，超过50%的专利申请为通用钻具钻头领域，说明其在其他通用钻头领域投入较大，同时在潜孔冲击器及牙轮钻头领域也具备很强的科研能力，如图3-13所示。

西南石油大学在工程钻进机械钻具领域国内共计有910件专利申请，专利主要分布在E21B（地层钻进类），其余在E21D、E21F、F16C、F16H、G01N、G01M等均有少量分布，具体分布图如图3-14所示。

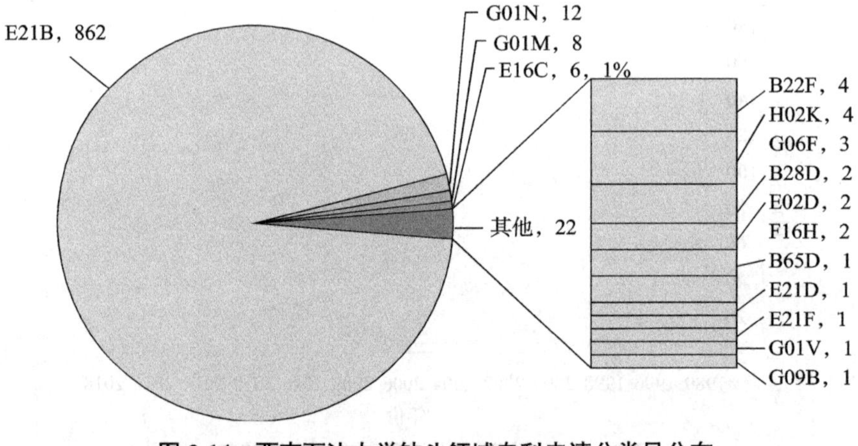


图 3-14　西南石油大学钻头领域专利申请分类号分布

（2）贝克休斯公司（中国）。

贝克休斯公司是美国一家为全球石油开发和加工工业提供产品和服务的大型服务公司，公司前身是两家历史悠久的石油设备公司 Baker International 和 Hughes Tool Company，该公司通过它的油田服务公司，提供完整的钻井、完井和油气井生产的产品和服务。贝克休斯公司在 2004 年开始在中国国内进行专利布局，当年的专利申请量就达到 6 件，在扎根中国市场的同时，逐步加大投入，扩大其专利布局范围，其专利申请量也逐渐增加，2007 年专利申请量达到第一个高峰，年申请量为 60 件，专利申请量较 2004 年增长了近 10 倍。在经过第一次高峰之后，贝克休斯公司在中国的专利布局有了一次回落，但很快在 2011 年再次达到第二次专利申请的高峰，年专利申请量为 91 件，之后逐渐回落到正常平稳期。贝克休斯公司在中国的历年专利申请趋势如图 3-15 所示。

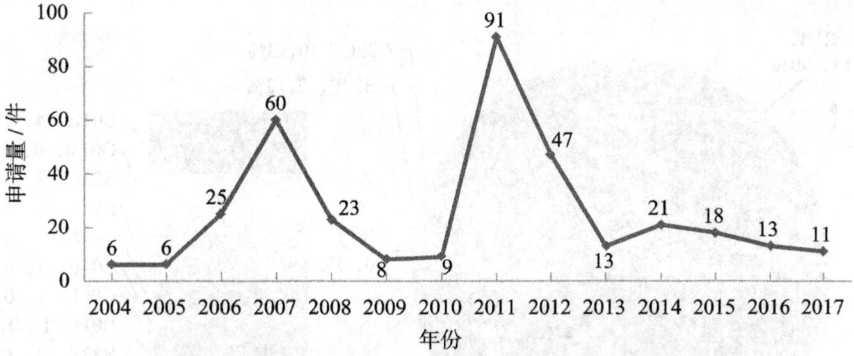


**图 3-15　贝克休斯公司在中国的历年专利申请趋势**

在中国国内的钻头的技术研发方面，贝克休斯公司在多个分支都有涉猎，其在钻头方面研究最为突出，超过 50% 的专利申请为通用钻头领域，说明其在通用钻头领域投入较大，同时在潜孔冲击器及牙轮钻头领域也具备很强的科研能力，如图 3-16 所示。

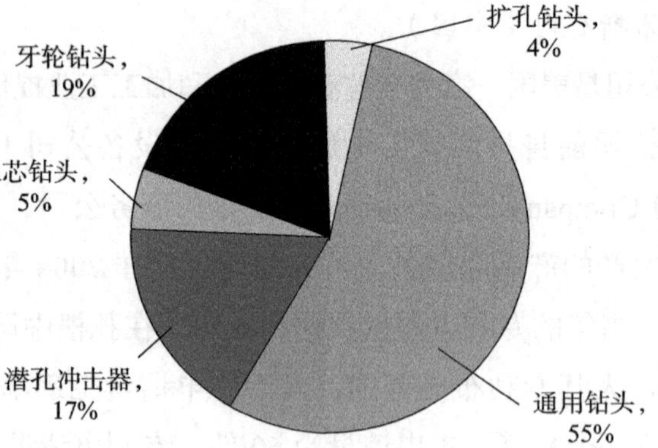


**图 3-16 贝克休斯公司在中国国内钻头领域技术分布**

目前，贝克休斯公司在中国国内工程钻进机械钻具领域共有 351 件专利申请，专利主要分布在 E21B（地层钻进类），其余在 C22C、B22F、C01B、G01V、B23B、F16J 等均有少量分布，具体分布如图 3-17 所示。

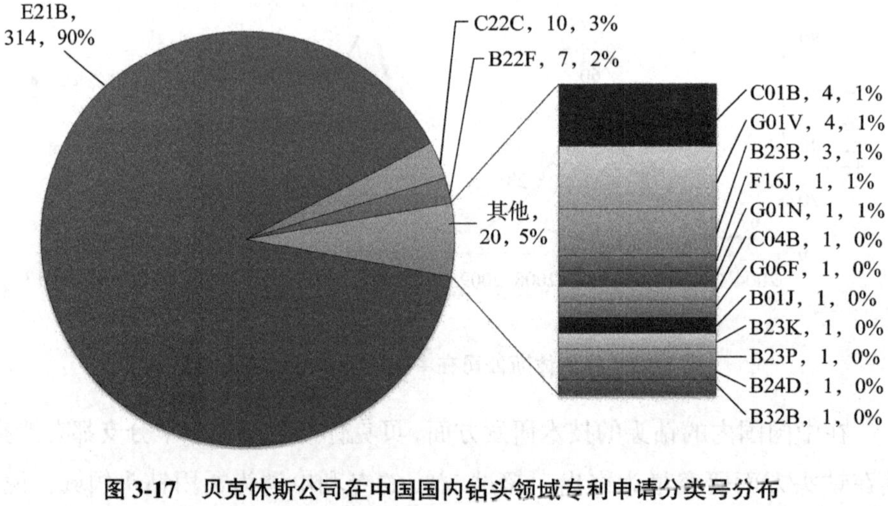


**图 3-17 贝克休斯公司在中国国内钻头领域专利申请分类号分布**

2. 国外申请人分析

如图 3-18 所示，工程钻进机械——钻具领域国外申请人中，排名前三位的分别是贝克休斯公司（BAKER HUGHES INC）、史密斯国际公司（SMITH INT INC）和哈利伯顿能源服务有限公司（HALLIBURTON ENERGY SERVICES INC），全部为跨国大型能源公司，充分体现了这些跨国大型能源公司在工程钻进机械——钻具领域的领先地位。近年来，随着中国经济的增长，这些跨国大型能源公司进入中国市场的频率较高，因此，应当充分分析其在国内遭遇专利侵权的风险可能性，深入研究这些跨国大型能源公司的专利申请状况和专利布局策略。

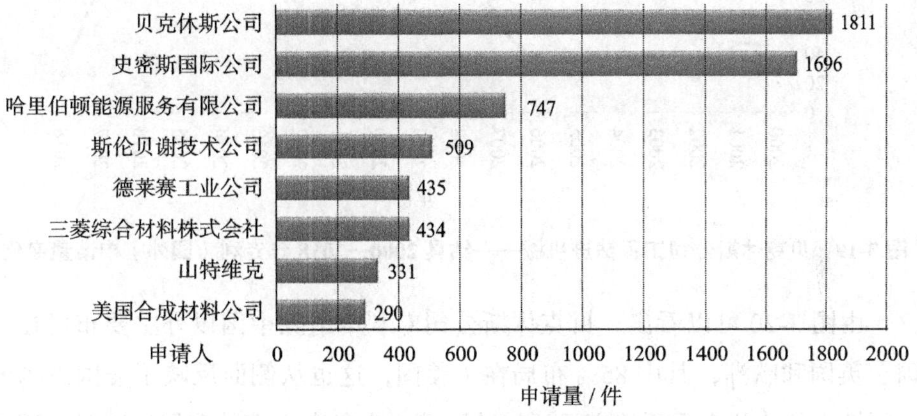


**图 3-18　工程钻进机械——钻具专利国外申请人排序**

贝克休斯公司在 2000—2018 年专利申请量变化如图 3-19 所示。可以看出，贝克休斯公司早在 2000 年以前就开始进行工程钻进机械——钻具领域的专利布局，在 2006—2009 年达到了申请量高峰期，之后有所回落，但是在 2011 年、2013 年和 2016 年申请量又达到了三次小高峰，这种特殊的分布，主要是因为 2004 年开始全球经济迅速发展，能源需求越来越高，经过两年左右的大力研发，贝克休斯公司达到了相对领先的发展水平，因此，在

2006—2009年，其专利申请量处于较高水平。此后，随着钻进机械——钻具技术进入更新换代的时期，该领域厂商不断增加，产品价格不断下滑，且由于金融危机的发生，2010年申请量直线下降。2011年后，随着经济逐渐复苏和技术的进步，贝克休斯研发又一次达到了发展高峰，随之也带来了专利申请量的新一轮高峰。

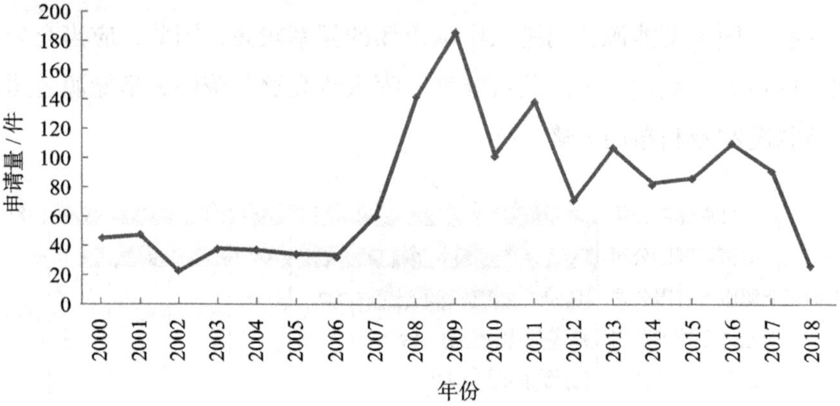


**图3-19　贝克休斯公司工程钻进机械——钻具2000—2018年专利（国外）申请量变化**

由图3-20可以看出，贝克休斯公司专利申请除中国以外主要布局在美国、英国和欧洲，其中85%布局在了美国，这也从侧面反映了美国市场的重要性，其他几个重要的市场（如英国等）也具有一定的布局。同时，还有部分专利申请布局在德国、法国、意大利、俄罗斯等国家，充分说明这些市场也都是全球比较重要的市场。

贝克休斯公司在通用钻头领域研发最为突出，占到了50%左右，显示了贝克休斯公司在通用钻头的研发上投入较大，其次，贝克休斯公司在潜孔冲击器、取芯钻头、牙轮钻头和扩孔钻头领域都具有很强的研发能力，其在潜孔冲击器、取芯钻头、牙轮钻头和扩孔钻头方面也具有较大的投入。

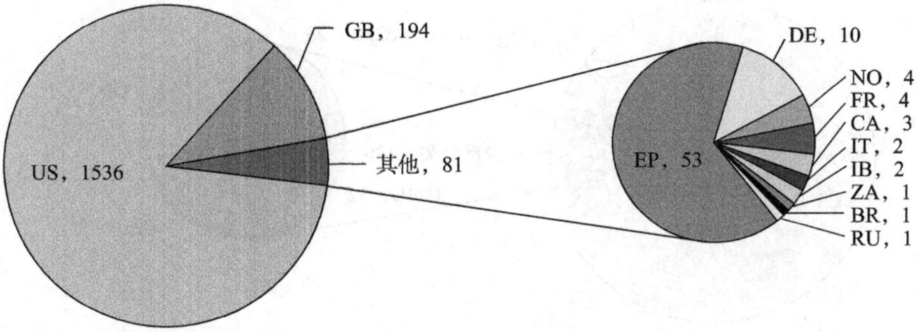


**图 3-20　贝克休斯公司工程钻进机械——钻具专利申请（国外）布局分布**

贝克休斯公司在工程钻进机械——钻具领域国外申请共计 1811 件，其中申请分布在分类表 E21B 上的有 1575 件，分类在分类号 B22F、B24D、B23B 的共计 130 件，10 件以下的其他分类共 106 件。由此可见其研究方向还是比较集中的，在该方面具有绝对的优势。

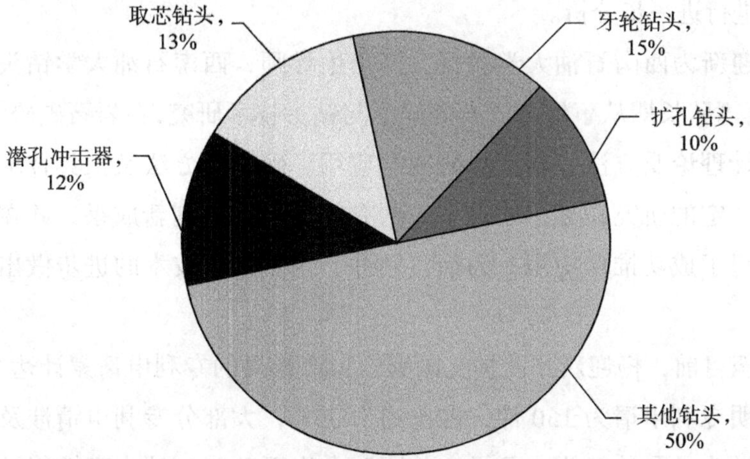


**图 3-21　贝克休斯公司工程钻进机械——钻具（国外）研发方向分析**

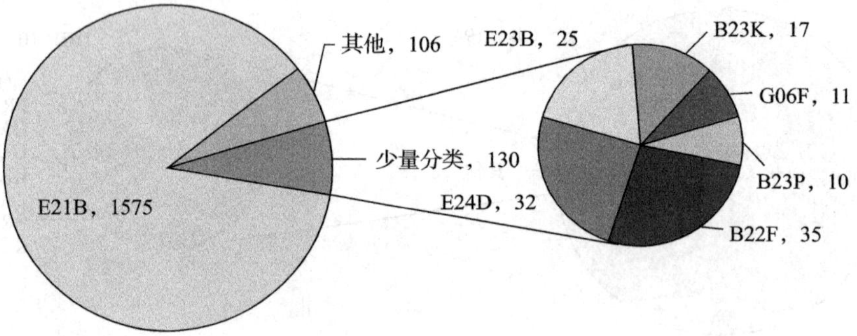


图 3-22　贝克休斯公司工程钻进机械——钻具（国外）研发方向分析

## （二）研发团队分析

由于国内在工程钻进机械——钻具领域的研究大多集中于部分研发团队，这一特点在大学和科研院所尤为突出，因此，下面在众多国内工程钻进机械——钻具领域的研发团队中筛选出具有突出特点的西南石油大学杨迎新团队进行进一步分析。

杨迎新为西南石油大学教授、博士生导师，西南石油大学钻头研究所所长，其团队长期从事钻井岩石破碎学与钻头技术研究，在岩石破碎学理论、钻头设计理论及方法、新产品研制与应用、破岩新方法及工具技术等方面形成了一定的研究积累，取得了一些有重要价值的创新成果，并在工程实践中获得了成功推广应用，为油气钻井、地热钻井技术的进步做出了一些贡献。

截至目前，杨迎新团队提交国家知识产权局的专利申请累计达 285 件，其中发明专利申请为 150 件，占比约为 35%，大部分专利申请涉及领域为复合式钻头及牙轮钻头，可见，其团队在岩石破碎、钻头高性能及特殊材质方面有着较大的科研投入。杨迎新团队中国国内专利申请类型如图 3-23 所示。

杨迎新团队从2001年开始进行国内钻头领域的专利布局，2010年年专利申请量达到22件，在次年申请量略有下降后，2013年申请量再次增长到44件，该年度其团队申请了大量的复合式钻头及套镶齿钻头专利，致力于高强度内高温条件下高性能钻头的研究。2016年，杨迎新团队在钻头领域研究达到近几年的高峰，专利年申请量达到62件，该年度其团队主要专注于长寿命低能耗的金刚石钻头的研究。杨迎新团队专利申请趋势如图3-24所示。

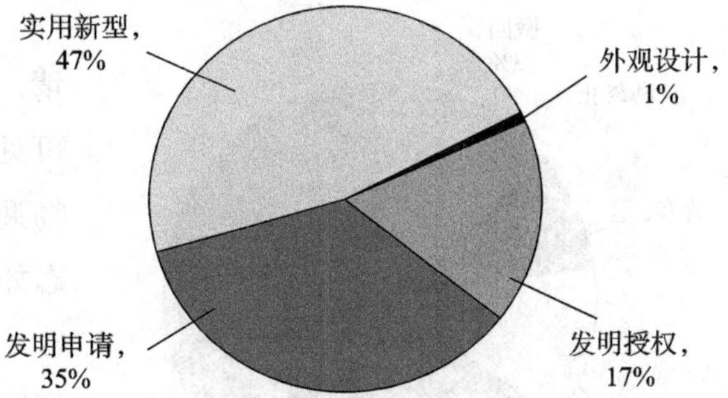


**图3-23　杨迎新团队中国国内专利申请类型**

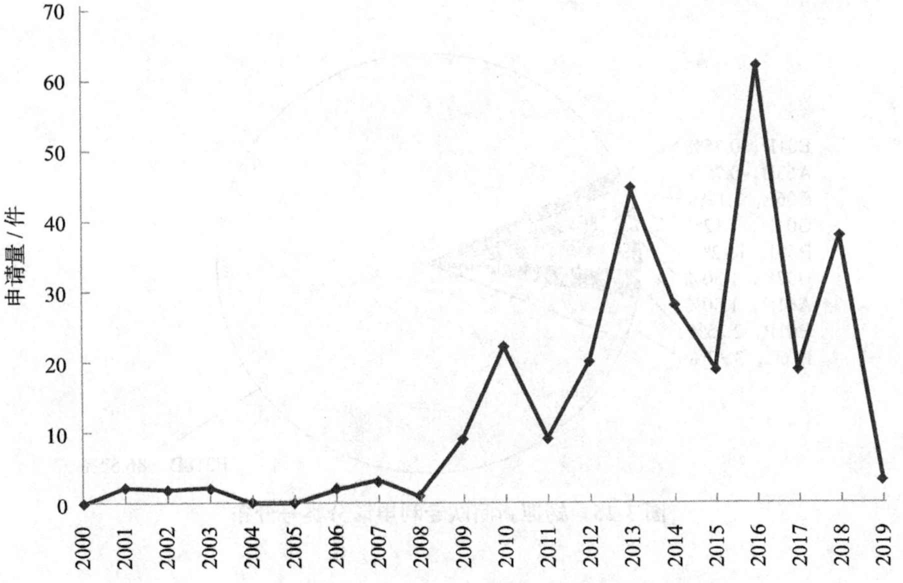


**图3-24　杨迎新团队历年专利申请趋势**

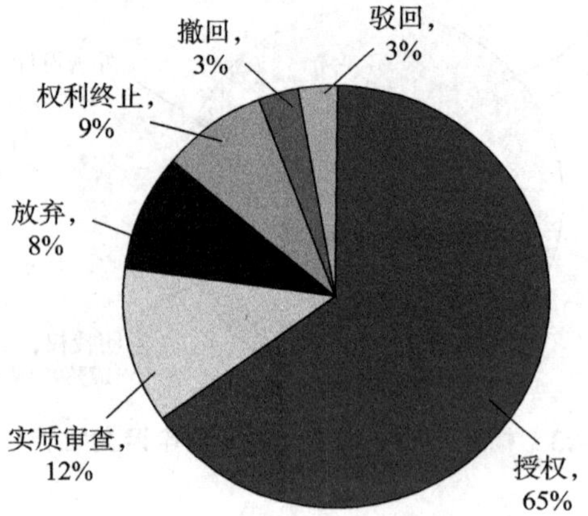


图 3-25 杨迎新团队中国专利当前法律状态分布

杨迎新团队在中国的专利申请，在审及授权占比达到近 77%，可见，其团队专利申请价值较高。杨迎新团队中国专利当前法律状态如图 3-25 所示。

截至目前，杨迎新团队在中国国内工程钻进机械钻具领域共计有 285 件专利申请，专利主要分布在 E21B（地层钻进类），其余在 F16C、H01P、A61H、H02K、B60J、G01N 等均有少量分布，具体分布图如图 3-26 所示。

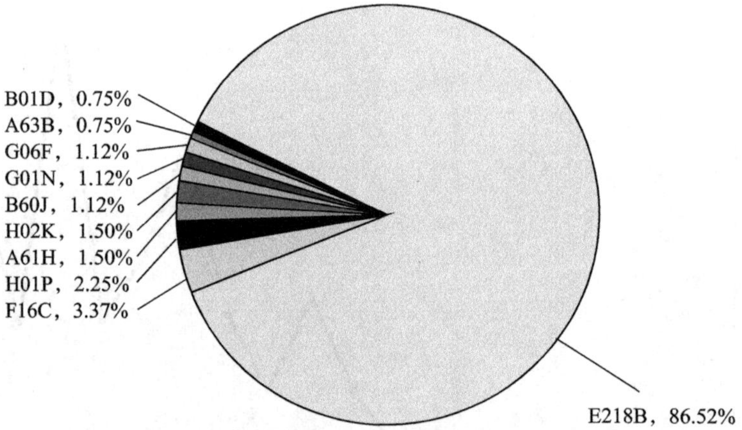


图 3-26 杨迎新团队专利申请分类号分布

同时，杨迎新团队在投入科研的同时还保持与其他科研院校及企业的研究合作，具体申请人排名如图 3-27 所示。

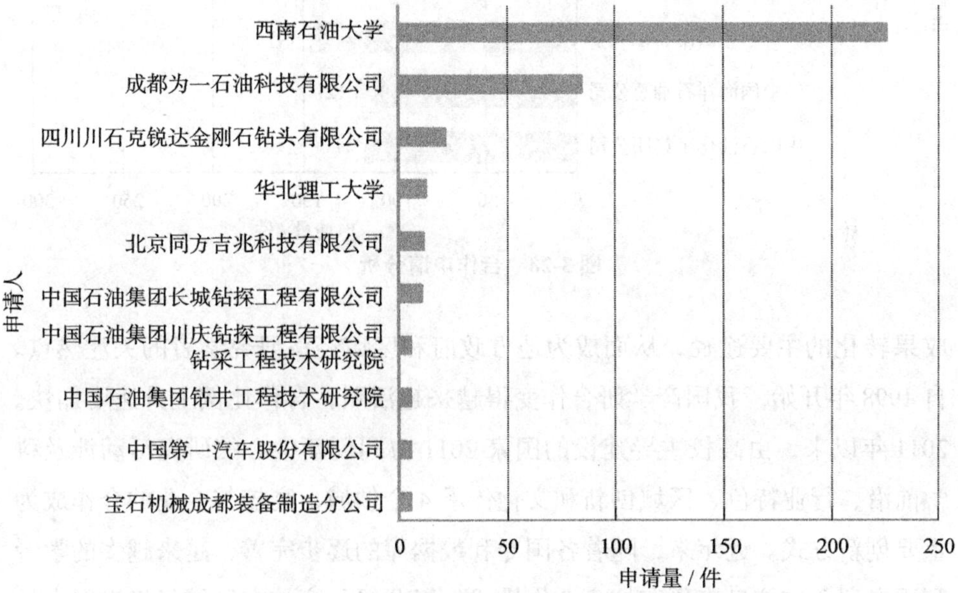


图 3-27 杨迎新团队专利申请申请人排名

## （三）合作分析

对排名前十的发明人的申请情况进行统计分析，可发现中国石油化工股份有限公司的合作申请最多，达到了 278 件，然后依次为中国石油天然气集团公司、中石化石油工程技术服务有限公司和西南石油大学，如图 3-28 所示。

值得注意的是，排名靠前的几位中，西南石油大学为高校申请人。高校是知识创造与扩散的重要主体，在国家创新体系中占有重要地位。高校与企业、科研院所及其他高校间的交流与合作形成了产学研合作网络运行的源动力，其中校企合作代表的是知识系统与产业系统间的合作，是科技

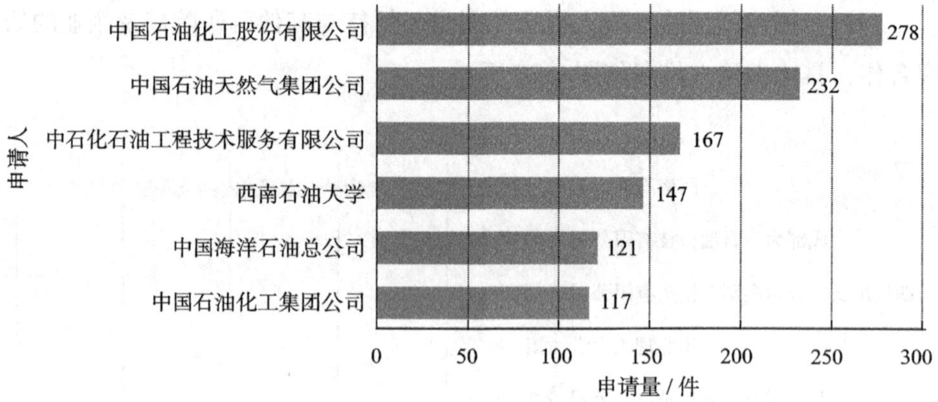


**图 3-28　合作申请分析**

成果转化的主要途径，从而成为地方政府和区域经济研究学者的关注热点。自 1998 年开始，我国产学研合作变得越来越活跃，合作比例上升速度加快。2011 年以来，由高校主导建设的国家 2011 协同创新中心的研究活动涉及科学前沿、行业特色、区域创新和文化传承 4 个领域，高校与企业的合作成为重要创新方式。近年来，随着各国专利数据库的逐步完善，越来越多的学者利用专利合作信息来研究校企合作模式，以此揭示高校在区域经济发展中的地位和作用。高校是我国的科研基地，西南石油大学作为我国工程钻进机械——钻具领域的领头羊，每年为国家输出大量的科研成果，促进了我国科技创新能力的提高，推动着高技术产业的发展，为社会的发展和技术的进步贡献了很大的力量。2008—2018 年，与西南石油大学建立校企合作关系的企业达到十几家，得到授权的发明专利有 147 件，如图 3-29 和图 3-30 所示。

西南石油大学在 2008—2018 年专利合作申请量的变化如图 3-29 所示。可以看出，西南石油大学早在 2008 年就开始进行合作申请，在 2014 年达到了合作申请量第一小高峰，之后有所回落，但是之后在 2016 年达到了合作申请量的最高峰，2017 年小幅回落，2018 年合作申请量有所提升，这种特殊的分布，表明西南石油大学与企业合作越来越频繁，合作申请总量不断攀升。

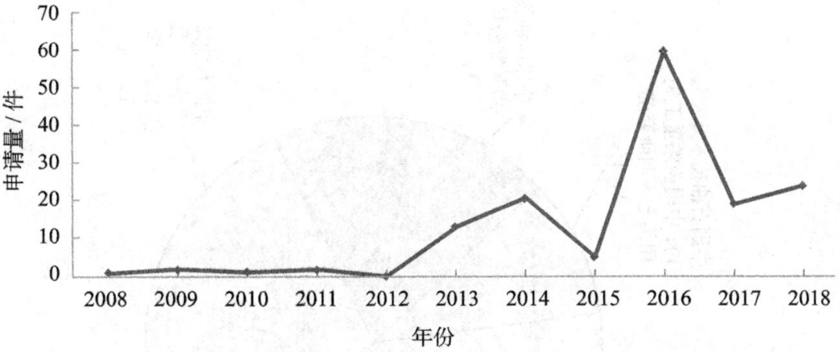


**图 3-29 西南石油大学在 2008—2018 年专利合作申请量变化**

从图 3-30 中可以看出，与西南石油大学合作最多的为成都为一石油科技有限公司，该公司为西南石油大学教授创办的公司，充分体现了产学研结合的重要性。这足以说明高校科研产出对我国高技术产业的发展发挥着重要的作用，其中发明专利贡献最大，校企合作路径是高校和企业之间进行合作的重要路径。

## 五、工程钻进机械——钻具专利技术路线分析

本章将对钻具领域的重点专利进行筛选和分析，通过同族数量、被引用数和合享价值度指标筛选出重点专利，通过重点专利的创新技术节点，梳理相应的技术发展脉络。同族数量的多寡在一定程度上反映了该专利技术在当时具有的先进性和创新主体对市场占有的欲望度，反映了积极布局占领国际市场的需求；专利被引用数反映了该专利技术作为当时及后续一段时间内技术创新的基础程度，表明该技术在当时是否属于重要的技术创新，以及对后续一段时间的创新是否产生积极影响；合享价值度是 Incopat 平台对专利价值进行的评价，其综合了引证、法律、同族、市场等信息。为准确、快速聚焦钻具技术的重点专利，本章确定对同族和被引用数均大于等于 15、合享价值度大于等于 8 的专利进行重点专利聚焦分析。

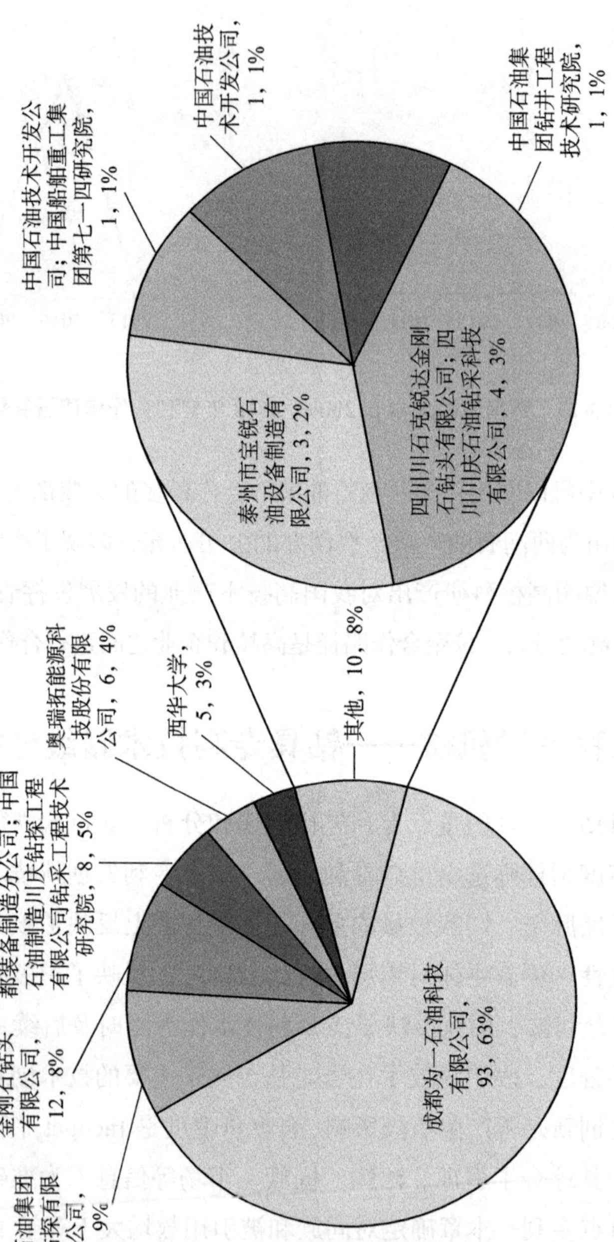


**图 3-30　西南石油大学合作申请人**

### （一）钻具耐磨性能专利技术发展路线分析

工程钻进机械钻具磨损性能改进一直是其技术发展的主要研发方向，提高钻具的耐磨性，将整体提高钻具寿命，提高钻具钻进效率，不用来回起钻更换钻头，提高经济效益。为了探究钻具耐磨性能技术创新的发展脉络，下面对全球中文专利进行梳理。对重点专利技术创新节点的分析如图 3-31 所示。

通过对上述重点专利分析可见，钻具耐磨性能技术路线脉络为：硬质合金材料→镶装硬质合金块→催化材料填充间隙＋聚晶金刚石 / 类聚晶金刚石→硬质合金＋金刚石熔合→碳化钨颗粒在内双相硬质材料制备→组件集成式磨耗构件→聚晶金刚石胶结碳化物 / 金属溶剂复合片→不同渗透率烧结形成的多晶台 / 多晶元件。通过专利技术路线可以看出，钻具耐磨性能材料由当初的简单硬质合金材料发展到多晶技术，由单相到双相，再到多晶，不断创新烧结、制备工艺，不断更新迭代钻具耐磨特性，以提高钻具使用寿命。

### （二）国外专利取芯钻头技术发展路线

如图 3-32 所示，国外专利取芯钻头技术发展脉络为：伸缩式取样室→钻进技术控制（冷却取样钻头和程序控制钻进）→内外筒取样腔室结构和提高钻头耐磨特性→弱化钻进围岩利于钻进→锁定结构利于取样钻具稳定取样，技术发展由单一取样室到内外筒结合取样，由钻进控制技术到提高钻头钻进效率，由取样钻具材料性能改进到钻具整体结构改进以提高稳定性。具体专利技术举例如下。

US2008226943A1：该专利技术在取芯钻头的四周形成方形结构，在四周边缘设置第一基本复合材料和第二复合材料进行胶合，混合有钴、镍、钌等材料，通过多种复合材料的制备粘结，使得取芯钻头前部硬度和耐磨性能得到提高。该专利的结构图如图 3-33 所示。

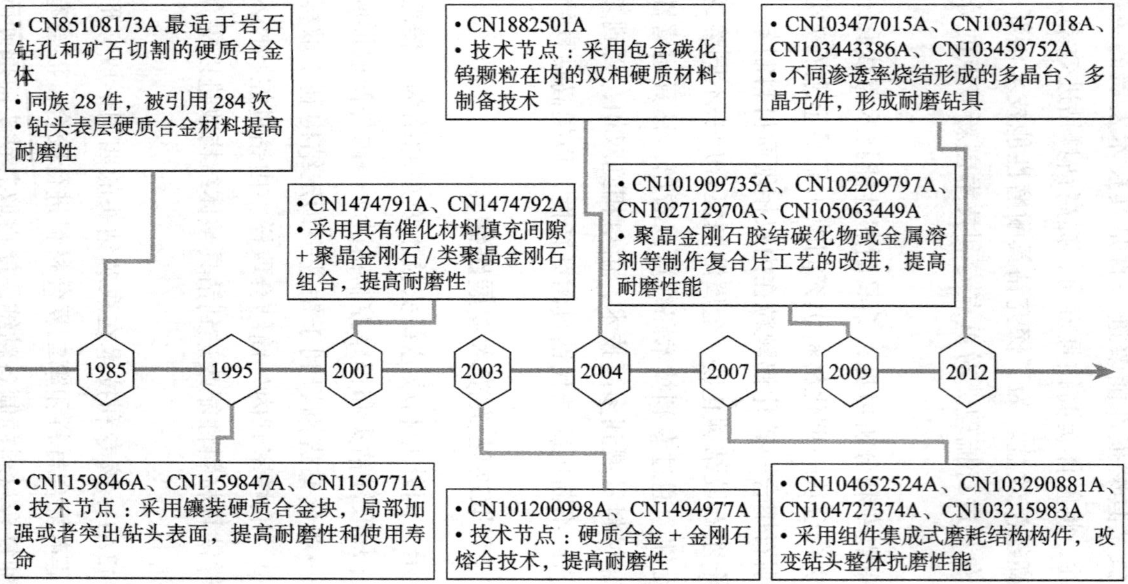


图 3-31　钻具耐磨性能专利技术发展路线

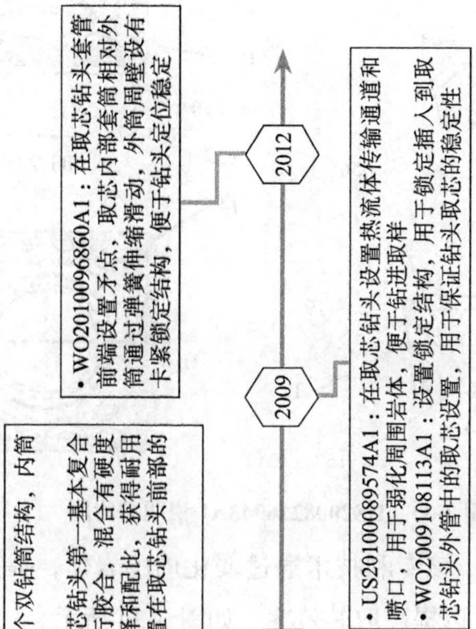


图3-32 国外取芯钻具专利技术发展路线

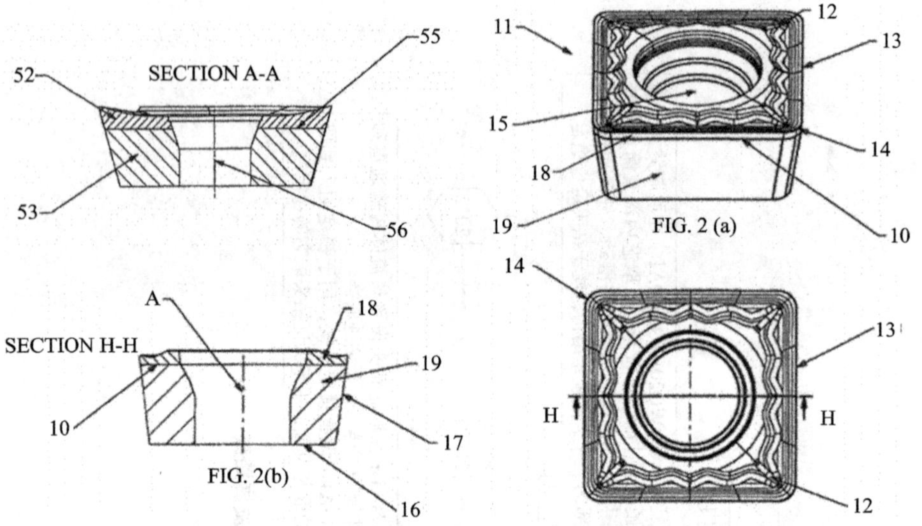


**图 3-33　US2008226943A1 说明书附图**

US2010089574A1：该专利技术通过弱化周围岩体，提高钻具钻进的便利性和降低钻进难度，以提高取芯效率，如图 3-34 所示。

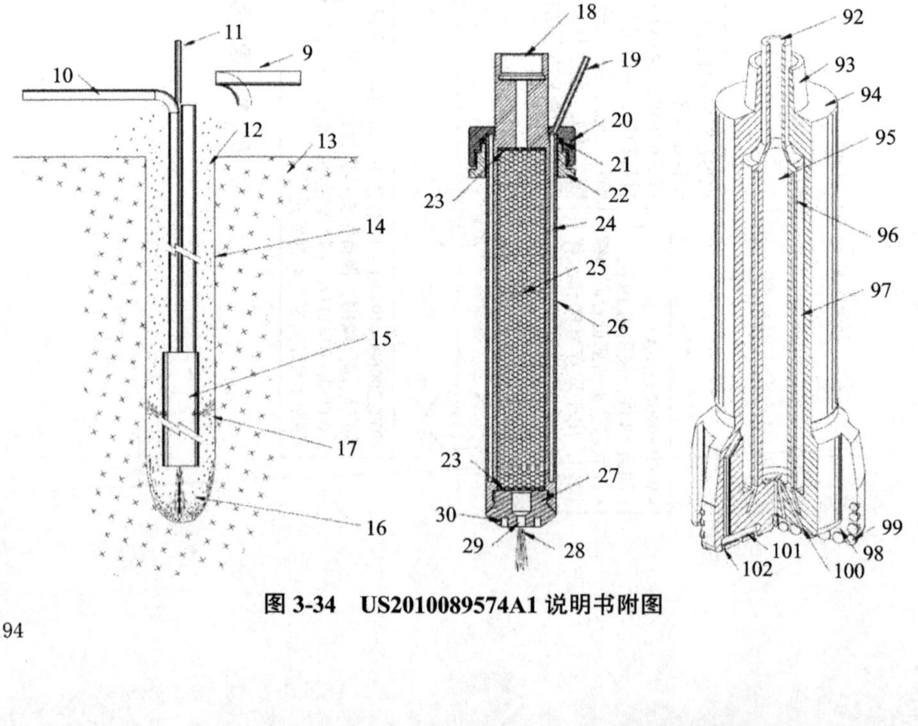


**图 3-34　US2010089574A1 说明书附图**

WO2010096860A1：设置锁定装置结构，并设置弹簧伸缩机构用于滑动，整体提高取芯钻头的作业稳定性，如图 3-35 所示。

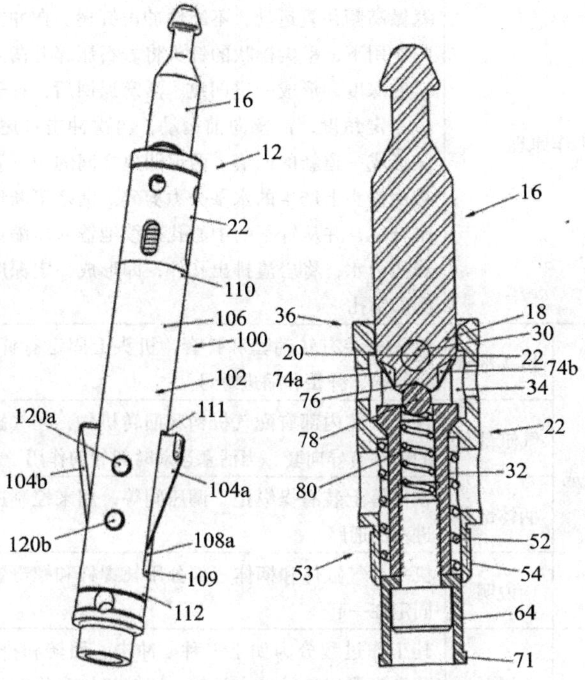


图 3-35 WO2010096860A1 说明书附图

结合图 3-35 所示，内部构件可以在弹簧的作用下进行伸出，同时可以通过外壁的插销构件进行锁定，外筒内壁具有悬挂卡紧凸台，外筒侧壁设置可张开和收回的定位插销 104a、104b，整体结构保证了取芯作业的稳定性。

## 六、工程钻进机械——钻具公知常识

### （一）钻进机械公知常识

钻进机械公知常识见表 3-3。

表 3-3　钻进机械公知常识

<table>
<tr><th colspan="3">凿岩机械</th><th>说明</th><th>参考书籍</th></tr>
<tr><td rowspan="8">凿岩机</td><td colspan="2">工作原理</td><td>凿岩机是按冲击破碎原理进行工作的。工作时活塞做高频往复运动，不断地冲击钎尾。在冲击力的作用下，呈尖楔状的钎头将岩石压碎并凿入一定的深度，形成一道凹痕。活塞退回后，钎子转过一定角度，活塞向前运动，再次冲击钎尾时，又形成一道新的凹痕。两道凹痕之间的扇形岩块被由钎头上产生的水平分力剪碎。活塞不断地冲击钎尾，并从钎子的中心孔连续地输入压缩空气或压力水，将岩渣排出孔外，即形成一定深度的圆形钻孔</td><td rowspan="8">《井下掘进凿岩工》（华铜铜矿，1978）第二章；《凿岩机械与风动工具》（国外工程机械基本情况编写组，1979）第四章</td></tr>
<tr><td rowspan="4">结构组成</td><td>机头部分</td><td>机头里装有转动套和钎套，机头上固定有钎卡、用螺栓、弹簧和缩进螺母</td></tr>
<tr><td>气缸部分</td><td>在气缸体内部有配气机构和回转机构，在气缸体的前端有导向套，当活塞运动时起导向作用</td></tr>
<tr><td>柄体部分</td><td>在柄体上装有操纵把、调压阀等，用来控制进风进水的通路</td></tr>
<tr><td>说明</td><td>机头、气缸体和柄体三部分用长螺杆和螺母紧紧固定在一起</td></tr>
<tr><td rowspan="3">凿岩过程</td><td>说明</td><td>其工作过程分为如下三种：冲击、回转和排粉，分别由凿岩机的冲击机构、回转机构和排粉机构来完成</td></tr>
<tr><td>冲击机构工作原理</td><td>凿岩过程中的冲击作用是由活塞在气缸中高速往复运动，不断撞击钎尾，通过钎杆、钎头来破碎岩石的。而活塞的往复运动是靠配气机构来改变风的通路实现的</td></tr>
<tr><td>回转机构工作原理</td><td>回转机构又叫转钎机构。在活塞冲击时，由于螺旋母的作用，螺旋棒逆时针转动，这时棘轮爪在内棘轮齿面上滑过，活塞做直线运动冲击钎尾。当活塞回程时，棘轮爪在塔形弹簧作用下，被内棘轮齿顶住，螺旋棒不能反向转动。这时活塞转动后退，同时带动转动套、钎套、钎杆等一起转动，完成回转动作</td></tr>
</table>

续表

| 凿岩机械 | | | 说明 | 参考书籍 |
|---|---|---|---|---|
| 凿岩机 | 凿岩过程 | 排粉机构工作原理 | 排粉机构包括注水阀、水针和风针；当凿岩机开动时，风沿一定的方向推动注水阀，打开水路，水进入水针，再经钎杆中心流到炮孔底部冲洗炮孔中的岩粉 | 《井下掘进凿岩工》（华铜铜矿，1978）第二章；《凿岩机械与风动工具》（国外工程机械基本情况编写组，1979）第四章 |
| | 风动凿岩机 | 说明 | 以压缩空气驱使活塞在气缸中向前冲击，使钢钎凿击岩石 | |
| | | 分类 | 风动凿岩机按安装及推进方式分为气腿式、向上式、导轨式；按配气方式分为有阀（活阀和控制阀）式和无阀式；按活塞冲击频率分为低频、中频和高频；按回转结构分为内回转式和外回转式 | |
| | | 适用范围 | 应用最广 | |
| | 电动凿岩机 | 适用范围 | 由电动机通过曲柄连杆机构带动锤头冲击钢钎，凿击岩石，并利用排粉机构排出石屑，内燃式利用内燃机原理，通过汽油的燃爆力驱使活塞冲击钢钎，凿击岩石 | |
| | | | 适用于无电源、无气源的施工场地 | |
| | 液压凿岩机 | | 依靠液压通过惰性气体和冲击体冲击钢钎，凿击岩石。这种凿岩机的冲击机构在回程时，由转钎机构强迫钢钎转动角度，使钎头改变位置继续凿击岩石。通过柴油的燃爆力驱使活塞冲击钢钎，如此不断地冲击和旋转，并利用排粉机构推出石屑，即可凿成炮孔 | |
| | 内燃凿岩机 | 适用范围 | 在岩层上钻凿出炮眼，以便放入炸药去炸开岩石，从而开采石料或完成其他石方工程，具有矿山开采凿孔、建筑施工、水泥路面、柏油路面的劈裂、破碎、捣实、铲凿等功能。不用更换机头内部零件，只需按要求搬动手柄即可作业 | |
| | | | 广泛用于矿山、建筑、消防、地质勘探、筑路、采石、建筑、国防工程 | |
| | | 特点 | 在岩石上凿孔，可垂直向下、水平向上小于45°，垂直向下最深钻孔达6 m | |

续表

| 凿岩机械 | | | 说明 | 参考书籍 |
|---|---|---|---|---|
| 凿岩台车 | 工作机构 | 概述 | 包括工作机构、车体与行走部分、液压与供风供水部分、电器部分等。工作机构包括推进器、转柱、回转油缸、摆角油缸、仰俯角油缸、支承油缸、补偿油缸和工作大臂等部分 | |
| | | 推进器 | 包括叶片风动马达、推进丝杠、跑床、滑架、开腿器和顶尖等部分 | |
| 凿岩台车 | 油缸 | | 转柱和回转两个油缸是用于回转作用的；摆角、仰俯角和支承三个油缸装有液压锁；补偿油缸是一般往复油缸。转柱油缸安装在车体上，是控制工作大臂左右回转用的油缸；回转油缸与推进器连接，可使推进器沿其缸体轴线旋转 180°，使凿岩机以很小的角度沿底板打眼；摆角油缸是控制推进器左右摆角的油缸；仰俯角油缸是控制推进器仰俯角变动的油缸；支承油缸是控制工作大臂升降的油缸；补偿油缸是控制推进器前进与后退的油缸 | 《井下掘进凿岩工》（华铜铜矿，1978）；第三章 |
| | 车体与行走部分 | | 包括挂斗、操纵台、制动器、固定气筒和支撑气缸、行走传动系统、车架和车轮组等部件 | |
| | 液压与供风供水部分 | | 液压系统采用叶片油泵，由柱塞式风马达带动，其工作压力由溢流阀来调节。柱塞式马达比叶片式马达噪声小，在低速时能较好地控制速度，而且压气消耗量少。柱塞式风马达与电动机相比，传动方便，自控性好，且工作平稳 | |
| | 供风系统 | | 供风系统包括风阀组、油雾器、风压表、风管接头、阀门和胶管等部分 | |
| | 供水系统 | | 为保证湿式凿岩而接到凿岩机上的水管部分 | |

## （二）钻具公知常识

钻具公知常识见表 3-4 所示。

**表3-4　钻具公知常识**

<table>
<tr><th colspan="3">钻头</th><th>说明</th><th>参考书籍</th></tr>
<tr><td rowspan="5">硬质合金钻头</td><td colspan="2">概述</td><td>利用镶焊在钻头体上的硬质合金切削具作为碎岩的工具，这种钻进方法称为硬质合金钻进。它是以破碎岩石的切削研磨材料而命名的<br>影响钻头性能的主要因素包括：1）硬质合金的性能，如硬度、强度、韧性和抗磨性能等；2）硬质合金切削具的形状、规格等；3）切削具在钻头体上的排布形式和数量；4）镶焊的方法及质量</td><td rowspan="5">《岩心钻探学》（汤凤林，2009）第八章</td></tr>
<tr><td rowspan="3">取芯式</td><td>概述</td><td>取芯式钻头的结构要素有：钻头体（空白钻头）本身，切削具的出刃、切削具的镶焊角度、切削具在钻头上的排列和布置、切削具的数目、水口、水槽的形式与数目等</td></tr>
<tr><td>磨锐式</td><td>肋骨式（螺旋肋骨钻头、阶梯式肋骨钻头）<br>薄片式<br>分环式（内外镶硬质合金钻头、大八角硬质合金钻头、扭方柱硬质合金钻头）<br>掏槽式（单双粒硬质合金钻头、品字形硬质合金钻头、三八式硬质合金钻头、破扩式硬质合金钻头、小切削具硬质合金钻头）</td></tr>
<tr><td>自磨式</td><td>针状硬质合金钻头（胎块式、孕镶针状合金—金刚石复合式钻头、钢柱式针状硬质合金钻头）；薄片硬质合金钻头</td></tr>
<tr><td colspan="2">取芯钻进工艺</td><td>钻头的选择，钻头规程参数及其配合不同岩层钻进时的注意事项</td></tr>
<tr><td>金刚石钻头</td><td colspan="2">概述</td><td>用各种天然或人造金刚石制作的钻头统称为金刚石钻头。在金刚石钻进中，为了保证在钻进中钻孔直径不会因钻头外径磨损而缩小，因而阻碍下一个同规格的新钻头下入孔内，应在钻头的上部安置一个金刚石扩孔器，与钻头组成一套底部钻具<br>金刚石钻头的种类有多种分法，如天然的、人造的、单管的、双管的，绳索取芯的、定向钻进的、取芯的、全面的、矿山的、油井的，等等。根据钻进过程和碎岩特点，可分为表镶金刚石钻头、孕镶金刚石钻头和聚晶烧结体（包括复合片）金刚石钻头</td><td>《岩心钻探学》（汤凤林，2009）第九章</td></tr>
</table>

续表

<table>
<tr><th colspan="3">钻头</th><th>说明</th><th>参考书籍</th></tr>
<tr><td rowspan="6">金刚石钻头</td><td colspan="2">金刚石钻头胎体</td><td>金刚石钻头胎体用于包镶金刚石并与钢件牢固连接</td><td rowspan="4">《岩心钻探学》（汤凤林，2009）第九章</td></tr>
<tr><td colspan="2">水路系统</td><td>金刚石钻头的水路系统包括有水口、漫流区过水间隙和内外环间隙</td></tr>
<tr><td colspan="2">制造</td><td>热压法、无压浸渍法、冷压浸渍法、电镀法</td></tr>
<tr><td colspan="2">钻进工艺</td><td>主要包括根据所钻岩层物理力学性质和钻孔质量要求对钻孔结构进行设计和对钻进方法进行选择、所用钻头的选择和合理使用、钻进规程的论证和确定、钻头非正常磨损和钻具振动的预防等。在钻孔结构和钻进方法确定之后，主要是要处理好后三个问题</td></tr>
<tr><td rowspan="2">聚晶金刚石复合片（PDC）钻头</td><td>概述</td><td>PDC 钻头以聚晶金刚石复合片为切削齿。聚晶金刚石复合片以金刚石粉为原料，加入粘结剂，在高温高压下烧结而成。这种复合片为圆片状，金刚石层厚度一般小于 1mm，切削岩石时作为工作层，碳化钨基体对聚晶金刚石薄层起支撑作用，两者之间有机结合，使 PDC 既具有金刚石的硬度和耐磨性，又具有碳化钨的结构强度和抗冲击能力。金刚石复合片分柱式片和片式片，缺点是热稳定性差</td><td>《钻井工程》（周金葵，2008）第一章</td></tr>
<tr><td>分类</td><td>PDC 复合片电镀钻头、低温电镀 PDC 及其石油取芯钻头</td><td>《金刚石、PDC 钻头与工艺学》（李大佛，2008）第十八章</td></tr>
<tr><td>牙轮钻头</td><td colspan="2">结构</td><td>牙轮钻具由钻头体、牙轮爪（巴掌）、牙轮、轴承、水眼和储油密封补偿系统等组成</td><td rowspan="2">《岩心钻探学》（汤凤林，2009）第十章</td></tr>
<tr><td>刮刀钻头</td><td colspan="2">概述</td><td>刮刀钻头结构简单，在带内螺纹的椭圆柱形完体上，焊有侧向工作刀翼，刀翼上焊有薄片状硬质合金切削具，在刀翼保径工作表面焊有薄片状、圆柱状硬质合金切削具并堆焊粒状硬质合金。刀翼相对于钻头轴线垂直布置，刀翼的工作刃与垂直面略有倾斜。水力冲击式喷嘴的冲洗通道在刀翼之间，液流朝向孔底的周边部位</td></tr>
</table>

续表

| 钻头 | | 说明 | 参考书籍 |
|---|---|---|---|
| 冲击回转钻进用钻头 | 液动冲击回转钻头 | 取芯式硬质合金冲击回转钻头、取芯金刚石钻头 | 《岩心钻探学》（汤凤林，2009）第十章 |
| | 风动冲击回转钻头 | 包括叶片风动马达、推进丝杠、跑床、滑架、开腿器和顶尖等几部分 | |
| | 附属装置 | 片齿钻头、柱齿钻头和柱片混镶钻头 | |
| | 钻进工艺 | 为保证湿式凿岩而接到凿岩机上的水管部分 | |

## 七、本章小结

1）工程钻进机械——钻具专利技术领域相关专利申请日渐增长。国外关于工程钻进机械——钻具专利技术领域的申请量起步比国内发展要早，一直处于稳定状态。

2）截至 2019 年，提交到国家知识产权局的工程钻进机械——钻具领域专利的专利申请总量为 30 188 件。

3）在工程钻进机械——钻具领域专利申请的国内外技术分布大致相同。

4）国内专利申请主要集中在山东、北京、四川、江苏、湖北、河南、江苏、浙江、天津、湖南、河北等省市。

5）国外专利在中国的申请数量主要集中在美国、世界知识产权组织、欧洲专利局、德国、英国等。

6）国内专利申请主分类号主要分布在 G01N1/08、E21B10/46、E21B25/00、E21B10/26、E21B10/36 和 E21B7/00 等分类号下。国外专利申请主分类号主要分布在 E21B10/32、E21B10/22、E21B7/28、E21B10/16、E21B10/00、E21B10/18、E21B10/26、E21B10/08 等分类号下。

7）国内国有企业、相关高校及科研院所属于工程钻进机械领域钻具方面专利申请的主力，国外大型跨国公司在我国国内的相关专利申请也占有很大比重。

8）工程钻进机械钻具磨损性能改进一直是其技术发展的主要研发方向。国外专利取芯钻头技术发展由单一取样室到内外筒结合取样，由钻进控制技术到提高钻头钻进效率，由取样钻具材料性能改进到钻具整体结构改进以提高稳定性。

9）对于专利审查过程中遇到的问题、可疑的公知，可以通过公知常识表获得帮助。

## 参考文献

[1] 华铜铜矿 . 井下掘进凿岩工 [M]. 北京：冶金工业出版社，1978.

[2] 汤凤林 . 岩心钻探学 [M]. 武汉：中国地质大学出版社，2009.

[3] 姜明和 . 钻探工艺学上：钻探工艺方法 [M]. 济南：山东科学技术出版社，2009.

[4] 徐克里 . 钻探工程 [M]. 北京：地质出版社，2008.

[5] 周金葵 . 钻井工程 [M]. 北京：石油工业出版社，2007.

[6] 李大佛 . 金刚石、PDC 钻头与工艺学 [M]. 北京：地质出版社，2008.

# 第四章　焊接材料技术综述

国家知识产权局专利局专利审查协作北京中心

王勇　曲欣*

**摘要：** 近年来，焊接材料行业产生了巨大变化，也取得了显著成绩，我国的焊接材料产量已达世界总产量的一半以上。随着国民经济的发展，我国焊接材料的消耗量仍将保持增长趋势，钢材品质的提高及品种的完善，各类装备制造业、基础设施和重点工程的品质提升，对焊接材料提出了更高的技术要求。本章简述了焊接材料的分类，对各个分类中常规元素的选择原则和作用进行了初步的总结归纳，并从专利的角度分析了国内外焊接材料相关专利的申请量趋势、地域分布、技术构成、主要申请人、专利有效性，并且介绍了焊接材料领域创造性评述中的相关案例。

## 一、焊接材料常规成分研究

### （一）焊接材料简介

一般意义上，焊接材料是在焊接过程中所消耗的材料的统称，包括手工

---

* 王勇、曲欣同为第一作者。

电弧焊用电焊条、气体保护焊用实心焊丝和药芯焊丝、埋弧焊用焊丝和焊剂、钎焊用钎料和钎剂及保护气体等。

近年来，中国各类焊接材料产品结构日趋合理，焊条降至37%，气体实心焊丝占比升至43%，药芯焊丝占比约为8.5%，埋弧焊接材料占比约为10%，总体上形成了以焊条和气体保护实心焊丝为主体，药芯焊丝和埋弧焊接材料基本相当的格局。2018年中国焊接材料产量415万吨，比2017年增长1.7%，其中焊条156万吨，气体保护实心焊丝180万吨，药芯焊丝35万吨，埋弧焊焊接材料44万吨，焊接材料出口量约66.4万吨，进口量约6.2万吨，焊接材料消费量约354.7万吨。如今，中国焊接材料产品的结构比例还不尽合理，要完成从制造大国到制造强国的转变，实现"中国制造2025"的规划重点，还有很长的路要走。同时，可以明显看到我国与世界焊接材料制造强国之间的差距。根据国际焊接学会提供的数据可知，欧盟国家生产的焊接材料中，气体保护实心焊丝占主导地位，约占生产总量的40%，药芯焊丝约占10%，手工焊条持续减少。作为亚洲制造业强国的日本，焊条占比基本在12%~17%，气体保护实心焊丝和药芯焊丝占比合计超过70%，因此，中国的焊接材料和制造业要走强，应更合理地调整焊接材料产品的结构比例。

### （二）焊接材料种类

1. 电焊条

电焊条用于手工电弧焊，由于其具有焊接设备价格低、操作灵活、可全位置焊接、能够满足各类钢材焊接的需要等特点，因而在单纯产品、小批量产品等生产方面得到了广泛的应用。但随着技术、经济等因素影响，焊条产量占焊接材料总产量的比例在大幅度下降，如欧洲所占比例为20%多，美国为40 %，日本已下降到20 %。我国是世界上最大的焊条生产国，几十年来焊条产量一直居高不下。近年来，受$CO_2$焊丝、焊剂的冲击，虽然在产量上还是逐年增加，但所占比例已在下降。据报道，日本焊接材料中焊条比例迅速下降的原因，一是在焊接钢结构成本中，包括人工费在内的制作费用占总成本的70%，而材料成本只占30%，特别是熟练焊工少，这促使其加速自动化进程以弥补人力不足，二是焊接机器人发展很快，特别在汽车、建筑机械、桥梁和钢结构等行业都在推广使用机器人，焊条用量自然就少了。我国是发展中国家，科学技术水平和工业生产相对来说比较落后，焊接自动化水平只能逐渐提高，手工电弧焊仍将占主导地位。

国内核电、锅炉、海洋工程、长输管线等制造业水平的不断提升对焊接材料的产品质量提出了更加严格的要求，核电工程用焊条、海洋工程用焊条、石化行业用特种焊条等已成为国内外焊材企业的发展重点。

大西洋焊材公司在产品样本中，单独列出了核电级焊接材料，这些焊条已供给我国及国外的核电站等工程。此外，我国天津大桥、天津金桥、上海电力修造总厂等焊材企业也开展了核电级焊条的研制和生产。第三代核电厂标准设计中对于堆芯区低合金高强焊缝金属的杂质含量做出了严格的规定，要求S、P含量≤0.010%，Cu含量≤0.06%，Co含量≤0.02%，Nb含量≤0.01%，V含量≤0.03%。力学性能方面，除进行常规的性能试验外，还要考核350℃时的强度、伸长率，并进行落锤实验。

根据船舶及海洋工程深冷环境应用的建造需要，对焊接材料提出了－196℃下低温冲击性能优良的要求。其适用于深冷环境的不锈钢和镍合金焊接材料已大量应用到国内LNG工程的焊接，性能达到应用要求。

目前压力容器焊条已实现自主开发，主要用于高压管道、压力容器、锅炉等重要结构的焊接。采用该系列焊条可进行全位置焊接，焊接工艺性能好，焊接接头的冷弯、抗裂性能良好，焊缝金属具有良好的塑韧性。管线钢专用焊条已在西气东输工程中得到大量应用。工程中优选工艺性能优良的纤维素焊条，在管道焊接尤其是下行焊时，熔池金属及熔渣不易下淌，电弧吹力大、熔深大。底层焊时，可单面焊双面成型，熔化速度快，焊接效率高。

（1）电焊条的组成

1）焊芯

焊条中被药皮包覆的金属芯称为焊芯。焊条电弧焊时，焊芯与焊件之间产生电弧并熔化为焊缝的填充金属。焊芯既是电极又是填充金属。按照国家标准规定，用于焊芯的专用金属丝（即焊丝）分为碳素结构钢、低合金结构钢和不锈钢三类。焊丝的成分将直接影响熔敷金属的成分和性能。各类焊条所用的焊芯见表4-1。

**表4-1　各类焊条所用的焊芯**

| 焊条种类 | 所用焊芯 |
| --- | --- |
| 低碳钢焊条 | 低碳钢焊芯（H08A 等） |
| 低合金高强钢焊条 | 低碳钢或低合金钢焊芯 |
| 低合金耐热钢焊条 | 低碳钢或低合金钢焊芯 |
| 不锈钢焊条 | 不锈钢或低碳钢焊芯 |
| 堆焊用焊条 | 低碳钢或合金钢焊芯 |
| 铸铁焊条 | 低碳钢、铸铁、非铁合金焊芯 |
| 有色金属焊条 | 有色金属焊芯 |

2）药皮

涂覆在焊芯表面的涂料层称为药皮，也称涂层。焊条药皮是矿石粉末、铁合金粉、有机物和化工制品等原料按一定比例配制后压涂在焊芯表面上的一层涂料。各类焊条药皮的组分及作用见表4-2。

药皮的主要作用是：

①机械保护。焊条药皮熔化后或分解后产生气体和熔渣，隔绝空气，防止熔滴和熔池金属与空气接触。熔渣凝固后的渣壳覆盖在焊缝表面，可防止高温的焊缝金属被氧化和氮化，并可减慢焊缝金属的冷却速度。

②冶金处理。通过熔渣和铁合金进行脱氧、去硫、去磷、去氢和渗合金

等焊接冶金反应，可去除有害元素，增添有用元素，使焊缝具备良好的力学性能。

③改善焊接工艺性能。药皮可保证电弧容易引燃并稳定地连续燃烧，同时减少飞溅，改善熔滴过渡和焊缝成形等。

④渗合金。焊条药皮中含有合金化元素，熔化后过渡到熔池中，可以改善焊缝的金属性能。

**表4-2　焊条药皮的常见组分及作用**

| 名称 | 组分 | 作用 |
|---|---|---|
| 稳弧剂 | 碳酸钾、碳酸钡、金红石、长石、钛铁矿、白垩、大理石等 | 使焊条容易引弧并在焊接过程中能保持电弧稳定燃烧 |
| 造渣剂 | 大理石、萤石、白云石、菱苦土、长石、白泥、云母、石英砂、金红石、二氧化钛、钛铁矿、还原钛铁矿、铁砂及冰晶石等 | 焊接时能形成具有一定物理化学性能的熔渣，保护焊缝金属不受空气的影响，改善焊缝成形，保证熔融金属的化学成分 |
| 造气剂 | 大理石、白云石、菱苦土、碳酸钡、木粉、纤维素、淀粉及树脂等 | 在电弧高温作用下，能进行分解，放出气体，以保护电弧及熔池，防止周围空气中的氧和氮的侵入 |
| 脱氧剂 | 锰铁、硅铁、钛铁、铝铁、镁粉、铝镁合金、硅钙合金及石墨等 | 通过焊接过程中进行的冶金化学反应，降低焊缝金属中的含氧量，提高焊缝性能。与熔融金属中的氧作用，生成熔渣，浮出熔池 |
| 合金剂 | 锰铁、硅铁、铬铁、钼铁、钒铁、铌铁、硼铁、金属锰、金属铬、镍粉、钨粉、稀土硅铁等 | 补偿焊接过程中合金元素的烧损并向焊缝过渡合金元素，保证焊缝金属获得必要的化学成分及性能等 |
| 增塑润滑剂 | 云母、合成云母、滑石粉、白土、二氧化钛、白泥、木粉、膨润土、碳酸钠、海泡石、绢云母等 | 增加药皮粉料在焊条压涂过程中的塑性、滑性及流动性，提高焊条的压涂质量，减少偏心度 |
| 粘结剂 | 水玻璃、酚醛树脂等 | 使药皮粉料在压涂过程中具有一定的黏性，能与焊芯牢固地粘接，并使焊条药皮在烘干后具有一定的强度 |

（2）常用组分

1）碳酸钾

碳酸钾，白色结晶粉末，密度 2.428g/cm$^3$，熔点 891℃，沸点时分解，相对分子量 138.21。溶于水，水溶液呈碱性，不溶于乙醇、丙酮和乙醚。吸湿性强，暴露在空气中能吸收二氧化碳和水分，转变为碳酸氢钾，应密封包装。水合物有一水物、二水物、三水物。

碳酸钾常被用作稳弧剂，改善焊接工艺性能。

2）碳酸钡

碳酸钡，化学式 $BaCO_3$，分子量 197.35。六角形微细晶体或白色粉末。难溶于水，密度 4.43g/cm$^3$，熔点 1740℃（加压）。1450℃分解，放出二氧化碳。微溶于含有二氧化碳的水，也溶于氯化铵或硝酸铵溶液生成络合物，溶于盐酸、硝酸并放出二氧化碳。有毒，用于电子、仪表、冶金工业。可配制焰火，制信号弹、陶瓷涂料、制光学玻璃的辅料，还用作杀鼠药、水澄清剂和填料。

碳酸钡主要起到造渣，造气，调节熔渣的熔点、黏度、表面张力和界面张力，改善焊接电弧的稳定性及熔渣的覆盖性等作用。

3）金红石

金红石一般二氧化钛（$TiO_2$）含量在 95% 以上，是提炼钛的重要矿物原料，但在地壳中储量较少。它具有耐高温、耐低温、耐腐蚀、高强度、小比重等优异性能，被广泛用于航空、航天、航海、机械、化工、海水淡化等方面。金红石本身是高档电焊条必需的原料之一，也是生产金红石型钛白粉的最佳原料。金红石中的二氧化钛广泛应用于光触媒材料中。金红石由二氧化钛添加镧系稀土元素、纳米氧化锌吸波材料、硅藻土、硅碳链纳米聚合物等纯天然矿物质，经科学配制和特殊加工工艺制作而成，其内部孔隙的孔径为 0.27~0.98nm，呈晶体排列，带弱电性，同时具有较好的光氧化活性，而甲醛、氨、苯、甲苯、二甲苯等有机物分子直径为 0.4~0.62nm，且都是极性分子，容易被金红石吸附并光氧化分解成 $H_2O$ 和 $CO_2$。金红石晶体通过结构独特的捕捉吸附功效，将甲醛、苯、TVOC 等有毒气体牢牢锁住并分解，能有效净化室内空气，且不会造成二次污染。同时，净化过程中产生负氧离子，有效浓度达到 2000ions 左右。

金红石的主要成分为 $TiO_2$，元素钛具有较低的电离电位，加入药皮中可明显提高电弧的稳定性，优化焊条的焊接工艺性能。$TiO_2$ 是非常稳定的化合物，焊接时形成熔渣，起到隔绝空气、保护焊缝的作用。

4）长石

长石是一种含有钙、钠、钾的铝硅酸盐矿物，有很多种，如钠长石、钙长石、钡长石、钡冰长石、微斜长石、正长石、透长石等。它们都具有玻璃光泽，颜色多种多样，如无色、白色、黄色、粉红色、绿色、灰色、黑色等，有些透明，有些半透明。长石本身应该是无色透明的，之所以有色或不完全透明，是因为含有其他杂质。有些呈块状、有些呈板状、有些呈柱状或针状等。

长石通常作为稳弧剂。钾是低电离物质，适量的钾长石可以起到稳弧、改善脱渣性的作用。

5）钛铁矿

钛铁矿是铁和钛的氧化物矿物，又称钛磁铁矿，是提炼钛的主要矿石。钛铁矿很重，灰到黑色，具有一点金属光泽。晶体一般为板状，晶体集合在一起为块状或粒状，成分为 $FeTiO_3$，含 $TiO_2$ 52.66%，是提取钛和二氧化钛的主要矿物，结构为三方晶系。中国四川攀枝花铁矿中，钛铁矿分布于磁铁矿颗粒之间或裂理中，并形成大型矿床。钛铁矿的化学成分与形成条件有关：产于超基性岩、基性岩中的钛铁矿 MgO 含量较高，基本不含 Nb、Ta；碱性岩中的钛铁矿 MnO 含量较高，并含 Nb、Ta；产于酸性岩中的钛铁矿 FeO、MnO 含量均高，Nb、Ta 含量也相对较高。

钛铁矿主要作用是造渣，促使熔滴呈雾状过渡，提高焊接速度，有利于焊缝脱渣和改善焊缝成形，可以部分代替金红石，降低焊条成本。

6）白垩

白垩，又称白土粉、白土子、白埴土、白善、白墡。白垩是一种微细的碳酸钙的沉积物，是方解石的变种。

白垩常为稳弧剂，是一种容易电离的物质，能提高电弧燃烧稳定性，并使电弧易于引燃。

7）大理石

大理岩原指产于云南省大理的白色带有黑色花纹的石灰岩，后来大理石这个名称逐渐用来称呼一切有各种颜色花纹的岩石，用来做建筑装饰材料的石灰岩，主要成分为碳酸钙。

大理石的主要作用为造渣和造气，起到对焊缝金属的气渣联合保护的作用。大理石的主要成分为 $CaCO_3$，焊接时在 600℃左右发生分解生成 CaO 和 $CO_2$。当大理石含量较低时，药皮的造气和造渣能力下降，对焊缝的保护作用降低，造成焊缝力学性能下降。如果大理石的含量过高，药皮造气量过大，电弧稳定性下降，飞溅增大，焊渣熔点升高，焊缝成形粗糙。

8）萤石

萤石又称氟石、氟石粉、萤石粉，是一种矿物，结构为等轴晶系，其主要成分是氟化钙（$CaF_2$），含杂质较多，Ca 常被 Y 和 Ce 等稀土元素替代，此外还含有少量的 $Fe_2O_3$、$SiO_2$ 和微量的 Cl、$O_3$、He 等。

萤石能够提高电弧燃烧的稳定性，造气、造渣，保护焊接熔池，还可以降低液态金属的表面张力，提高其流动性，使得焊缝成形美观，降低焊缝气孔敏感性，并能够降低熔敷金属的扩散氢含量。

9）白云石

白云石晶体属三方晶系的碳酸盐矿物，化学成分为 $CaMg(CO_3)_2$，常有铁、锰等类质同象（代替镁），当铁或锰原子数超过镁时，称为铁白云石或锰白云石，结构为三方晶系，晶体呈菱面体，晶面常弯曲成马鞍状，聚片双晶常见，集合体通常呈粒状，纯者为白色，含铁时呈灰色，风化后呈褐色，有玻璃光泽，是组成白云岩的主要矿物。海相沉积成因的白云岩常与菱铁矿层、石灰岩层成互层产出。在湖相沉积物中，白云石与石膏、硬石膏、石盐、钾石盐等共生。

白云石的主要的成分为 $CaMg(CO_3)_2$，在焊条药皮中起碳酸盐的作用，主要造气和造渣，此外，还对稳弧性能产生一定的影响，受热分解产生 $CO_2$ 气体和 $Ca^{2+}$、$Mg^{2+}$，$CO_2$ 气体对电弧起气体保护作用，而 $Ca^{2+}$、$Mg^{2+}$ 可以稳定电弧，其主要的氧化产物 CaO 对焊缝金属的脱硫与脱磷有很大的作用。白云石在焊条药皮中还起到镁盐的作用，对提高焊缝的塑韧性比单纯的钙盐更加有利，并且可以大大地改善熔渣的透气性，即提高抗气孔的能力。

10）菱苦土

菱苦土，又名苛性苦土、苦土粉，它的主要成分是氧化镁，以天然菱镁矿为原料，在 800~850℃温度下煅烧而成，是一种细粉状的气硬性胶结材料，颜色有纯白、灰白、近淡黄色，新鲜材料闪烁玻璃光泽。

菱苦土为造气、造渣剂，同时用于调整熔渣凝固温度，保证焊缝成形，使用过多易导致熔渣过黏，影响焊速。

11）白泥

白泥是一种混合物，学名高岭土矿，属于非金属矿产，主要化学成分是 $SiO_2$、$Al_2O_3$、$Fe_2O_3$，可做造纸涂料、陶瓷，或用于填料。

白泥作为造渣剂，可改善焊条压涂性能，含量过多会使熔渣中非晶体相 $SiO_2$ 过多、降低晶体相比例、不易获得短渣。

12）云母

云母是云母族矿物的统称，是钾、铝、镁、铁、锂等金属的铝硅酸盐，都是层状结构，结构为单斜晶系，晶体呈假六方片状或板状，偶见柱状，层状解理非常完全，有玻璃光泽，薄片具有弹性。云母的折射率随铁的含量增高而相应增高，可由低正突起至中正突起，不含铁的变种薄片中无色，含铁愈高时，颜色愈深，同时多色性和吸收性增强。

云母主要作用是造渣、改善压涂性能、稳定电弧、细化熔滴、增加药皮的透气性、帮助药皮水分排出、避免药皮开裂。

13）石英

石英是主要造岩矿物之一，一般指低温石英（$\alpha$– 石英），是石英族矿物中分布最广的一个矿物。广义的石英还包括高温石英（$\beta$– 石英）和柯石英等，主要成分是 $SiO_2$，无色透明，如含有少量杂质成分则变为半透明或不透明的晶体，质地坚硬。

石英主要起造渣作用，并降低熔渣的碱度、调整熔渣的物化性能。

14）冰晶石

冰晶石是一种矿物，主要成分为六氟铝酸钠（$Na_3AlF_6$），白色单斜晶系（1009℃），微溶于水，熔融的冰晶石能溶解氧化铝，可在电解铝工业做助熔剂，也用于制造乳白色玻璃和搪瓷的遮光剂。

冰晶石主要作用是造渣、调节熔渣的物理性能和改善焊条的工艺性能，同时对降低熔敷金属、扩散氢含量有益。

15）二氧化钛

二氧化钛（$TiO_2$）是白色固体或粉末状的两性氧化物，分子量 79.83，是一种白色无机颜料，无毒，具有最佳的不透明性和最佳白度和光亮度，被认为是目前世界上性能最好的一种白色颜料。钛白的粘附力强，不易起化学变化，永远是雪白的，广泛应用于涂料、塑料、造纸、印刷油墨、化纤、橡胶、化妆品等工业。二氧化钛的熔点很高，也被用来制造耐火玻璃、釉料、珐琅、陶土、耐高温的实验器皿等。

二氧化钛的主要作用是实现短渣特性，从而可保证焊丝全位置操作性能，其次还可增加电弧稳定性。二氧化钛含量控制适当，不但可稳定电弧，减少飞溅，而且可促进熔池金属铺展，改善焊缝成形。

16）木粉

木粉是将木材加工所产生的废料（如刨花、木渣、竹屑、锯末、木屑等）

及废旧木制品再加工再处理所产生的不同细度、精度的纤维，而这种纤维又是天然的有机纤维。

木粉的作用是形成保护气氛，有利于熔滴过渡。另外，木粉具有很大的弹性，可以增加药皮的弹性。

17）纤维素

纤维素是由葡萄糖组成的大分子多糖，不溶于水和一般的有机溶剂，主要成分为 C、O、H。

纤维素的作用是形成保护气氛、稳弧、有利于熔滴过渡，同时起到增塑作用，使药皮有耐弯曲性。

18）淀粉

淀粉是葡萄糖分子聚合而成的，是细胞中碳水化合物最普遍的储藏形式，通式是 $(C_6H_{10}O_5)_n$，水解到二糖阶段为麦芽糖，化学式是 $C_{12}H_{22}O_{11}$，完全水解后得到单糖（葡萄糖），化学式是 $C_6H_{12}O_6$。白色，无臭，无味粉末。有吸湿性。不溶于冷水、乙醇和乙醚。熔点 256~258℃，沸点 357.8℃。

淀粉的作用是形成保护气氛、有助于熔滴过渡。另外，淀粉也是脱氧剂，其熔点低，起到先期脱氧作用，产生 CO 和 $CO_2$，可起到气体保护电弧的作用。

19）锰铁

锰铁是锰和铁组成的铁合金，熔点 1300℃左右。

锰铁在焊接过程中起到脱氧的作用，防止焊缝表面和横断面出现气孔；降低焊接熔渣的黏度，增加熔渣的流动性；随着锰含量的增加，其强度和韧性会有所提高；在焊接过程中，锰与硫化合形成硫化锰浮于熔渣中，从而减少焊缝热裂纹倾向。

20）硅铁

硅铁就是铁和硅组成的铁合金，含硅 40%~47% 时熔点为 1280~1360℃，含硅 72%~100% 时熔点为 1290~1340℃ 。

硅铁的作用是在焊接过程中起脱氧、放热的作用，而且其化学性质比较活泼，可使焊缝金属石墨化；在钢中加入适量的硅能提高钢的屈服强度、弹性及抗酸性能；若含量过高，则降低塑性和韧性。在焊接过程中，硅具有较好的脱氧能力，与氧形成二氧化硅，但它会提高渣的黏度，易促进非金属夹杂物生成。

21）钛铁

钛铁是含钛的铁合金。钛元素熔点 1690℃，钛铁的熔点根据钛及碳元素不同而变化

钛铁的作用是：对熔渣和焊缝金属脱氧，钛的脱氧能力大大高于硅、锰；能形成具有一定物理、化学性能的熔渣，产生良好的机械保护作用和冶金处理作用；降低焊接熔渣的黏度，增加熔渣的流动性；具有脱氮作用，细化晶粒，提高韧性。

22）铬铁

铬铁是铬和铁组成的铁合金，分为高碳铬铁（含碳 4%~8%）、中碳铬铁（含碳 0.5%~4%）、低碳铬铁（含碳 0.15%~0.50%）、微碳铬铁（含碳 0.06%）、超微碳铬铁（含碳小于 0.03%）。

铬铁的作用是提高焊缝硬度、耐磨性和耐腐蚀性。

23）钼铁

钼铁是钼和铁组成的铁合金，一般含钼 50%~60%。

钼铁的作用是细化晶粒，固溶强化，降低焊缝金属的过热倾向性及回火脆性，提高堆焊金属的高温性能和耐磨性能，但含钼过高会影响焊缝金属韧性。

24）钒铁

钒铁是钒和铁组成的铁合金。常用的钒铁含钒有 40%、60% 和 80% 三种比例。钒熔点为 1887℃。

钒铁的作用是细化晶粒、脱氮、固碳，降低焊缝中含 C 量高而导致的对焊缝抗裂性能的影响；提高焊缝的强度、韧性、延展性。

25）铌铁

铌是一种可塑性金属，铌铁的熔点为1570~1650℃。铌与铁形成化合物$Fe_3Nb_2$，它溶于大量的铁中；铌与碳形成NbC，其溶化温度为3500~3800℃，其莫氏硬度为9~10。

铌铁的作用是固碳，对焊缝金属弥散强化和细晶强化，在提高焊缝硬度及耐磨性的同时能够保证其良好的韧性。另外，还可提高材料的淬透性。

26）硼铁

硼铁（硼含量：5%~25%）可分为低碳硼铁（C含量0.05%~0.1%，B含量9%~25%）和中碳硼铁（C含量小于等于2.5%，B含量4%~19%）两种。

硼铁具有脱氧剂作用，还可改善焊缝力学性能、冷变形性能、焊接性能及高温性能。

27）稀土

稀土即元素氧化物，是指元素周期表中原子序数为57~71的15种镧系元素氧化物及与镧系元素化学性质相似的钪（Sc）和钇（Y）共17种元素的氧化物。

根据稀土元素原子的电子层结构和物理化学性质，以及它们在矿物中共生情况和不同的离子半径可产生不同性质的特征，17种稀土元素通常分为两组：

轻稀土包括镧、铈、镨、钕、钷、钐、铕。

重稀土包括钆、铽、镝、钬、铒、铥、镱、镥、钪、钇。

稀土的作用是脱硫脱氧改变夹杂物形态，细化熔敷金属的显微组织，固定氢、氮，提高低温冲击的韧性。

28）石墨

石墨是元素碳的一种同素异形体，每个碳原子的周边联结着另外三个碳原子（排列方式为蜂巢式的多个六边形）以共价键结合，构成共价分子，熔点3652℃。

石墨的作用是脱氧、造气。石墨与合金元素作用可产生碳化物，提高焊缝硬度与耐磨性。石墨脱氧反应可产生大量的热，有利于金属的热电离，提高焊丝的引弧和稳弧性能。石墨具有良好的导电性，使得焊条极易起弧。

29）滑石粉

滑石粉为白色或类白色、微细、无砂性的粉末，主要成分是滑石，即含水的硅酸镁。

滑石粉的作用是增加药皮粉料在焊条压涂过程中的塑性、滑性及流动性。

30）膨润土

膨润土是以蒙脱石为主要成分的非金属矿产，蒙脱石含量85%~90%，主要化学成分是二氧化硅、三氧化二铝和水，还含有铁、镁、钙、钠、钾等元素，$Na_2O$ 和 CaO 含量对膨润土的物理化学性质和工艺技术性能影响颇大。

膨润土主要是造渣剂，与其他粉料配合可改善脱渣性。膨润土作为增塑剂，可增加药皮粉料在焊条压涂过程的塑性、滑性及流动性，以提高焊条的压涂质量，减少偏心度，具有一定的吸水后膨胀的特性或一定的弹性、滑性。

2. 焊丝

焊丝可作为填充金属或同时作为导电用的金属丝焊接材料。从1892年俄国人斯拉维扬诺夫研究成功现行的金属电弧焊接法的实用化方案至今，焊接工艺已经历了上百年的发展历程，焊接材料也伴随科学技术和焊接工艺的发展，经历了从光焊丝到薄药皮焊条再到厚药皮焊条及实心焊丝到药芯焊丝的系列变化。1904年，瑞典人奥斯卡尔·克杰尔贝格（Oscar Kjellberg）建成了世界上第一家焊条厂——ESAB公司的OK焊条厂。同期，欧美各国对焊条药皮的作用进行了研究，先后发明了矿物型厚药皮焊条（1910年）、纤维素型焊条（1919年）及碱性焊条（1921年）。在大力发展手工电弧焊焊条的同时，气体保护焊工艺在1920年也已开始采用，当时主要依靠惰性气体进行保护，靠惰性气体使电弧及焊接熔池与大气中的气体隔离，免受大气中的氧气、氯气等气体的侵害。在焊接冶金理论方面，当时尚缺乏系统的研究，主要是靠经验来指导焊缝金属性能的改进。1920年后，药皮焊条快速发展，加上惰性气体的价格昂贵，减少了人们对发展气体保护焊工艺的兴趣。

第二次世界大战期间，交流氩弧焊机和高频稳弧装置的出现实现了铝和镁的优质焊接。氦气仅在TIG焊早期开发阶段使用，后来由于氩气的大量供应而大部分被取代。TIG焊工艺从20世纪40年代初期开始在工业上大批量应用，并且成为现代气体保护焊（包括药芯焊丝气体保护焊即FCAW）焊接工艺的先驱。1950年初，该工艺正式被美国焊接学会分类为TIG焊工艺。TIG焊填充材料为实心焊丝，可以是黑色金属焊丝，也可以是有色金属焊丝。

1940年以后，可熔化的焊丝代替钨极，产生了熔化极（金属）气体保护焊工艺（GMAW），也称为MIG焊，保护气体通常为氦气或氩气，用于焊接有色金属。随着熔化极气体保护焊的发展，工程师们也试图用来焊接碳钢及低合金钢，然而惰性气体的高成本妨碍了这项工艺在经济方面与低成本的手工电弧焊的竞争，它的应用和发展受到了限制。这时用的填充丝为实心焊丝。

20世纪50年代中期，实心焊丝$CO_2$气保焊的应用重新引起了人们对药芯焊丝的重视。实心焊丝$CO_2$气保焊的最大优点是电流在300A以上时，熔敷速度很高，飞溅较大，焊缝表面质量比有熔渣的差，而且气体保护的变化增大焊缝金属的气孔倾向。为了克服上述缺点，人们重新考虑在焊丝中加入药芯的方法，把$CO_2$气体保护系统结合到药芯焊丝的开发应用上，提供了一种可以克服上述缺陷的新的焊接工艺。由于药芯焊丝中加入了许多改善焊接工艺性能的材料，同时又限制了大气的污染，使焊接质量得到提高。这种新的焊接工艺于1954年5月由美国焊接学会正式向公众介绍，直到1957年，经过改进的焊丝和设备才以目前的形式出现，欧洲和美国出现了商品化的直径为3.2mm的气保护药芯焊丝。在药芯焊丝的发展中，另一个重要的飞跃是全位置焊药芯焊丝的开发。随着制造技术的进步，焊丝的直径不断减小，气保护药芯焊丝的直径由 3.2mm 和 2.4mm 减少到 1.6mm 和 1.2mm 后，基本上具有了全位置焊接的功能。自保护药芯焊丝通过减少焊丝直径至 2.0mm 和调整药皮组成物，也成功地获得了全位置焊接的能力。由于药芯焊丝实现了全位置焊接，加上其熔敷速度高、运条速度快、力学性能好且具有成分可调整的灵活性，显著增加了药芯焊丝的应用范围。在某些国家，药芯焊丝产量的增长速度已超过实心焊丝。

焊丝的分类方法很多，习惯的分类方法有以下几种。

按不同的制造方法，可分为实心焊丝和药芯焊丝两大类，其中药芯焊丝又可分为气保护和自保护两种。

按其适用的焊接工艺方法，可分为埋弧焊焊丝、气保焊焊丝、电渣焊焊丝、堆焊焊丝和气焊焊丝等。

按其适用的被焊材料性质，可分为碳钢焊丝、低合金钢焊丝、不锈钢焊丝、铸铁焊丝和有色金属焊丝等。

下面详细介绍实心焊丝和药芯焊丝。

（1）实心焊丝

不含药芯成分，将熔炼好的铸锭锻造成棒材后，进行轧制、拉拔等工序制成的焊丝。

实心焊丝常用组分如下。

1）碳

碳是扩大奥氏体相区的元素，可促使形成针状铁素体，减少晶界多边形铁素体，并且细化再热区晶粒，提高熔敷金属的强度和韧性。如果焊缝中碳含量过高，会形成脆化的淬硬组织，使韧性值降低。

2）锰

锰是良好的脱氧剂和固溶强化元素。一方面，锰与铁水中的氧结合形成熔点较高 MnO 杂质，随着钢的冷却形成渣，以达到除氧的目的；另一方面，锰原子通过扩散到铁原子的晶包中形成固溶体产生固溶强化。另外，锰还有增加韧性、降低转脆温度和扩大奥氏体相区的作用。但是，锰的含量过高会产生晶粒粗化，增加回火脆性的敏感性。

3）钛

焊缝中加入微量的钛元素可起到细化焊缝组织的作用，钛与氧、氮形成的 TiO 和 TiN，作为针状铁素体的形核质点，促进了奥氏体晶粒内针状铁素体的形成。

4）镍

镍在钢中能细化珠光体，总的效果是提高强度，对塑性的影响不显著，并可以提高钢对疲劳的抗力并减少钢对缺口的敏感性。镍能降低钢的低温脆性转变温度，这对低温钢有着极其重要的意义。另外，镍加入钢中还能耐腐蚀，不仅耐酸，而且也能耐碱，对大气及盐都有抗蚀能力。

5）硅

硅在焊缝金属中主要作为脱氧元素，也具有一定的固溶强化作用。但是硅在超低碳焊缝金属中容易降低韧性，能溶于铁素体和奥氏体中以提高钢的强度和硬度。

6）硫、磷

硫和磷一般为杂质元素，磷会降低焊缝金属的塑性和韧性，同时增加热裂纹敏感性。硫在焊接过程中易生成低熔点的化合物，这是造成焊缝热裂的主要原因。

7）镁

镁一方面具有强烈的脱氧效果，从而可以弥补硅含量降低、脱氧效果不足的不利因素，另一方面镁具有强烈的增强晶界强度和净化晶界的作用，而且镁在焊缝金属中还有脱硫的效果，这对改善焊缝金属的塑性、韧性具有很大益处。

8）铜

铜通过其沉淀效应增加材料的硬度和抗拉强度，提高耐蚀性，但是过量的铜会导致焊接热裂纹。

9）铬

铬在高温下能促使金属表面生成致密的钝化膜，防止继续氧化，提高钢的抗氧化性和抗高温气体腐蚀，并提高耐热钢的热强性。可见，铬元素是耐热钢具备强大耐热性能所必不可少的元素之一。

10）钼

钼加入钢中能提高淬透性，钼能耐蠕变、耐点蚀、耐海水腐蚀。

11）锆

锆在母合金中偏聚到晶界，可减少晶界缺陷，提高晶界结合力，降低晶界扩散速率，从而减缓位错攀移，强化晶界。同时，锆偏聚于晶界，可降低界面能，改变晶界的形态，减小晶界相的尺寸。但在焊缝中，锆与氧的结合能力强，容易被氧化烧损。

12）铝

铝是强力的脱氧元素，所以若大量添加，则熔池的黏性和表面张力变高，在使耐熔落性和耐咬边性提高上会起到相反效果。但是，为了尽可能降低实心焊丝中所含氧的含量以使耐裂纹性提高，能够达成的方法是，通过微量添加铝，即进行脱氧处理，使氧化物粒子和氮化物粒子分散，从而使晶粒微细化。如果铝是微量添加，那么还有一个优点是，即使发生氧化也难以变成熔渣。

13）氮

氮是为了避免因添加硫造成的耐裂纹性的降低而需要限制的元素。若氮的含量超过 0.0050%，则会减弱结晶晶界的结合力，且夹杂物多，由此会发生裂纹。特别是在积极添加硫时，有必要重视耐裂纹性，因此也需要严格限制氮。

（2）药芯焊丝

药芯焊丝也称管状焊丝，是由外皮金属（钢带或钢管）里裹着药粉构成的。外皮金属不一定选择与焊缝金属成分相当的材料，因为合金元素可以很方便地从药粉中加入。药粉一般由非金属和金属两类物质构成。

药芯焊丝的分类有以下几种方法。

按制造方法的不同，可以分为有缝药芯焊丝和无缝药芯焊丝两种。

按焊接时保护气体的不同，可把药芯焊丝分为气保护药芯焊丝和自保护药芯焊丝。

按用途不同，把药芯焊丝分为低碳钢及490MPa级钢、高强钢、耐热钢、低温钢、耐腐蚀钢、不锈钢和硬面堆焊用药芯焊丝。

按填充药粉的组成不同，把药芯焊丝分为熔渣型药芯焊丝和金属粉型药芯焊丝。熔渣型药芯焊丝按照渣的碱度可分为钛型（酸性渣）、钛钙型（中性或弱碱性渣）和碱性（碱性渣）药芯焊丝。

药芯焊丝常用组分如下。

1）锰铁

锰铁可降低焊缝金属中的硫含量，并通过固溶强化提高焊缝金属强度，是奥氏体化稳定元素，能够降低奥氏体向铁素体转变的温度。

2）硅铁

硅铁脱氧剂能最大程度保护焊缝金属，减少其含氧量，提高熔渣脱渣性。

3）金红石

金红石的主要成分是$TiO_2$，可调整渣的熔点和黏度。随着$TiO_2$量的增加，熔渣的凝固温度范围减小，即造成“短渣”，能适应全位置焊接。此外，钛还是一种很好的稳弧元素，它经常以金属或矿物质的形式加入药粉中，使电弧柔软。

4）铝镁粉

加入铝镁粉的目的在于脱氧和脱氮，同时还能够助燃，提高电弧稳定性。

其脱氧、脱氮产物进入渣中能够进一步改善渣特性，并且为焊缝金属的铁素体形核提供质点，提高焊缝金属的低温韧性。

5）氟化物

氟化物主要用于造气和造渣，碱金属氟化物（LiF、$LiBaF_3$、NaF）的添加是为了快速化渣，加入碱土金属氟化物（$CaF_2$、$BaF_2$、$SrF_2$）易于形成短渣，有利于实现全位置焊接。

6）氧化物

MgO、$Al_2O_3$、$Ti_2O_3$、$SiO_2$、$Fe_2O_3$、MnO 等氧化物添加目的是改善熔渣特性，为焊缝金属提供针状体素体形核，改善焊缝金属的低温韧性。

7）碳酸盐

加入碳酸盐的目的是提高气保护效果和增强电弧吹力，从而有利于提高熔深和焊缝成形，避免产生未熔合、夹渣等缺陷。

8）稀土金属

稀土金属可以显著提高电弧稳定性，减少断弧时间和短路次数，保证在深水环境下的顺利焊接。另外，稀土金属还具有强烈的脱氧、脱氮和脱硫作用，可净化焊缝，改善焊缝韧性。

9）石英

石英在焊接过程中起到脱氧作用，并能提高金属熔池流动性。

3. 钎焊材料

钎焊材料是为实现两种材料或零件的结合，在其间隙内或间隙旁所加的填充物，其熔点必须比焊接的材料熔点低，适宜于连接精密、复杂和异类材料的焊接。

钎焊是人类最早使用的材料连接方法之一，在人类尚未开始使用铁器时，就已经发明用钎焊来连接金属，但之后很长时间没有得到大的发展。进入 20 世纪后，其发展也远落后于熔焊技术。直到 20 世纪 30 年代，在冶金和化工技术发展的基础上，钎焊技术才有了较快发展，并逐渐成为一种独立的工业生产技术。尤其是第二次世界大战以后，航空、航天、核能、电子等新技术的发展和新材料、新结构的采用，对连接技术提出了更高的要求，钎焊技术因此受到了更大的重视，迅速发展起来，出现了许多新的钎焊方法，其应用也越来越广泛，例如，制造机械加工用的各种刀具（特别是硬质合金刀具），钻探、采掘用的钻具，各种导管和容器，汽车拖拉机的水箱，各种用途的不同材料不同结构形式的换热器，电机部件，汽轮机的叶片和拉筋等构件，等等。在轻工业生产中，从医疗器械、金属植入假体、乐器到家用电器、炊具、自行车，都大量采用钎焊技术。对于电子工业和仪表制造业，在很大范围内，钎焊是唯一可行的连接方法，如在元器件生产中大量涉及金属与陶瓷、玻璃等非金属的连接问题，以及在布线连接中必须防止加热对元器件的损害，都有赖于钎焊技术。在核电站和船舶核动力装置中，燃料元件定位架、换热器、中子探测器等重要部件也常采用钎焊结构。

目前，中国钎焊材料生产企业与设备制造企业数量达到 500 余家，总产值超过 220 亿元人民币。硬钎焊材料广泛应用于发电设备、航空航天、轨道交通、家用电器、切削工具及卫浴五金等领域，国内硬钎焊材料生产企业 80 余家，主要分布在长三角区域，年产量 3 万多吨，其中应用量较大的银基和铜基钎料占比达 70% 左右。软钎焊材料主要应用于电子、仪器仪表、机电及轻工等领域。国内软钎焊材料生产企业 300 余家，主要分布在珠三角及长三角区域，年产量 13 万吨。钎料形体包括传统的焊锡条、焊锡丝、BGA 球及近几年大幅度增长的焊锡膏和预成型钎料。

（1）钎焊材料的分类

按熔点高低分为软钎料、硬钎料和高温钎料。

1）软钎料

软钎料为熔点低于 450℃的钎料。

2）硬钎料

硬钎料为熔点高于450℃的钎料。

3）高温钎料

高温钎料为熔点高于950℃的钎料。

（2）钎料常用组分

1）锡

锡主要用于降低钎料的熔点，并提高钎料润湿性能和流动性能。

2）银

银主要用于降低钎料的熔点，提高钎料的塑性，并可提高钎料的热稳定性。

3）铜

铜主要用于提高钎料的抗拉强度，降低钎料的熔点，并增加合金的润湿性。

4）铋

铋是表面活性元素，主要用于降低合金的表面张力，改善钎料的润湿铺展能力，提高钎料的强度。

5）镍

镍主要用于净化晶界、细化钎料合金组织，提高钎料的塑性，并改善加工性能、焊料的结晶组织、钎料的耐高温性能和耐腐蚀性能。

6）锰

锰主要用于提高高温强度，降低钎料熔点，改善润湿性、塑性、二次脱氧等。

7）锑

锑用于改善显微组织，可提高钎料合金的塑性，适当提高润湿性，降低熔化温度，并提高结合强度。

8）铟

铟主要用于降低固、液相线温度，减小熔化区间，提高焊料流动性。

9）镓

镓主要在液态钎料表面富集，降低钎料的表面张力，提高钎料的高温抗氧化性能，降低钎料熔点，对合金具有净化效果和集肤效应，可提高合金的抗氧化性，同时可细化晶粒，使晶粒的微观组织结构均匀化。

10）铬

铬可在液态熔融焊料表面形成一层极薄的致密层，有效阻隔空气中的氧气与 Sn 发生氧化反应，提高合金的抗氧化性能和耐腐蚀性能。

11）锗

锗主要用于提高合金的抗氧化性能和润湿铺展性能。

12）钼

钼主要用于调节钎料的熔点，提高钎料合金的强度。

13）镉

镉可改善焊料润湿性、漫流性和间隙填充性，还可在高温钎焊时抑制或减缓钎料对母材的过度熔蚀作用。

14）锌

锌与铝基板有良好的亲和力，锌含量提高能使合金与铝基板的结合强度提高。

15）磷

磷可提高钎料的抗氧化性能，防止在焊接过程中氧化物的形成，降低熔融钎料的产渣量。

16）硅

硅为主要的合金化元素，主要用于防止氧化物形成，防止焊接后焊接区域的变色，同时保持焊料的温度和润湿性。

17）稀土

稀土主要用于细化钎料合金的组织，提高润湿性能和抗拉强度等力学性能。

18）锆

锆主要用于细化基体组织、提高抗拉强度和抗蠕变能力。

19）钴

钴的主要作用是降低钎料凝固过程所需的过冷度，有效减少凝固缺陷，并在服役过程中保持焊点力学性能。

20）铅

铅主要用于降低焊料的熔点，改善焊料的润湿性能，但有毒，现在很少使用。

（3）钎剂

钎剂是钎焊时使用的熔剂，它的作用是清除钎料和母材表面的氧化物，并保护焊件和液态钎料在钎焊过程中免于氧化，改善液态钎料对焊件的润湿性。对于大多数钎焊方法，钎剂是不可缺少的。

1）对钎剂的基本要求

①钎剂应具有足够的去除母材及钎料表面氧化物的能力。

②钎剂的熔点及最低活性温度应低于钎料的熔点。

③钎剂在钎焊温度下具有足够的润湿性。

④钎剂中各组分的气化（蒸发）温度应比钎焊温度高，以避免钎剂挥发而丧失作用。

⑤钎剂及清除氧化物后的生成物密度均应尽量小，以利于浮在表面，不在钎缝中形成夹渣。

⑥钎剂及其残渣对钎料及母材的腐蚀性要小。

⑦钎剂的挥发物应当无毒性。

⑧钎焊后，残留钎剂及钎焊残渣应当容易清除。

2）钎剂的分类

钎剂的种类很多，按照成分大体上可分为有机、无机和树脂三大系列。

按使用温度来分，可分为软钎剂和硬钎剂。软钎剂是在450℃以下进行钎焊用的钎剂，硬钎剂是在450℃以上进行钎焊用的钎剂。

3）钎剂常用组分

①硬钎剂：黑色金属常用的硬钎剂是硼砂、硼酸及其混合物。在硼化物中加入碱金属和碱土金属的氟化物及氯化物，可以改善硼砂、硼酸钎剂的润湿能力，提高去除氧化物的能力，降低钎剂的熔化温度及活性温度。

②松香：包括天然松香、聚合松香、氢化松香、水白松香、歧化松香。化学结构稳定的松香既可作为活性剂参与助焊反应，又可在焊后形成气密性好、透明的有机薄膜，将焊点包裹，防止其再氧化且不吸水，绝缘电阻高。

③有机溶剂：酮类、醇类、酯类中的一种或几种混合物，常用的有乙醇、丙醇、丁醇、丙酮、甲苯异丁基甲酮、醋酸乙酯、醋酸丁酯等，作为液体成分，其主要作用是溶解钎剂中的固体成分，使之形成均匀的溶液，便于待焊元件均匀涂布适量的钎剂成分，同时还可以清洗轻的脏物和金属表面的油污。

④天然树脂及其衍生物或合成树脂表面活性剂：含卤素的表面活性剂活性强，助焊能力高，但因卤素离子很难清洗干净，离子残留度高，卤素元素（主要是氯化物）有强腐蚀性，故不适合用作免洗钎剂的原料；不含卤素的表面活性剂活性稍弱，但离子残留少。常见的表面活性剂为聚乙二醇辛基苯基醚、烷基酚聚氧乙烯醚、脂肪酸族或芳香族表面活性剂。

⑤有机酸活化剂：由有机酸二元酸或芳香酸中的一种或几种组成，如丁二酸、戊二酸、衣康酸、邻羟基苯甲酸、葵二酸、庚二酸、苹果酸、琥珀酸等，其主要功能是除去引线脚上的氧化物和熔融焊料表面的氧化物，是钎剂的关键成分之一。

⑥防腐蚀剂：减少树脂、活化剂等固体成分在高温分解后残留的物

质。常见的有硼酸、亚硝酸钠、对苯二酚、羟基苯骈三氮唑、苯丙三氮唑等。

⑦助溶剂：阻止活化剂等固体成分从溶液中脱溶的趋势，避免活化剂不良的非均匀分布。常见的有乙醇、丙醇、丁醇、苯甲酸钠等。

⑧成膜剂：引线脚焊锡过程中，所涂覆的钎剂沉淀、结晶，形成一层均匀的膜，其高温分解后的残余物因有成膜剂的存在，可快速固化、硬化、减小黏性。常见的有聚乙二醇 2000、聚乙烯树脂、松香、歧化松香、聚乙烯醇等。

## 二、焊接材料领域专利现状分析

随着焊接材料技术在各领域的相关应用，相关领域的专利申请迅猛发展。本节针对专利申请量、全球地域分布、全球技术构成、主要申请人、中国专利有效性几个方面进行分析。

为了全面、准确地反映焊接材料的专利技术现状及其发展趋势，在对现有专利数据库进行分析比较的基础上，确定专利检索与服务系统（Patent search and service system，以下简称“S 系统”）中的中国专利文摘数据库（CNABS）、中国专利检索系统文摘数据库（CPRSABS）、德温特世界专利索引数据库（DWPI）、世界专利文摘数据库（SIPOABS）及 IncoPat 数据库作为检索数据库。

因此，数据检索所使用的分类号主要为 B23K35/+。

检索所使用的关键词，包含焊接材料、焊丝、焊条、焊剂、钎焊、焊料等。

截至 2019 年 12 月 31 日，在所使用的检索数据库中检索得到的涉及焊接材料的相关专利申请文件共计 136 671 件。

## （一）申请量趋势

图 4-1 显示了专利申请量年度分布，分别包括全球范围内的申请量年度分布和中国范围内的申请量年度分布。可以看出，全球范围内，1990—2000 年，申请量维持在每年 1000~1500 件，属于缓慢发展期；2001 年首次突破 1500 件，之后略有回落，至 2011 年申请量再次突破 1500 件；2011—2016 年，申请量逐年递增，在 2016 年达到申请高峰，属于快速发展期；2016 后年申请量略有回落，但总体平稳。

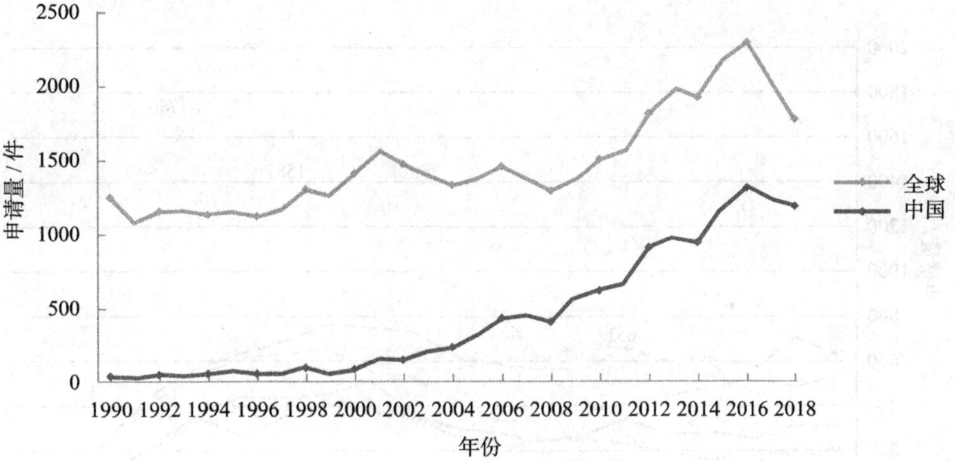


**图 4-1　申请量趋势图**

中国范围内的专利申请起步较晚。1990—2000 年，每年申请量几十件，属于发展萌芽期；2001—2008 年申请量有增加，发展缓慢，属于缓慢发展期；2008 年后专利申请量逐年提升，为快速发展期。

由此可见，中国范围内申请虽然起步较晚，但是发展势头迅猛，目前中国范围内专利数量占全球专利数量的 60%，说明中国是该行业一个比较重要的市场。

如图 4-2 所示，21 世纪初期，中国在焊接材料领域的申请量仅维持每年

200余件，之后几年稳步提高，2006年申请量达到651件，首次接近日本，此后由于全球经济危机，申请量略有回落。随着相关领域的重点发展及国家对专利保护的政策扶持，2009年起专利申请量迅速增长，在2013年达到1587件，2016年达到峰值1740件。

其他国家专利申请国家均表现出与全球专利申请量总体基本一致的发展趋势，日本2001—2016年年均维持在600~800件，2017年起略有下滑。美国自2001年起，申请量略下降，至2008年经济危机，申请量落入谷底，为337件，此后逐渐升高，2013年达到峰值659件，此后略有回落，但总体保持平稳。

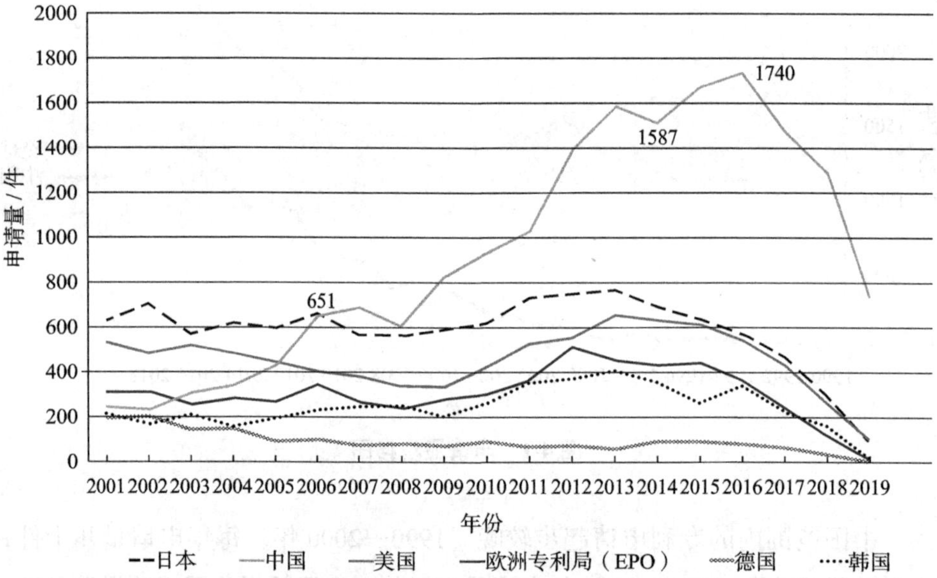


图4-2 主要国家2001—2019年专利申请趋势

## （二）全球地域分布

专利申请的地域分布可以反映出企业的产品市场重心特征。全球范围涉及焊接领域的各个主要国家、地区和机构专利申请量的分布情况如图4-3所示。从图中可以看出，排名前四位的分别是日本、中国、美国及欧洲专利局，紧随其后的是德国、韩国，上述国家和机构占据了所有专利申请的85%，是焊接领域最主要的市场。其中，日本得益于钢铁生产起步早，焊接材料相关技术迅猛发展，在焊接材料领域具有绝对领先优势，占总申请量三分之一。而中国作为工业发展最快的国家，其专利申请量位居第二。中国焊接材料的发展走过了一条和钢材发展极为相似的道路，伴随经济建设的需要，近十几年来焊接材料生产规模已居于世界首位，相应专利申请量也迅猛增长。今后，整个行业还要不断鼓励技术创新，在保持巨大专利申请量的同时，保证专利申请的质量，真正做到该领域的做大做强。美国、欧洲专利局、德国分别以16 639件、9394件和8912件分别位居第三、四、五名。

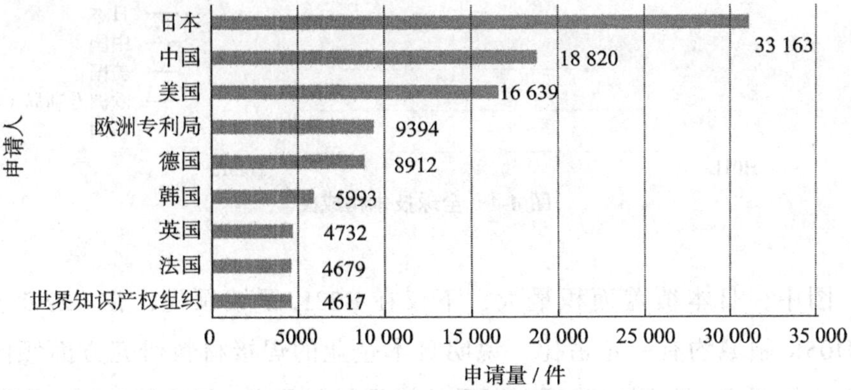


**图4-3 专利申请量地域图**

## （三）全球技术构成图

从图4-4中能够看出，焊接材料领域不仅涉及B23K领域，还涉及C22C（合金）领域，主要涉及的是不同的钢材制作焊丝及H05K（印刷电路、电设备的外壳或结构零部件、电气元件组件的制造）领域，主要涉及钎焊所需的焊料、助焊剂等焊接材料。

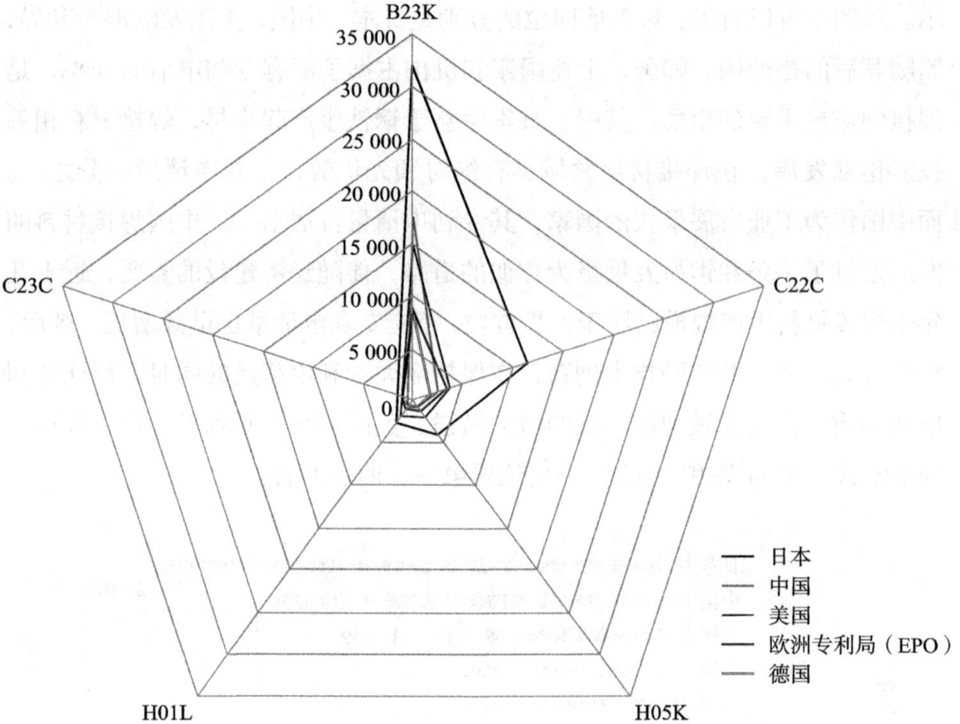


**图 4-4　全球技术构成图**

图中，日本覆盖面积最大，不仅在B23K领域领先，在C22C领域和H05K领域均有一定占比，说明日本企业的焊接材料研究方面倾向于合金冶炼研究、印刷电路研究所需的钎焊材料研究；相比较而言，中国在B23K领域申请量排名第二，但是在C22C领域和H05K领域占比较少，落后于美国和欧洲专利局。

## （四）申请人分析

1. 全球申请人排名

在焊接材料领域相关专利的全球申请人中，株式会社神户制钢所和新日铁株式会社分别以3007件和2173件相关专利遥遥领先其他申请人，日立公司以869件位于第三名。在排名前十的全球申请人中，有8家日本公司，2家美国公司，可见，日本企业在焊接材料领域处于绝对优势。而前十名主要申请人中没有中国的生产企业，可见，中国虽然为焊接材料制造大国，但是在技术研发和专利布局方面与全球优秀企业还有一定差距。排名前十申请人如图4-5所示。

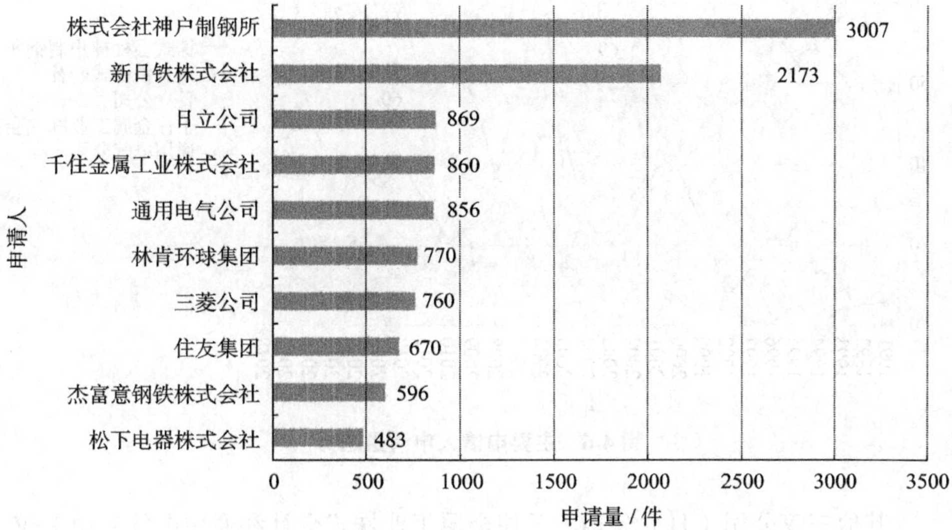


图4-5　全球排名前十申请人

早在20世纪90年代，株式会社神户制钢所和新日铁株式会社就已经率先在该领域拥有一定量的申请，其中，株式会社神户制钢所是一家集焊接材料、焊接机器人和焊机为一体的焊接综合生产厂家，尤其是在焊接材料和中厚板焊接机器人方面成为日本的一流厂家，该公司在近30年的申请量较高，在1998年出现了峰值（109件申请），此后略有减少，在2004年申请量为低谷（19件），此后逐渐增长，均维持在37~90件。新日铁株式会社与株式会社神户制钢所不同的是，在20世纪90年代出现申请高峰后，申请量不断走低，仅在 2002 年出现一个小高峰，此后几年均维持在 20 件左右。主要申请人申请量趋势如图 4-6 所示。

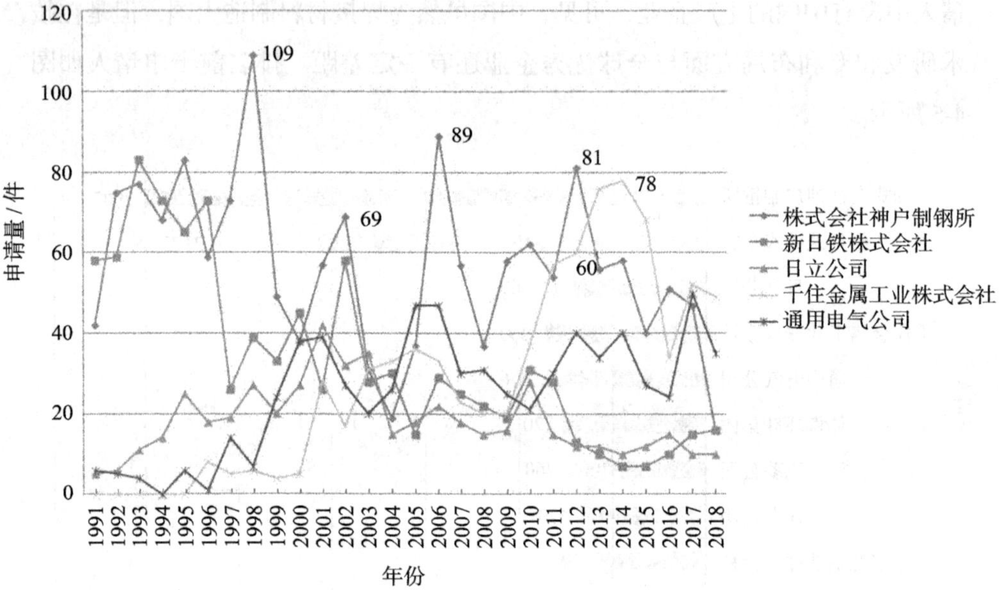


**图 4-6 主要申请人申请量趋势**

其他三家公司（日立公司、千住金属工业株式会社和通用电气公司）较前两家起步晚，在 20 世纪 90 年代仅有个位数申请，日立公司和通用电气公司均是在 2008 年经济危机之前出现了一个小高峰后，逐渐走低并维持在年申请量 20 件左右，而千住金属工业株式会社则是在 2014 年达到了峰值 78 件，可见该公司研究虽然起步稍晚，但是已经在近几年迎头赶上。

2. 中国申请人排名

在焊接材料领域中国的专利申请量排名前十位的申请人，主要由中国本土企业及高校和国外知名企业构成。其中，日本企业株式会社神户制钢所以

493 件占据首位。中国船舶重工集团有限公司及哈尔滨工业大学分别以 392 件和 334 件相关专利位于其后。中国船舶重工集团的相关焊材主要以弧焊为主，这和公司的造船背景相关（船舶的结构件多，结构复杂，平角焊、立角焊等结构大量采用电弧焊所需的焊条、焊丝）。哈尔滨工业大学拥有焊接国家重点实验室，焊接领域科研实力强，在该领域处于领先地位。西安理工大学以 264 件相关专利紧随其后，在该领域中优势较为明显。此外，四川大西洋焊接材料股份有限公司也具有数量较多的相关专利，该公司为国内最早的专业化焊接材料生产企业之一，涉及电焊条、焊丝和焊剂三大类 300 多个品种，开展了大量新技术、新产品、新工艺的研究方法及应用研究工作，在焊接材料领域具有核心竞争力。中国排名前十申请人如图 4-7 所示。

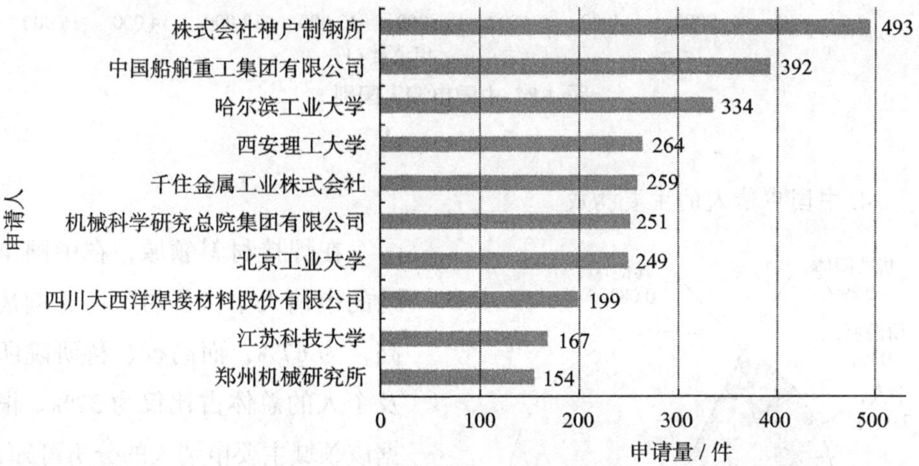


**图 4-7　中国排名前十申请人**

3. 中国申请人国别

从图 4-8 可见，除本国专利以外，日本作为世界上最重要的焊接材料制造国之一，是进入中国专利申请最多的国家，美国和德国这两大传统焊接材料制造大国在该项技术的专利申请总量大，在中国也有相当的申请量，韩国的造船业很发达，其相当一部分专利围绕船舶海洋类焊接材料进入中国申请。

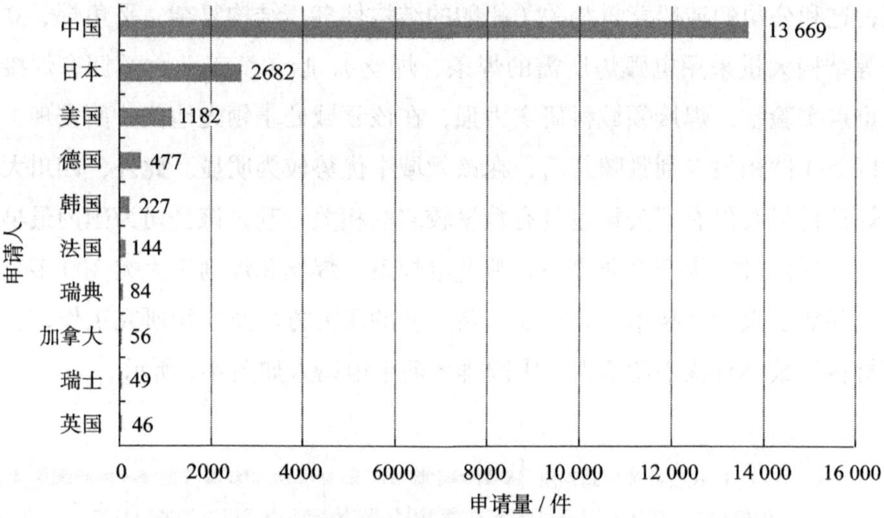


**图 4-8　中国申请人国别**

4. 中国申请人的主要构成

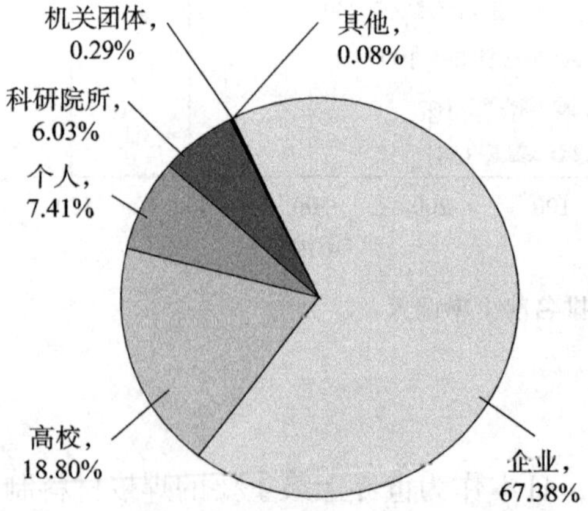


**图 4-9　中国申请人主要构成**

在焊接材料领域，在中国申请的申请人中，公司所占比例最高，为 67%，而高校、科研院所及个人的总体占比仅为 32%。根据该领域主要申请人的分析可知，该领域内的专利技术主要被几大造船、焊材生产企业掌握，并且该技术在产业上应用成熟，高校、科研院所或个人所申请的专利申请数量较少。

### （五）中国专利有效性分析

专利保护为市场秩序保驾护航，市场决定专利申请及专利保护的走向，没有市场的产品势必没有相应的申请量及保护维持。由图 4-10 可以看出，目前焊接材料相关的申请中已经授权、处于有效的维持阶段的专利占 45.23%；由于技术、时间及市场方面等的影响，申请授权后不再交维持费用、处于权利终止状态的专利占 20.5%；公开待审查的专利申请占 13.74%；由于各种原因，主动撤回的专利申请占 12.3%；被驳回的专利申请占 5.95%。同时，从图 4-10 中各个数据也可以看出，焊接材料的发展更新处于正常水平，约一半的技术在维持，约四分之一的技术被淘汰，约四分之一的技术处于发展阶段。

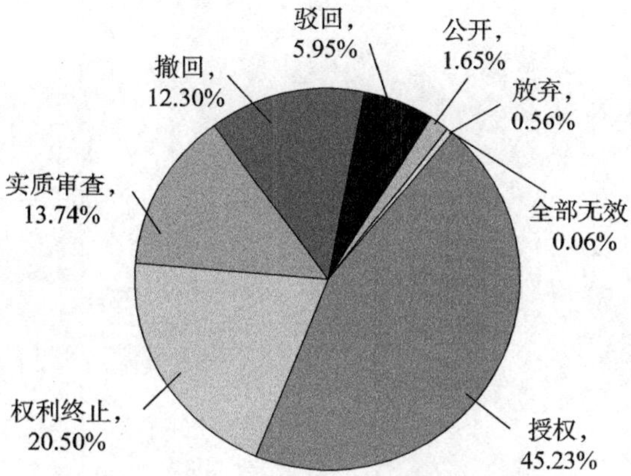


**图 4-10　中国专利有效性分析**

## 三、本章小结

1）近年来，焊接材料行业产生了巨大变化，也取得了显著成绩，我国的焊接材料产量已达世界总产量的一半以上。

2）中国焊接材料产品的结构比例还不尽合理，要完成从制造大国到制造强国的转变，实现“中国制造 2025”的规划重点，还有很长的路要走。

3）本章简述了焊接材料的分类，对各个分类中常规元素的选择原则和作用进行了初步的总结归纳。

4）随着焊接材料技术在各领域的相关应用，相关领域的专利申请迅猛发展。本章针对专利申请量、全球地域分布、全球技术构成、主要申请人、中国专利有效性几个方面进行了分析。

## 参考文献

[1] 中国机械工程学会焊接学会 . 焊接手册（第 1-3 卷）[M]. 3 版 . 北京 ：机械工业出版社，2012.

[2] 哈尔滨焊接研究所 . 焊接材料产品手册 [M]. 1 版 . 北京 ：机械工业出版社，2012.

# 第五章 化学机械抛光垫沟槽专利分析

国家知识产权局专利局专利审查协作北京中心

邢延思 连振峰 杨慧慧 曹惠芳 董 伟

**摘要**：专利分析是指对专利文献中的申请量、申请人、技术问题、技术手段等专利信息进行加工和组合，并通过数据处理或技术分析的方式呈现出对企业甚至行业有价值的信息。化学机械抛光（chemical mechanical polishing，CMP）是半导体器件制造工艺中的一种重要技术，用来对正在加工中的硅晶片或其他衬底材料进行平坦化处理。化学机械抛光垫的设计及制备直接影响其加工的性能。化学机械抛光垫沟槽的技术构成包括表面形式、截面形状和制备工艺。本章从专利的角度对化学机械抛光垫沟槽进行分析，对化学机械抛光垫沟槽的申请趋势、申请人排名等进行分析，梳理出沟槽表面形式技术发展路线，分析沟槽制备工艺的技术功效。

## 一、技术概述

集成电路（IC）是信息产业的技术基础，可推动高新技术发展。化学机械抛光技术可以有效地兼顾加工表面的全局和局部平整度，在超大规模集成电路（ULSI）制造中，它不仅在材料制备阶段用于加工单晶硅衬底，而且也是多层布线金属互连结构工艺中理想的层间平坦化方法。

在化学机械抛光过程中，抛光垫具有储存和运输抛光液、去除加工残余物质、传递机械载荷及维持抛光环境等功能，其中抛光垫的表面沟槽是影响抛光垫性能的关键因素，它直接影响抛光区域抛光液的分布和运动及抛光区域的温度分布等。

本章期望通过对抛光垫表面沟槽的专利信息进行检索和分析，能够提高专利审查员把握本领域现有技术的能力，同时也期望能够指导本领域技术人员选择研发方向和规避相关风险。

本章在 S 系统的德温特世界专利索引数据库（DWPI）中采用程式化检索，通过检索和筛选，获得化学机械抛光垫表面沟槽相关同族专利文献共 536 篇。

## 二、专利申请及技术构成分析

### （一）申请趋势分析

如图 5-1 所示，化学机械抛光垫表面沟槽相关专利申请趋势分为沉睡期（1969—1992 年）、第一增长期（1993—2002 年）、第一回调期（2003—2010 年）、第二增长期（2011—2014 年）和第二回调期（2015 年至今）五个阶段。

1969 年，来自法国的 RTC RADIOTECHNIQUE COMPELEC 公司提交了第一件涉及抛光垫沟槽的专利申请，此后的 20 余年间，仅个别年份出现了相关技术的专利申请。从 1993 年起，抛光垫表面沟槽相关专利申请量迅速增长，在经历了第一增长期后，于 2002 年达到 44 件的年专利申请量顶峰。2010 年，专利申请量出现迅速增长后的第一回调期。从 2011 年起，该领域专利申请量又出现了第二次快速增长，并于 2014 年达到申请量的第二个高峰，随后逐渐回落。

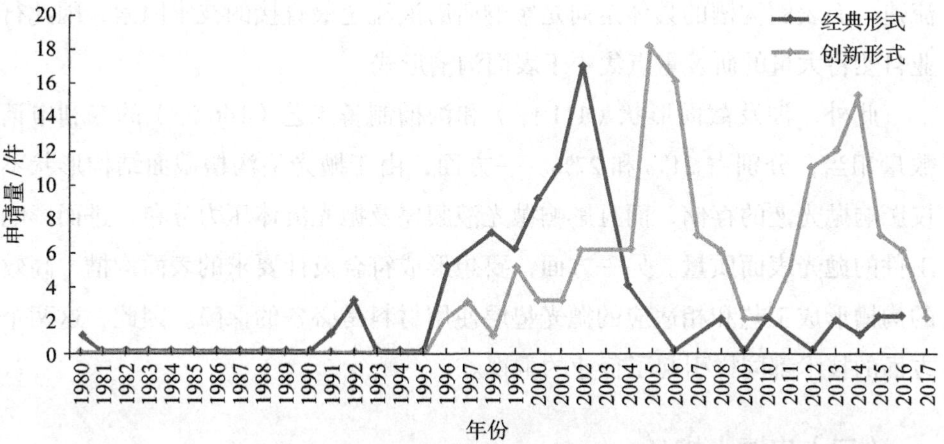


图 5-1　专利申请量趋势

## （二）技术构成

化学机械抛光垫表面沟槽技术构成包括表面形式、截面形状、制备工艺三部分。

表面形式指从抛光垫上方向下看每条表面沟槽的具体走向。截面形状指沿每条表面沟槽的横截面的形状特征。制备工艺包括在抛光垫表面形成沟槽的具体工艺方式和涉及的材料。

如图 5-2 所示，在 536 件相关专利申请中，超过半数（279 件）的技术涉及表面沟槽形式，由于表面沟槽的主要作用是在抛光区域保留足够量的研磨液，同时还要保证大量切屑随研磨液排出抛光垫表面，其技术难点在于控制研磨液的

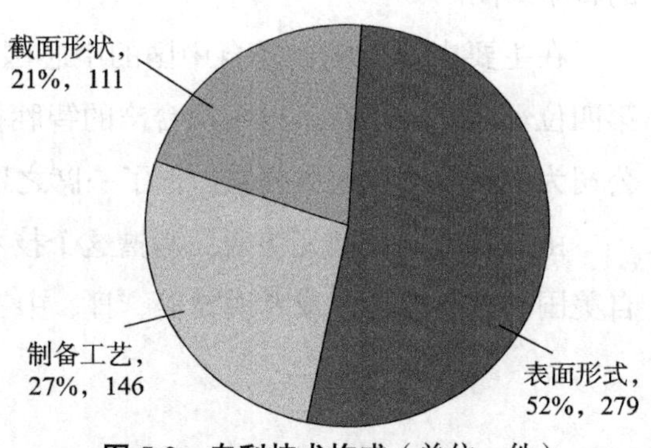


图 5-2　专利技术构成（单位：件）

流速，而表面沟槽的具体走向是影响研磨液流速最直接的技术因素，因此行业自然将大量的研发重点集中于表面沟槽形式。

此外，涉及截面形状（111 件）和沟槽制备工艺（146 件）的专利申请数量相当，分别占 21% 和 27%。一方面，由于抛光垫沟槽截面结构形状不仅影响抛光液的存储，而且影响抛光液膜厚及抛光流体压力分布，进而影响工件的抛光表面质量。另一方面，要想形成符合设计要求的表面沟槽，高效的沟槽形成工艺和相适应的抛光垫层使用材料是必备的保障。因此，这两个方面的技术都同样引起了行业的重视。

### （三）申请人排名

如图 5-3 所示，在抛光垫表面沟槽技术相关专利的主要申请人中，罗门哈斯公司以 49 件相关专利申请排在第一位，应用材料公司以 38 件相关专利紧随其后，这两家来自美国的半导体材料制备生产商在专利申请量上遥遥领先其他申请人，优势明显。此外，美光科技、IBM 和 3M 也都挤进了主要申请人的前 15 位。这 5 家美国公司在该领域具备雄厚的专利技术实力。

排在第三位的来自日本的 JSR 株式会社带领东丽公司、日本电气、日立、东洋橡胶、索尼和尼康在内的多家公司，共同组成了专利技术实力较为雄厚的日本组团。

在主要申请人中，来自中国的中芯国际共申请了相关专利 13 件，排在第四位。此外，还有来自中国台湾的智胜科技和联华电子两家企业。这 3 家公司为中国企业在这个领域占据了一席之地。

由此看出，在抛光垫表面沟槽这个技术领域中，主要的技术提供者都来自美国和东亚地区，或者说被美、日、中三个国家所垄断。

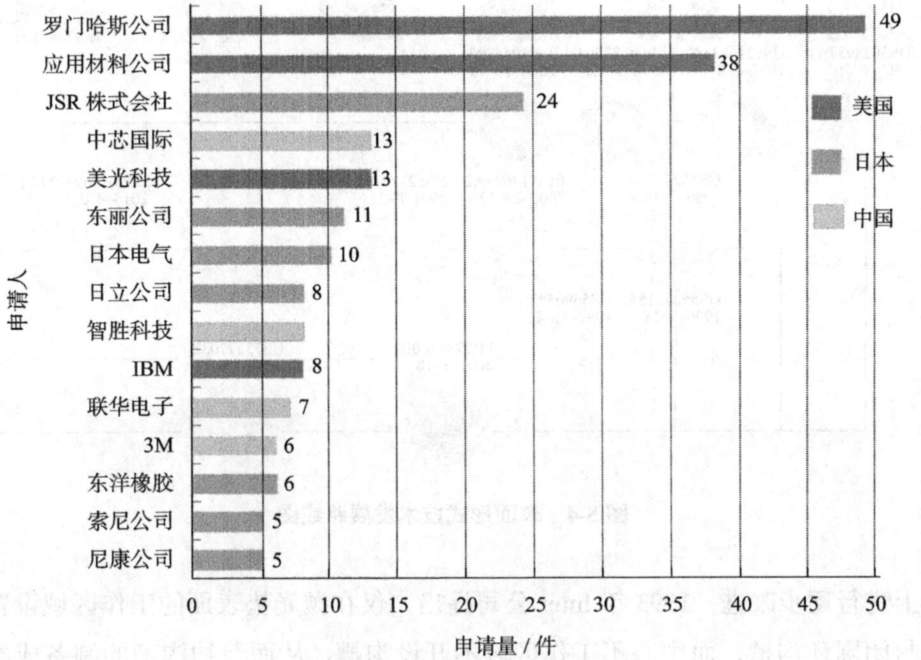


**图 5-3 主要申请人排名**

## 三、沟槽表面形式技术发展路线

对技术构成中最受行业重视的表面形式相关专利进行梳理，可得出技术发展路线图，如图 5-4 所示。沟槽的表面形式总体可以分为经典形式和创新形式两类。

经典形式主要包括封闭圆环形、渐开线形和螺旋对数形。

1980 年，第一项涉及沟槽表面形式的专利技术诞生于德国（DE3023937A1），其创造性地提出了在化学机械抛光垫表面开设若干封闭的圆形凹槽，能够将抛光液保留在沟槽中，从而保证抛光过程中工件和抛光垫之间具有足够量的抛光液。此后的一段时间，研发人员在封闭圆环的基础

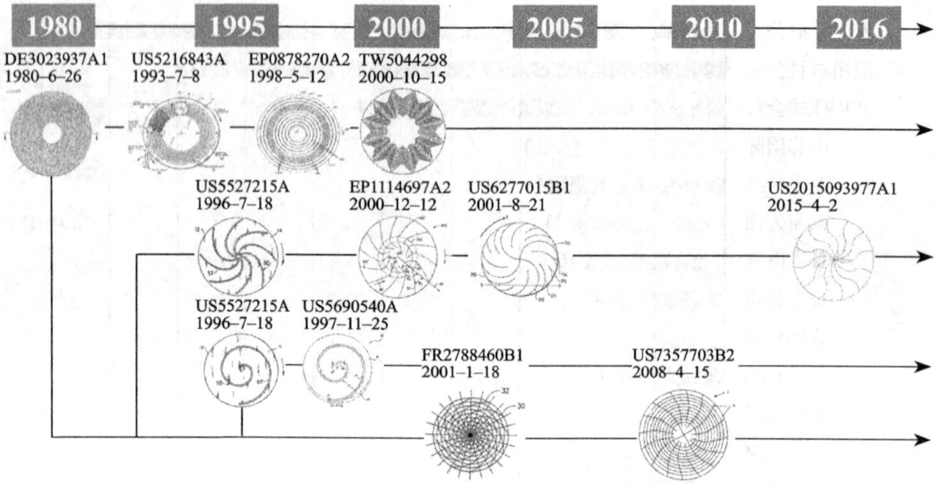


**图 5-4　表面形式技术发展路线图**

上进行逐步改进，1993 年 Inter 公司提出，仅在抛光垫表面的工作区域设置封闭圆环沟槽，而中心不工作区域不开设沟槽，从而节约沟槽的制备成本（US5216843A）。1998 年应用材料公司打破了封闭圆环沿径向方向等距排布的传统方式，将其进行为非等距排布，在同一抛光垫上就能够实现抛光过程不同阶段对不同材料去除速率的要求（EP0878270A2）。

1996 年，Schlegel 公司在专利申请（US5527215A）中同时首次公开了渐开线和螺旋线两种沟槽形式，利用这两种沟槽形式可延长抛光液的流动路径和抛光液在抛光垫上的停留时间，使得当抛光垫以较低速度旋转时，沟槽可以存储一定的抛光液。2000 年应用材料公司对渐开线的弧线角度进行了改进（EP1114697A2），2001 年美光科技公司将渐开线沿抛光垫轴线的长度进行了规律性排布（US6277015B1），这两项专利技术对抛光液流动速度进行了进一步优化。1997 年，美光科技公司也对螺旋线的螺旋角进行了改进（US5690540A），从而提高了研磨液在长距离沟槽路径中的充分流动性。

创新形式主要包括单线型沟槽和复合型沟槽。

单线型沟槽是对每种经典形式沟槽形状单独变化而来的。由于经典的封闭圆环沟槽中不同径向的沟槽内研磨浆料所受离心力不同，并且浆料难以通过工件与抛光垫接触区域进行径向流动，2000 年 SK 伊维堤克股份有限公司在中国台湾首次申请了涉及正弦波环沟槽的专利（TW504429B），利用同心设置的正弦波环沟槽，改善了浆料流动性问题，突破了经典封闭环形沟槽的技术瓶颈。

由于抛光垫边缘区域离心力较大，经典的渐开线沟槽中靠近抛光垫边缘处的浆料流动过快，导致抛光垫边缘区域抛光的工件表面出现不平整现象。2014 年 Deopura M 申请的专利中记载了对渐开线线形改进的技术方案，其将渐开线靠近抛光垫边缘区域的部分设置为朝相反方向转向，使得在边缘区域增加了沟槽内浆料的流动阻力，降低了浆料流速，突破了经典渐开线沟槽的技术瓶颈。

由于单一形状沟槽的抛光垫往往难以满足半导体等技术发展对晶片越来越高的表面质量的要求，为此，研究者尝试了两种或者更多基本形状的组合，抛光垫沟槽的复合设计相对于单一的基本形状沟槽，可大大提高抛光质量,并降低生产成本。1999 年联合微电子公司申请的专利（FR2788460）中将封闭圆环、渐开线和放射线等经典形式的沟槽相结合，综合发挥各经典形式的优势，取长补短，既保证了浆料的足量，又满足了流动性要求。2006 年 JSR 株式会社申请的专利（US7357703B2）中，针对复合型沟槽中各单一沟槽的相互适配性缺陷，又作出了具体参数和微观形状方面的改进。

结合图 5-4 和图 5-5 可以看出，自从 1990 年第一项经典形式沟槽专利技术诞生以来，直到 2002 年，专利申请中涉及的沟槽形式几乎均以经典形式的提出和改进为主。此后，从专利 TW504429B 开始，行业的研发重心逐渐转移到创新形式沟槽，尤其从 2006 年至今，已几乎没有涉及经典形式沟槽的专利申请。因此，研发人员可以对各种新型沟槽形状和复合型沟槽形状进行挖掘，避免将过多精力投入经典形式的沟槽研发上。

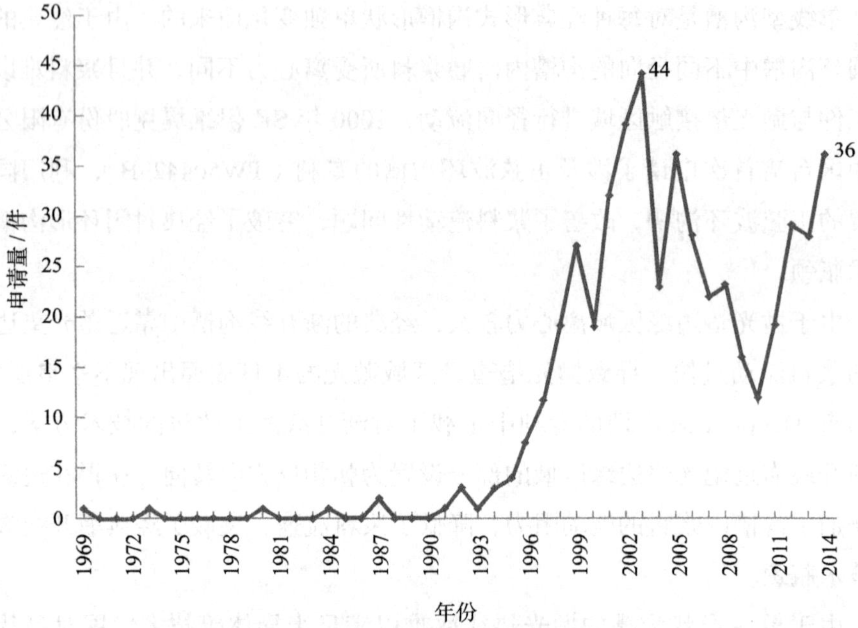


**图 5-5　表面形式申请量趋势**

## 四、沟槽制备工艺技术功效矩阵

对技术构成中占比第二位的制备工艺（146 件，占 27%）相关专利文献的技术手段和技术功效进行分解、人工标引和归类，得到制备工艺技术功效矩阵图，如图 5-6 所示。

制备工艺包括在抛光垫表面形成沟槽的具体方式和为了形成沟槽而制备抛光垫的具体材料，其中将形成沟槽的具体方式进一步分解为切割、光刻、模压、蚀刻、沉积和其他工艺共 6 种技术手段，将具体材料进一步分解为单层材料和多层材料 2 种技术手段。

制备工艺所追求的效果包括制备抛光垫过程中的效果和所制备抛光垫在抛光过程中的效果两大类，其中将制备过程中的效果进一步分解为提高表面沟槽的制备精度、提高表面沟槽的制备效率 2 种技术功效，将抛光垫使用效果进一步分解为提高抛光均匀性、提高抛光平坦度、提高抛光速率、抑制工件表面划伤和延长抛光垫使用寿命 5 种技术功效。

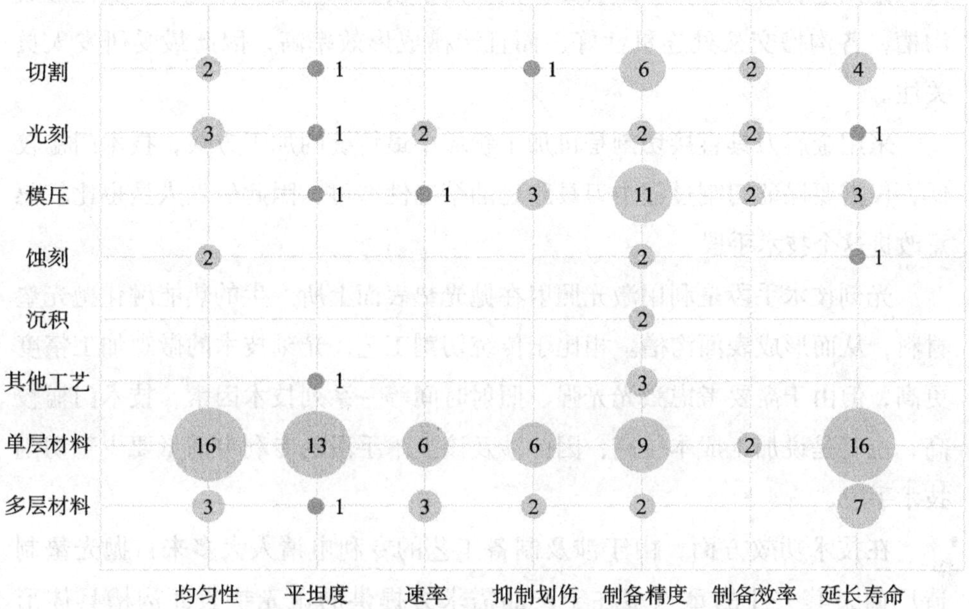


**图 5-6　制备工艺技术功效矩阵**（单位：件）

如图 5-6 所示，在技术手段方面，技术人员最热衷于对单层材料进行改进以提高抛光垫沟槽的各项性能（共 68 件，占 47%），带有表面沟槽的抛光垫常选用聚氨酯类材料、高聚合物单孔或多孔材料作为单层材料。其原因在于单层材料的硬度、塑性、弹性、吸水性等物理性能能够直接决定抛光垫表面沟槽的制备、工作性能，受其他条件制约性较低，是最直接、高效的技术手段。

多层材料技术手段中，研发人员需要对两种或三种不同材料进行具体选择。由于不同层材料之间物理性能相互制约性较高，并且不同层材料之间还存在层压制备的技术问题，要想充分、协同发挥各层材料的性能，技术难度较大，因此多层材料技术手段仅涉及18件专利申请。

在沟槽形成工艺相关技术手段中，模压（21件）、切割（16件）、光刻（11件）最受研发人员重视。模压工艺通过与整张抛光垫表面沟槽匹配的模具在抛光垫表面热压，形成表面沟槽。由于模压工艺是一体化、一次性形成沟槽，各沟槽交叉处连贯性好，而且沟槽成形效率高，因此最受研发人员关注。

采用金属刀具直接切割是机加工领域中最传统的加工方式，技术门槛较低，仅需要保证切割过程中刀具路径的精确性即可，因此研发人员也比较愿意改进这个技术手段。

光刻技术手段是利用激光照射在抛光垫表面上所产生的热能融化抛光垫材料，从而形成表面沟槽。相比于传统切割工艺，光刻技术的微观加工精度更高，但由于需要考虑激光光强、照射时间等一系列技术因素，技术门槛较高，也就是说加工成本较高，因此涉及该技术手段的专利申请量要少于切割技术手段。

在技术功效方面，由于涉及制备工艺的专利申请人大多来自抛光垫制造厂商，其关注的重点多在于产品需求方提供的抛光垫表面沟槽具体形状参数，如何制备出符合客户要求的抛光垫及所制备的抛光垫的使用寿命是其主要关注点，因此追求提高制备精度（37件，占26%）和延长抛光垫沟槽使用寿命（32件，占22%）这两个技术功效的专利申请量占比最高。

在由8种技术手段和7种技术功效组成的各技术点中，模压工艺效率高，切割工艺的技术门槛低，二者制备沟槽的精度稍差，但这两种技术手段都非常注重提高沟槽制备精度，涉及的专利申请分别为11件和6件，说明技术人员在沟槽制备精度和制备效率二者中更倾向于选择后者，即选择制备效率较高的两种沟槽成型工艺进行研发改进。因此，这两个技术点是本领域的技术研发热点，抛光垫生产企业可以选择这两个技术点进行研发。

另一方面，随着半导体技术的迅速发展，对制造半导体晶片的抛光精度的要求会越来越高，导致抛光垫表面沟槽的精度的需求会越来越高。因此，如何制备出高精度的抛光垫表面沟槽将会是抛光垫生产企业今后面临的主要问题。由于模压和切割技术手段存在原生的精度低的技术缺陷，如何对光刻技术手段进行改进以提高沟槽制备效率将成为今后一段时间的潜在研发技术点。又由于该技术点截至目前仅涉及 2 件专利申请，属于技术空白点，因此行业研发人员可以对该技术点进行尝试性研发。

## 五、本章小结

1）化学机械抛光垫表面沟槽相关专利于 2002 年以 44 件达到第一申请量高峰，于 2014 年以 36 件达到第二申请量高峰。

2）超过半数专利申请涉及表面沟槽形式，涉及截面形状和沟槽制备工艺的专利申请量相当。

3）自从 1990 年第一项经典形式沟槽专利技术诞生以来，直到 2002 年，专利申请中涉及的沟槽形式几乎均以经典形式的提出和改进为主。此后，行业的研发重心逐渐转移到创新形式沟槽。因此，研发人员可以对各种新型沟槽形状和复合型沟槽形状进行挖掘，避免将过多精力投入在经典形式的沟槽研发上。

4）单层材料属于抛光垫沟槽制备材料的重点研发技术手段，模压、切割是成型沟槽的主要研发技术手段，提高制备精度、延长抛光垫沟槽使用寿命是研发人员最看重的技术功效。通过改进模压、切割工艺以提高沟槽成型精度是目前的研发热点，而改进光刻工艺以提高沟槽制备效率是未来的潜在研发方向。

## 参考文献

[1] 晏张平 . 我国集成电路产业运行特点及问题研究 [J]. 通信电源技术 . 2020（2）：263-264.

[2] 郭雯 . 专利审查研究 [M]. 北京：知识产权出版社，2019：3-16.

[3] 马天琪 . 专利分析：方法、图表解读与情报挖掘 [M]. 北京：知识产权出版社，2015：2-5.

# 第六章　搅拌摩擦焊专利技术综述

国家知识产权局专利局专利审查协作北京中心

高晓丽　刘晓楠*　路志芳

**摘要**：搅拌摩擦焊是一种先进的固相连接技术，被认为是自激光焊接问世以来最引人注目和最具潜力的连接技术，具有高效低耗、焊接温度低、接头残余应力小、焊接工件变形小、环境友好等特点。目前搅拌摩擦焊已经从技术研究迈向高层次的工程化和工业化应用阶段，被焊材料也已从铝合金逐渐扩展到镁合金、铅合金、铜合金、钢、钛合金及复合材料等。本章以搅拌摩擦焊专利申请为分析对象，分析了国外及中国范围内关于搅拌摩擦焊的技术发展状况；根据申请量年度分布、地域分布、技术领域、核心专利、重要申请人及技术发展路线，介绍了目前搅拌摩擦焊技术发展的情况；分析了四个重要申请人的技术发展情况，介绍了搅拌摩擦焊技术的主要发展状况和目前的技术前沿；通过对搅拌针形状的归纳，揭示了不同形状搅拌针的使用场合；最后分析了搅拌摩擦焊技术发展趋势。

## 一、搅拌摩擦焊接技术

搅拌摩擦焊技术是一种高效、低耗、低成本、环保的固相连接新技术，是英国焊接研究所于 1991 年发明的专利焊接技术，属于摩擦焊的一种。搅拌头包括两部分：搅拌针和轴肩。搅拌头的材料通常采用硬度远高于被焊材

*　高晓丽、刘晓楠同为第一作者。

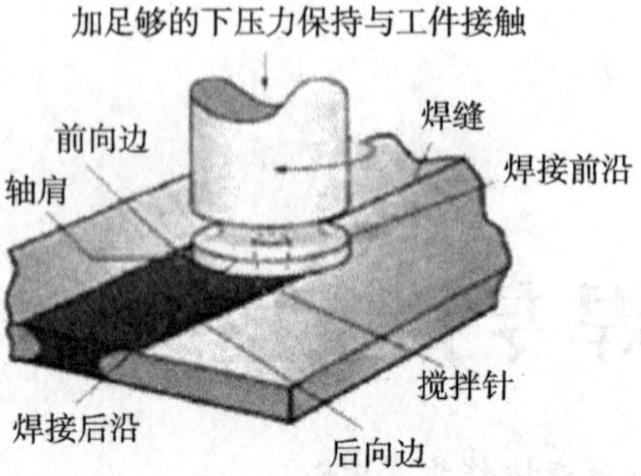


图 6-1 搅拌摩擦焊焊接原理

料的材料制成，这样能够在焊接过程中将搅拌头的磨损减至最小，搅拌头的成功设计是搅拌摩擦焊应用的关键。搅拌摩擦焊的焊接过程是，将一个圆柱体或其他形状的搅拌针伸入工件的接缝处，通过焊头的高速旋转，使其与焊接工件材料摩擦，从而使连接部位的材料温度升高软化，同时对材料进行搅拌摩擦。其焊接原理如图 6-1 所示。

## 二、搅拌摩擦焊接技术发展状况

### （一）数据源和关键词

本章选择 PATENTICS 数据库，通过检索获得该领域的专利申请进行统计和分析研究，并对搅拌摩擦焊技术主要涉及的技术进行分解。技术分解及定义见表 6-1。

表6-1 技术分解及定义

| 技术分解 | 定义 | 关键词 |
|---|---|---|
| 搅拌针 | 搅拌头插入工件的部分，在摩擦焊过程中提供热输入，起机械搅拌作用 | 搅拌针，pin |
| 轴肩 | 搅拌头与工件表面接触的肩台部分，通过与工件表面间的摩擦，提供焊接热源；提供一个封闭的焊接环境，以阻止高塑性软化材料从轴肩溢出 | 轴肩，shoulder? |
| 缺陷控制 | 通过对搅拌头结构及工艺的改进，避免缺陷的产生 | 缺陷，孔洞，沟槽，飞边，吻接，焊透，Z 线，疏松，匙孔，lacuna，defect，hole?，crack，loosen，groove?，burr+ |

搅拌摩擦焊的主要结构为搅拌针和轴肩。另外，要获得焊接质量良好的焊接产品，搅拌摩擦焊接过程中的缺陷需要严格控制，通常通过对搅拌头结构和焊接工艺改进而控制缺陷。

## （二）数据统计和分析

本次检索时间截至 2017 年 9 月，经过检索及筛选，最终确定涉及搅拌摩擦焊的全球专利申请共计 2896 件。

对检索到的专利文献进行数据的提取和整理，重点针对申请人、公开日、分类号、关键词、引用文献等字段信息，对提取字段的信息进行统计和分析。

1. 申请量年度分析

图 6-2 为搅拌摩擦焊申请量的年度分布，显示了全球范围搅拌摩擦焊申请量的年度分布和中国范围搅拌摩擦焊申请量的年度分布。

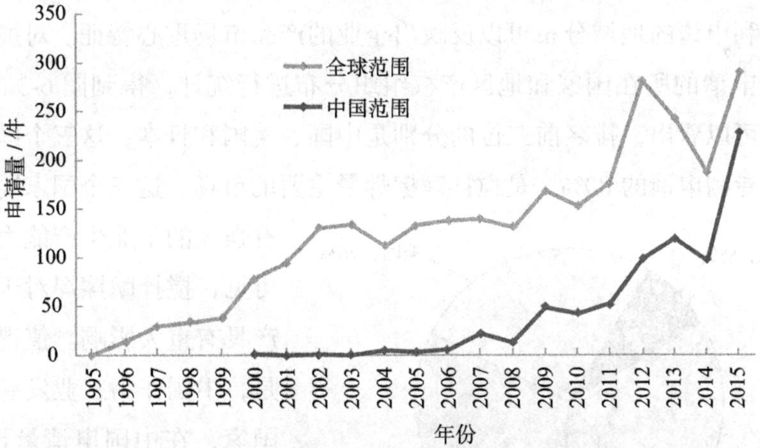


**图 6-2　搅拌摩擦焊申请量的年度分布**

图 6-2 反映出，在全球范围内，搅拌摩擦焊专利的申请量总体呈上升趋势，小范围内有起伏。专利申请始于 1995 年，直到 1999 年，申请量以

每年10件左右的数量增长，但每年申请总量不高。这段时间可以理解为搅拌摩擦焊技术的萌芽阶段。2000—2002年，申请量以翻倍的速度大幅增长，这期间可以理解为搅拌摩擦焊技术发展高潮期。2003—2008年，申请量整体平稳，存在小幅波动，这期间可以理解为搅拌摩擦焊技术发展平稳期。2009—2015年，申请量大幅增长。

中国范围内，1995—2003年基本没有专利申请，说明中国搅拌摩擦焊技术起步较晚，虽然此阶段全球范围内搅拌摩擦焊专利已经快速增长，但国外企业对中国市场也没有重视，同样基本没有专利布局。而2004—2006年，中国范围内的搅拌摩擦焊技术专利申请开始起步，从2007年开始，专利申请持续快速增长。这一方面说明国外企业开始重视中国市场，开始在中国进行搅拌摩擦焊技术的专利布局，另一方面也说明中国国内搅拌摩擦焊技术研究队伍逐渐壮大。

2. 申请的地域分布

专利申请的地域分布可以反映出企业的产品市场重心特征。对搅拌摩擦焊专利申请的所在国家和地区产权组织分布进行统计，得到图6-3的数据，从图中可以看出，排名前三位的分别是中国、美国和日本，这三个国家占据了所有专利申请的80%，是搅拌摩擦焊最主要的市场。这三个国家同时也具有强大的工业生产能力，由此可见，搅拌摩擦焊对于工业生产具有重大影响。值得注意的是，中国作为工业发展最快的国家，在中国申请量也最大，这不仅表明各国企业都看好中国这个巨大的消费市场，同时表明，随着中国专利制度的不

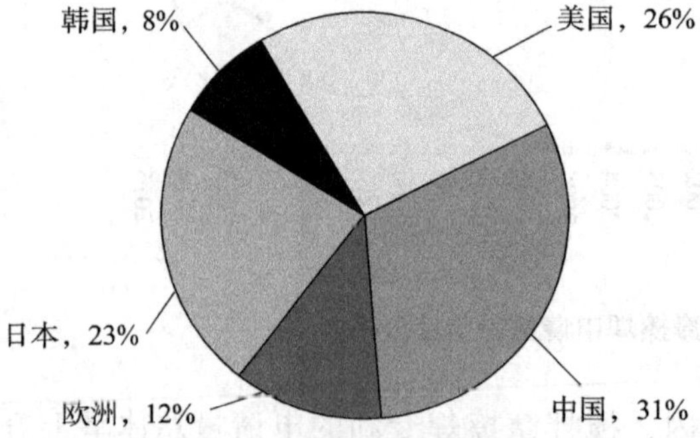


**图6-3　搅拌摩擦焊申请的地域分布**

断完善，各国企业都积极在中国进行专利技术保护，试图占领中国的技术市场。

3. 重点专利技术领域

图 6-4 为全球范围内搅拌摩擦焊分支下的专利申请量，其中关于搅拌针结构的申请量占比为 47%，轴肩结构方面的申请量为 22%，而缺陷控制方面的申请量为 31%，三者对于搅拌摩擦焊接都具有很重要的影响，世界各国对于三者都投入较大的研究，其中尤以搅拌针结构的研究最为普遍。目前，搅拌摩擦焊结构中的搅拌针结构是研发侧重点，这是由于搅拌针结构对于焊接质量具有非常重要的作用，而且对其的改进也是最早进入研发人员视野内的，通过对其结构进行改进以提高焊接质量的研究由来已久。

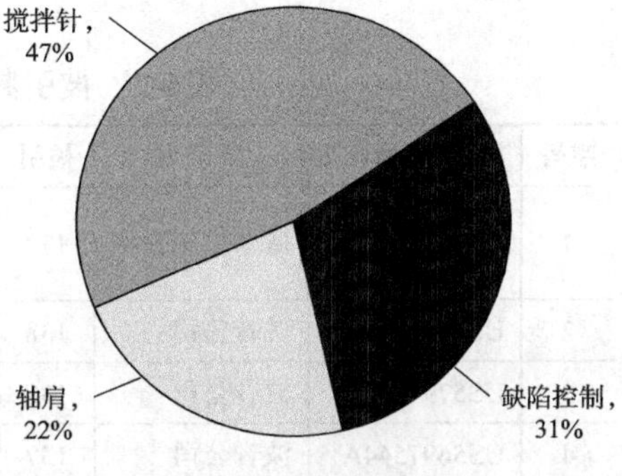


**图 6-4　搅拌摩擦焊的摩擦头各分支下的专利申请量**

4. 核心专利

核心专利的研究分析能够快速掌握行业研究的重点方向，能够为企业规划发展方向提供帮助。核心专利的判定一般有两种方法，一种是利用引证频次作为判断依据，被引频次越高，说明该专利的技术含量高；另外一种是根据同族专利数量作为判断依据，同族专利为申请人就同一技术同时在不同的国家和地区申请形成的各个国家和地区的专利保护群。同族专利数越多，说明该项技术的市场经济价值高，本章针对数据库中的专利文献被引频次进行排序，列举被引频次较多的专利申请。

表 6-2 为被引频次前 8 的专利申请，该 8 件专利申请集中在美国、日本、中国、欧洲专利局、德国、韩国等，同时大部分都有较多的同族专利。被引

频次前 8 的专利申请的申请人都是焊接领域中重要的申请人，其技术成熟，对专利的研发和申请较为重视。波音公司的核心专利数量最多，被引频次前 8 的专利申请中占了 5 件专利申请，说明该公司在搅拌摩擦焊接技术中占据主导地位。

**表6-2　被引频次前8的核心专利**

| 序号 | 公开号 | 申请人 | 被引 | 同族 | 涉及的国家和地区 |
|---|---|---|---|---|---|
| 1 | US5813592A | 威尔丁研究院 | 172 | 31 | FI，NO，CZ，JP，CN，AU，DE，US，RU，EP，KR，ES |
| 2 | US5718366A | 波音公司 | 138 | 0 | US |
| 3 | US5794835A | 波音公司 | 138 | 11 | EP，CN，KR，US，CA，JP，DE |
| 4 | US5697544A | 波音公司 | 137 | 0 | US |
| 5 | US5893507A | 美国国家航空和宇宙航行局 | 124 | 0 | US |
| 6 | US5769306A | 波音公司 | 97 | 11 | KR，DE，JP，CA，US，EP，CN |
| 7 | US6648206B2 | 杨百翰大学 | 96 | 54 | CN，US，JP，EP，DE，CA，KR，MX，AU，ZA |
| 8 | US6045028A | 波音公司 | 85 | 8 | EP，JP，DE，US |

图 6-5 显示了这些核心专利的技术图解，从图中可以看出，核心专利涉及搅拌针、轴肩和缺陷控制三个方面，这些核心专利主要集中在早期的申请，对搅拌针的改进较多，其次是缺陷的控制，三个方面相对较均衡。

对于搅拌针的改进，主要涉及通过搅拌针长度的变化使其可适应不同的板厚。核心专利 US5718366A，通过螺帽和弹簧使得搅拌针上升或下降，实现搅拌针凸出轴肩的长度改变。US5697544A，设置一次套装的多个筒状的搅拌头柄部，从内到外的柄部与其相邻的柄部之间设置台阶间隙，通过柄部使得搅拌针上升或下降，实现搅拌针凸出轴肩的长度改变。US5893507A，通过气缸和活塞使得搅拌针上升或下降，实现搅拌针凸出轴肩的长度改变。

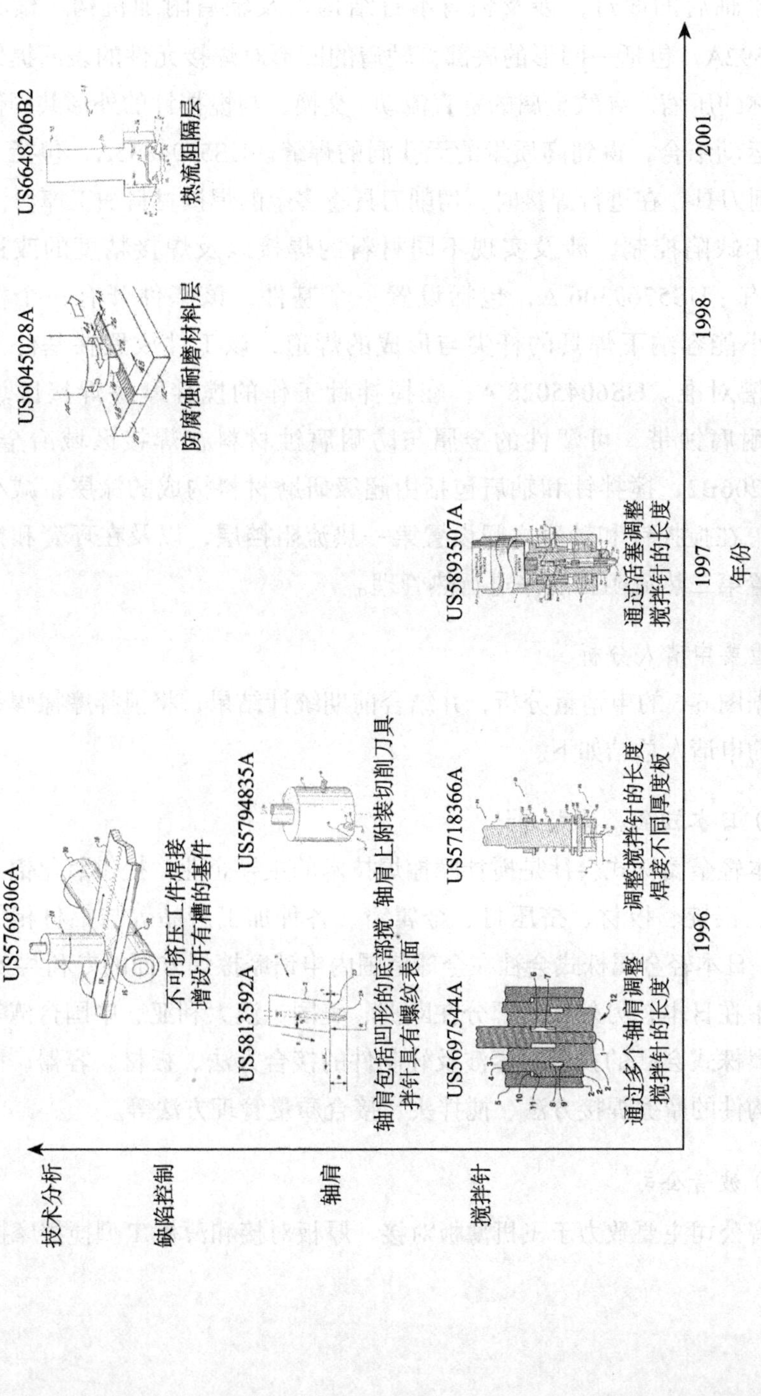


**图 6-5　核心专利的技术图解**

对于轴肩的改进，涉及轴肩本身结构以及轴肩附加机构。核心专利US5813592A，包括一凹形的底部，轴肩的凹形对焊接元件的表面提供一定的非对称的压缩，导致金属的垂直流动 / 交换，与搅拌针的外形共同使金属作水平运动结合，得到高质量的无孔洞的焊缝。US5794835A，包括一个附装的切削刀具，在进行焊接时，切削刀具将多余的焊接材料加工掉。

对于缺陷控制，涉及实现不同材料的焊接以及焊接精度的改进。核心专利有：US5769306 A，包括设置一个基件，该基件开有一个槽，其尺寸大小能容纳下焊具的杆尖与形成的焊道，该工件放置在基件上，将焊线与槽对准。US6045028 A，在搅拌针工作的搅拌摩擦焊接区域设置一个防耐腐蚀带，可塑性的金属与防耐腐蚀材料在焊接区域冶金结合。US6648206B2，搅拌针和轴肩包括由超级研磨材料构成的涂层，减小了应力梯级，在搅拌针和轴肩之间设置第一热流阻挡层，以及在环套和搅拌头之间设置第二热流阻挡层来进行热管理。

5. 重要申请人分析

根据图 6-6 的申请量分析，并结合前期统计结果，将搅拌摩擦焊领域较为重要的申请人总结如下。

（1）日本轻金属株式会社

日本轻金属株式会社是搅拌摩擦焊技术的主导企业，提供氧化铝、化学合成品、铝锭、板材、挤压材、金属箔、各种加工产品等与铝材相关的所有产品。日本轻金属株式会社在全球范围内申请摩擦焊方面的专利共 218 项，主要集中在日本，另外有一部分在欧洲、美国、澳大利亚、中国台湾等。日本轻金属株式会社的技术内容涉及轧制件的接合方法、板材、容器、散热器等各种构件的摩擦焊接方法、搅拌头、接合质量管理方法等。

（2）波音公司

波音公司主要致力于飞机薄板对接、厚板对接和薄板 T 型搅拌摩擦焊接

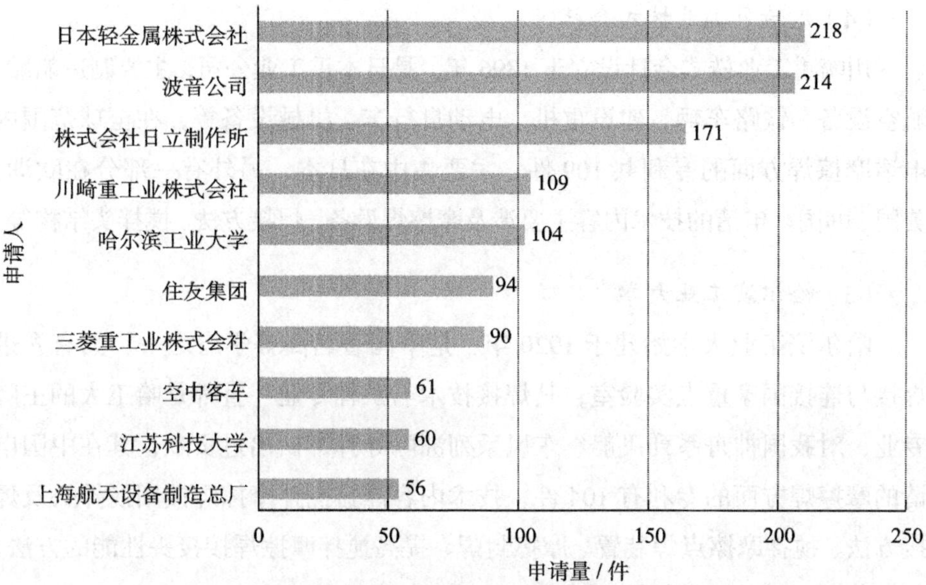


**图 6-6　重要申请人**

头在飞机制造中的应用研究。通过检索，波音公司在全球范围内申请了共214件专利，其专利申请大部分集中在美国，另外还涉及欧洲、加拿大、德国。技术内容主要涉及摩擦焊接机器人、飞机结构件的摩擦焊接系统和方法、通过摩擦焊进行飞机部件组装的方法、摩擦焊接工具（如旋转轴和销）、铝合金搅拌摩擦焊接方法、搅拌摩擦焊负载测量方法等。

（3）日立公司

日立公司是来自日本的全球500强综合跨国集团，其在中国已经发展成为拥有约150家公司的企业集团，在中国申请了大量摩擦焊方面的专利，在全球范围内申请摩擦焊方面的专利共171件，主要集中在日本申请，另外有一部分集中在欧洲、美国、韩国。申请的技术内容主要涉及以下几个方面：控制结构、表面处理方法、所采用的摩擦焊设备、焊接方法、搅拌头结构等。

（4）川崎重工业株式会社

川崎重工业株式会社设立于1896年，是日本重工业公司，主要制造船舶、航空设备、铁路车辆、建设重机、电动自行车、机械设备等，在全球范围内申请摩擦焊方面的专利共109件，主要集中在日本，另外有一部分在欧洲、美国、韩国。申请的技术内容主要涉及摩擦焊设备、焊接方法、搅拌头结构等。

（5）哈尔滨工业大学

哈尔滨工业大学始建于1920年，是中国著名高等学府之一，具有先进焊接与连接国家重点实验室，其焊接技术与工程专业一直都是哈工大的王牌专业，对我国神舟系列飞船、东风系列洲际导弹都做出过贡献，其在中国申请的摩擦焊方面的专利有104件，技术内容涵盖搅拌摩擦焊接用搅拌头及焊接方法、搅拌摩擦点焊装置、摩擦封焊、提高搅拌摩擦焊接接头性能的方法、焊接装置、异种材料焊接、消除焊接缺陷的方法等多个方面。

（6）住友集团

住友集团是日本最古老的企业集团之一，拥有400多年的历史，由住友政友1685—1652年创办的“富士屋”发展而来，世界500强之一，在世界范围享有盛誉。在全球范围内申请摩擦焊方面的专利共94件，主要集中在日本，另外有一部分集中在欧洲、美国，技术内容涉及搅拌摩擦接合用工具、铝合金焊接方法、旋转工具涂层等。

（7）三菱重工业株式会社

三菱重工业株式会社的历史可追溯到明治维新年间，目前是日本最大的军工生产企业，其生产了F-2型战斗机、90式坦克、日本几乎一半的潜艇和三分之一的驱逐舰，企业内部有完善的研发、制造、销售体系，在全球范围内申请摩擦焊方面的专利共90件，主要集中在日本，另外有一部分在欧洲、美国，技术内容涉及搅拌摩擦接合用工具、接合装置、接合方法、接合用夹具、接合部的判定方法、缺陷修复方法等多个方面。

（8）空中客车

空中客车是一家欧洲飞机制造公司，1970年成立于法国，股份由欧洲宇航防务集团（EADS）100%持有。欧洲宇航防务集团是欧洲的大型航空航天工业公司，是法国、德国和西班牙公司组成的联合体。空中客车生产线是从生产A300型号客机开始运行的。空中客车公司在全球范围内申请摩擦焊方面的专利共61件，主要集中在欧洲，另外有一部分在中国、日本、美国，技术内容涉及搅拌摩擦焊、接合装置、接合方法、缺陷修复方法等多个方面。

（9）江苏科技大学

江苏科技大学设有先进焊接技术重点实验室，在船舶高效焊接方法领域具有很强的实力，是船舶行业唯一具有焊接技术与工程专业的学校，其在中国申请的摩擦焊方面的专利有60件，技术内容涵盖摩擦焊接旋转工具、搅拌摩擦焊接头冷却装置和冷却方法、测量装置、校准装置、摩擦封焊、检测装置等多个方面。

（10）上海航天设备制造总厂有限公司

上海航天设备制造总厂有限公司隶属于中国航天科技集团有限公司，被认定为国防科技工业特种焊接先进技术研究应用中心、国家企业技术中心，是国内权威的搅拌摩擦焊、搅拌摩擦点焊技术研究机构，在搅拌摩擦焊、搅拌摩擦点焊应用领域创造了多项国内第一，同时也是国内搅拌摩擦焊、搅拌摩擦点焊装备专业研制生产厂家。目前，中心是英国焊接研究所搅拌摩擦焊设备生产专利授权许可单位，现已成功开发出一维、平面二维、空间三维搅拌摩擦焊设备，产品客户来自航空航天、轨道交通制造、船舶制造、汽车制造、电子电力产业、兵器工业、武器装备等各行业。其在全球范围内申请摩擦焊方面的专利共56件。

6. 专利技术发展路线

通过对搅拌摩擦焊各个时期专利文献进行梳理和分析，可以得到该领域的专利技术演进路线，如图 6-7 所示。

对于搅拌针，US5718366A，通过螺帽和弹簧使得搅拌针上升或下降，实现搅拌针凸出轴肩的长度改变，可焊接不同厚度板材。US6497355A 包括搅拌针长度传感器，搅拌针推进传感器和轴肩位置传感器，通过控制器控制搅拌针和轴肩的位置及其长度。JP2005199281 A 是一种包含钴的碳化钨可更换搅拌头，搅拌针通过螺钉设置于轴肩上，可快速更换。US20150290739A1 涉及一种锥形的搅拌针。WO2015173641A3 在管体的内外面同时进行双面成型的搅拌摩擦焊。

对于轴肩，US5813592A，一种非自耗搅拌头，包括一凹形的底部，对焊接元件的表面提供一定的非对称的压缩，导致金属的垂直流动 / 交换。US6758382A，双轴肩设置，上、下轴肩可通过螺纹调整。US20080296350A1，具有形状匹配的肩状体的搅拌摩擦工具，可根据待焊接工件的具体形状而适应性地加工轴肩的形状，保证轴肩加工面与焊缝的贴合。WO2015145251A1，轴肩可上下运动，通过轴肩与搅拌针的运动，实现无匙孔的搅拌摩擦焊，减少焊接缺陷。

对于缺陷控制，US5794835A，包括一个附装的切削刀具，在进行焊接时，切削刀具将多余的焊接材料加工掉。US6543671B2，轴肩与搅拌头中设置通道，通过材料从通道中加入熔融金属，可避免匙孔。CN101437642A，一边使惰性保护气体流动一边对所述被接合部件进行搅拌摩擦接合，或者对于所述接合部一边施加超声波一边进行熔化焊接或电阻焊接。US8672212B2，一种接合方法，通过对焊缝形状的设计，提高接合强度。WO2017017254A1，一种车辆制造用搅拌摩擦焊方法，通过覆盖层搭接于需要焊接的材料层上，搅拌头工作于覆盖层搭接面上完成焊接。

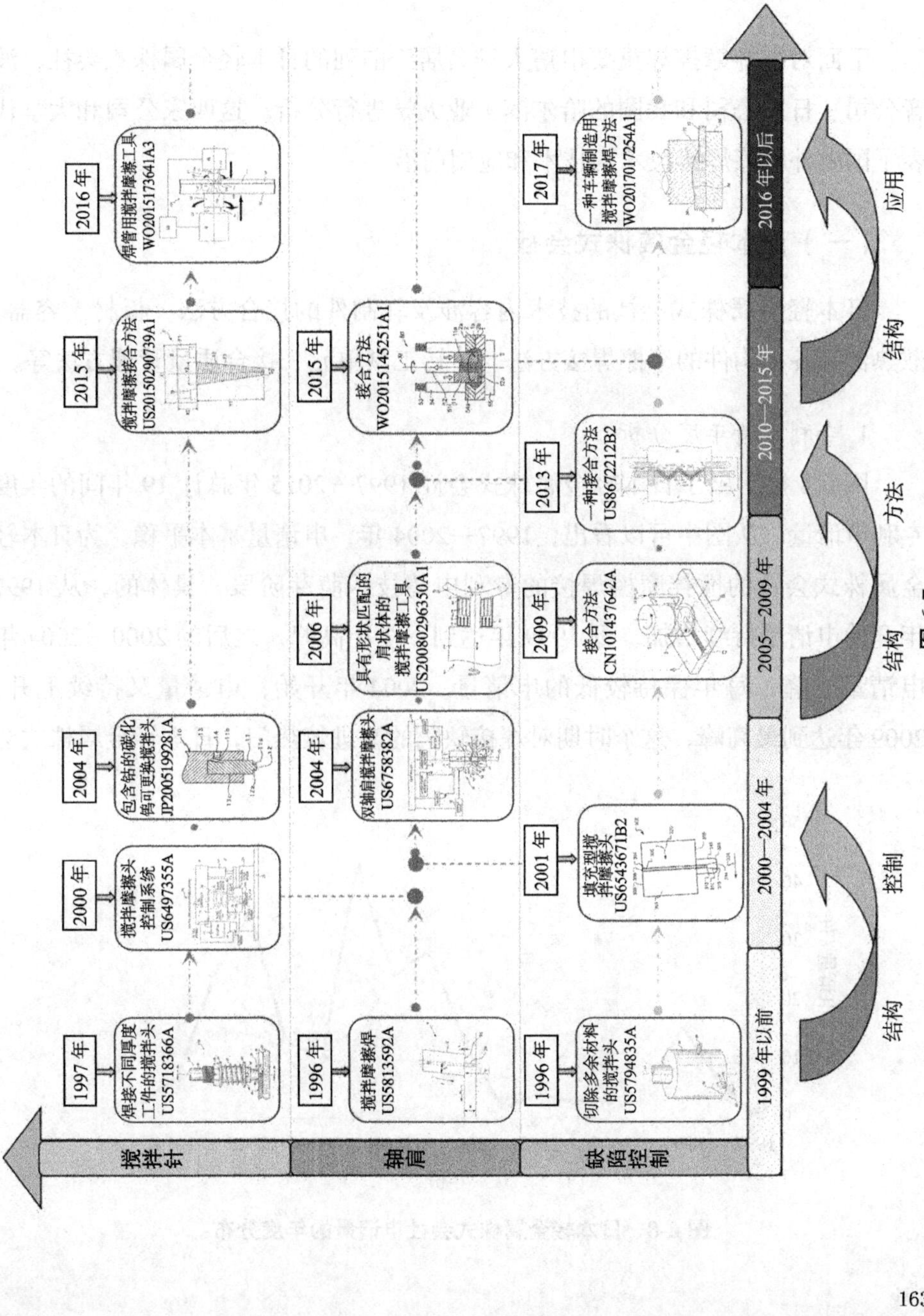
搅拌针
轴肩
缺陷控制
1997年
焊接不同厚度工件的搅拌头 US5718366A
2000年
搅拌摩擦头控制系统 US6497355A
2004年
包含钴的碳化钨可更换搅拌头 JP2005199281A
2015年
搅拌摩擦接合方法 US20150290739A1
2016年
焊管用搅拌摩擦工具 WO2015173641A3
1996年
搅拌摩擦焊 US5813592A
2004年
双轴肩搅拌摩擦头 US6758382A
2006年
具有形状匹配的肩状体的搅拌摩擦工具 US20080296350A1
2015年
接合方法 WO2015145251A1
1996年
切除多余材料的搅拌头 US5794835A
2001年
填充型搅拌摩擦头 US6543671B2
2009年
接合方法 CN101437642A
2013年
一种接合方法 US8672212B2
2017年
一种车辆制造用搅拌摩擦焊方法 WO2017017254A1
1999年以前
2000—2004年
2005—2009年
2010—2015年
2016年以后
结构
控制
结构
方法
结构
应用

图 6-7

# 三、搅拌摩擦焊接重要申请人分析

下面对搅拌摩擦焊重要申请人排名居于前列的日本轻金属株式会社、波音公司、日立公司和我国的哈尔滨工业大学进行分析。这四家公司和大学代表了国内外摩擦焊接技术的技术和应用前沿。

## （一）日本轻金属株式会社

日本轻金属株式会社的技术内容涉及轧制件的接合方法、板材、容器、散热器等各种构件的摩擦焊接方法、旋转工具单元、接合质量管理方法等。

1. 专利申请年度分析

图 6-8 显示出了日本轻金属株式会社 1997—2015 年总计 19 年间的年度专利申请量。从图中可以看出，1997—2004 年，申请量基本平稳，为日本轻金属株式会社的搅拌摩擦焊接的专利申请技术萌芽阶段，具体的，从 1997 年开始申请量持续增加，到 1999 年达到一个小高峰，之后的 2000—2004 年申请量下降，每年保持较低的申请量。2004 年开始，申请量又持续上升，2009 年达到最高峰，这个时期对焊接缺陷的改进较热门，日本轻金属株式会

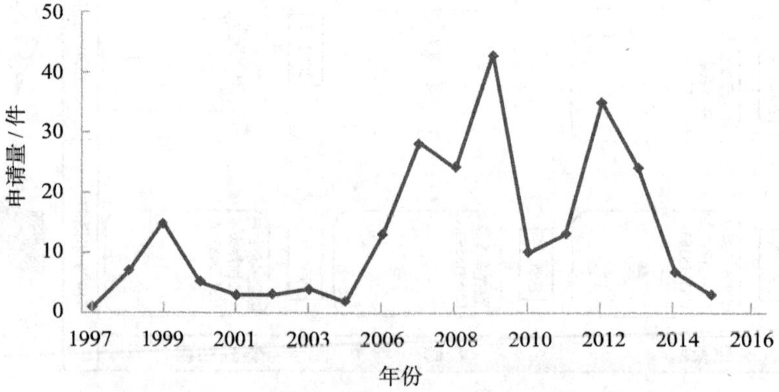


图 6-8 日本轻金属株式会社申请量的年度分布

社的搅拌摩擦焊接的专利申请也转向这个方面。2010 年申请量又出现一个低谷，因为这时对于搅拌摩擦焊的结构特征改进进入了瓶颈，导致申请量减少。

2. 专利申请国家和地区

日本轻金属株式会社申请量国家和地区分布如图 6-9 所示。日本轻金属株式会社就搅拌摩擦焊接技术分别在中国、欧洲、日本、韩国和美国进行了申请，在日本申请量最多，达到 158 件，占总申请量的 66%。在韩国和美国也申请了相关专利，分别为 43 件和 28 件。美国是传统工业强国，搅拌摩擦焊的主要应用领域（如车辆和飞机等）都有涉及。韩国汽车行业也较为发达。因此，美国和韩国一直以来是日本轻金属株式会社专利布局的主要国家。在中国和欧洲申请量较少，分别为 4 件和 7 件。

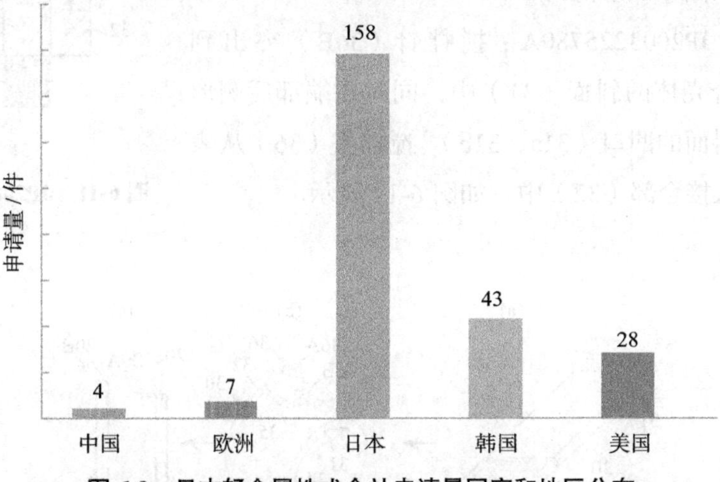


**图 6-9　日本轻金属株式会社申请量国家和地区分布**

3. 专利申请技术构成

日本轻金属株式会社在搅拌摩擦焊接技术的轴肩、搅拌针和缺陷控制三方面的专利申请量相对均衡，其中关于搅拌针结构的申请量占比为 41%，轴

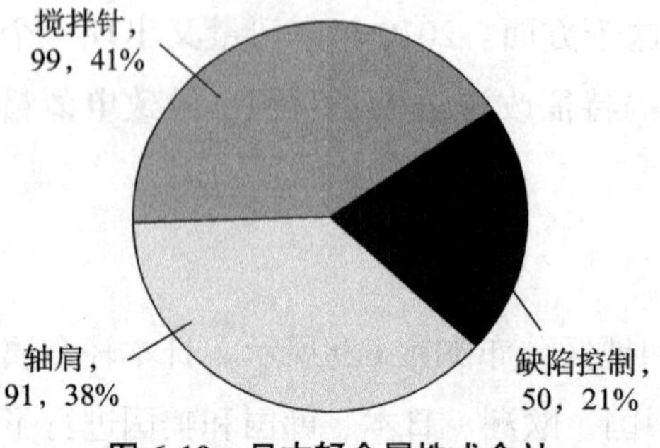


图 6-10　日本轻金属株式会社专利申请技术构成

肩结构方面的申请量占 38%，而缺陷控制方面的申请量占 21%，三者对于搅拌摩擦焊接都具有很重要的影响。搅拌针在搅拌摩擦焊中起到至关重要的作用，申请量也最大，如图 6-10 所示。

4. 重点专利申请

（1）JP2008036664A：搅拌针和轴肩可彼此拆卸，并且搅拌针由硬质合金或钴基合金钢（MP159）形成，如图 6-11 所示。

（2）JP2003225780A：搅拌针（36B）突出到用于接合壳体的斜面（31）中，同时在端部后侧形成用于斜面的凹口（31a，31b）。搅拌头（36）从表面侧插入接合部（32）中，如图 6-12 所示。

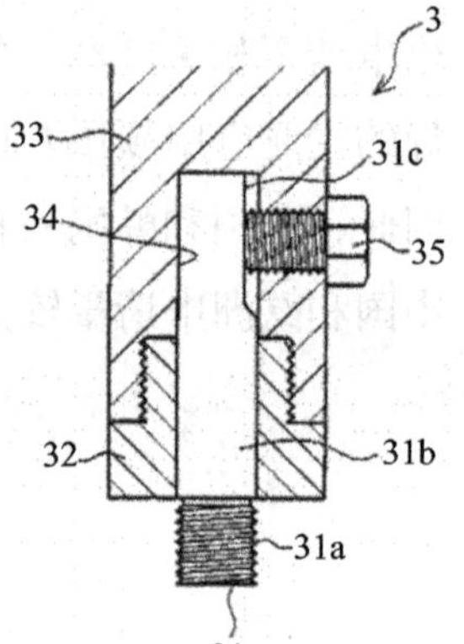


图 6-11　JP2008036664A

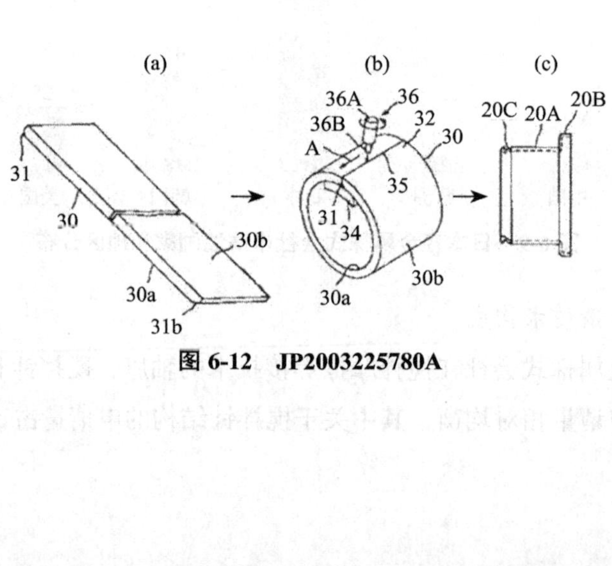


图 6-12　JP2003225780A

（3）JP2002224859A：搅拌摩擦工具具有柱状的工具主体和从工具主体的底面的中心部分延伸的搅拌销，在工具主体的底面的周缘附近形成环形突出部，在环形突出部和搅拌销之间形成柱状体，焊接时的金属熔池位于环形突出部和柱状体之间，使用该搅拌头焊接时不易发生毛刺和内部缺陷，如图 6-13 所示。

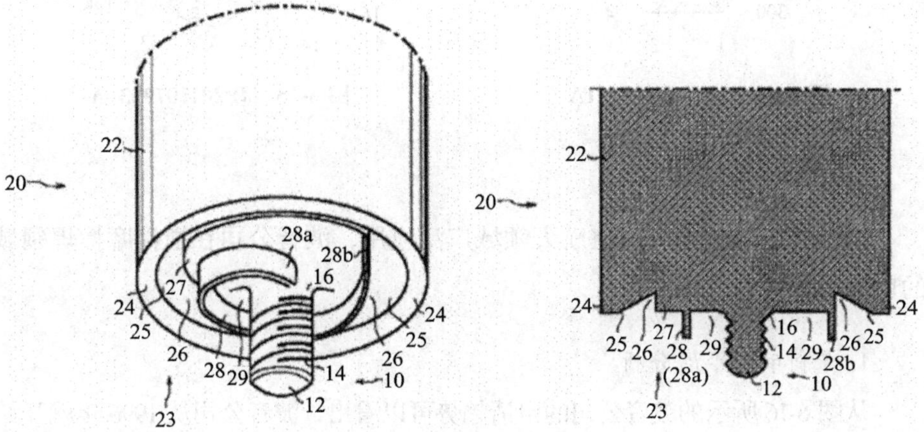


**图 6-13　JP2002224859A**

（4）JP2008149331A：具有搅拌位置传感器，用于检测上部旋转体和下部旋转体的位置。其中的位移传感器用于测量待连接构件的上表面的位置，厚度传感器用于测量构件的连接部分的厚度，如图 6-14 所示。

（5）JP2011079031A：对将一对金属构件对接所形成的内角部进行搅拌摩擦接合的内角接合用旋转工具，具有搅拌销（3），其插入内角部，基块（2），其支撑搅拌销（3）且与一对金属构件分别抵接。基块（2）具有形成为朝向前端宽度变窄的主体部（4），可装拆地形成于该主体部（4）前端的肩部（5），搅拌销（3）贯穿主体部（4）及肩部（5），如图 6-15 所示。

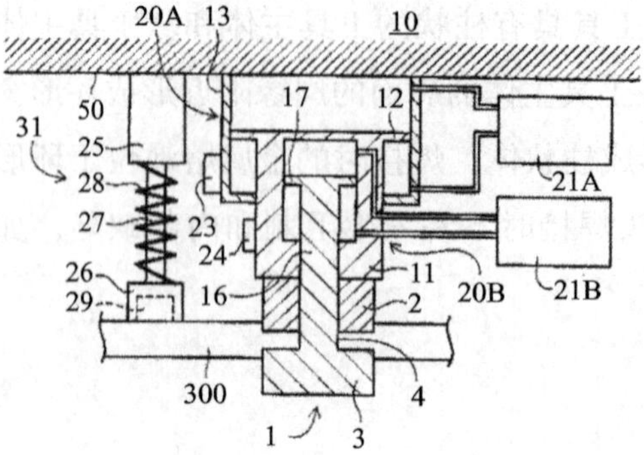


图 6-14 JP2008149331A

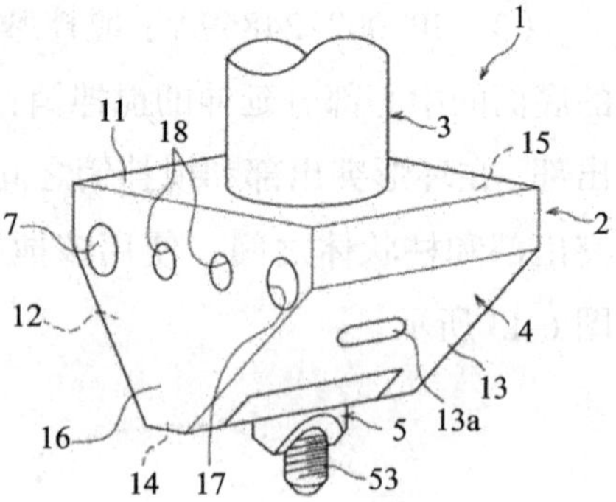


图 6-15 JP2011079031A

## （二）波音公司

搅拌摩擦焊技术在航空航天领域广泛应用，波音公司在搅拌摩擦焊领域的申请量位居世界第二。

1. 专利申请年度分析

从图 6-16 所示的波音公司的申请趋势可以看出，波音公司从 1996 年就开始申请在搅拌摩擦焊领域的专利，1996—2001 年申请量比较平缓，从 2002 年开始申请量出现了爆发式的增长，2003 年年申请量达到了 50 多件。由于波音公司是航空航天领域的龙头公司，其在搅拌摩擦焊领域的申请量表明了搅拌摩擦焊技术在航空航天领域的广泛应用，波音公司将搅拌摩擦焊技术用于 C-17 和 C-130 运输机地板的制造，利用搅拌摩擦焊代替紧固件连接，简化了地板结构设计并提高了构件的生产效率，生产成本降低了 20%。

2. 专利申请国家和地区

波音公司作为美国的航空航天公司，其专利布局的主要阵地仍然在其国内，达到了 126 件，其次为欧洲地区、韩国和日本，其在中国和其他地区的申请几乎为零，如图 6-17 所示。但随着中国市场的需求量增大，波音公司将会对中国的专利布局越来越重视。

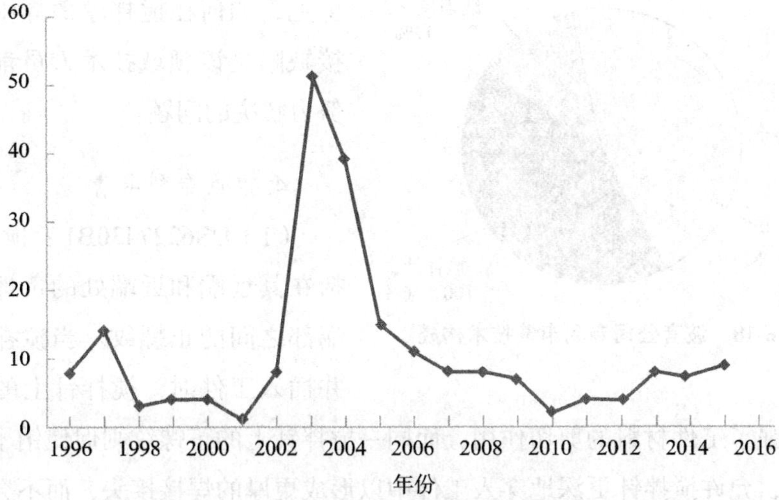


**图 6-16 波音公司申请量的年度分布**

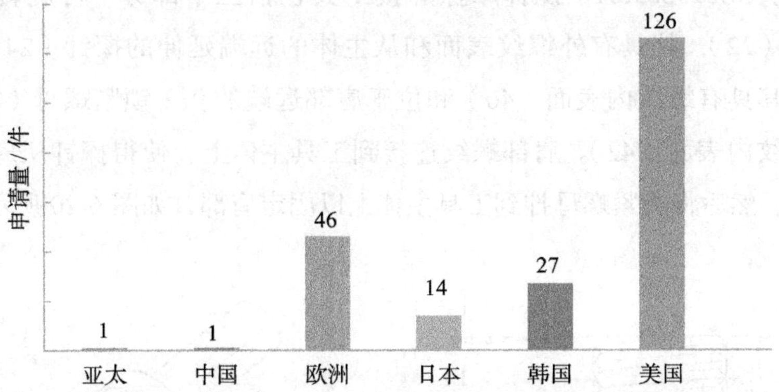


**图 6-17 波音公司申请量国家和地区**

3. 专利申请技术构成

搅拌摩擦焊的搅拌针和轴肩是搅拌摩擦焊中至关重要的两个部件，由图 6-18 波音公司的专利技术构成可以看出，其大部分专利申请涉及搅拌针和轴肩的技术，分别占到了 46% 和 42%，而其余的申请则涉及缺陷控制，

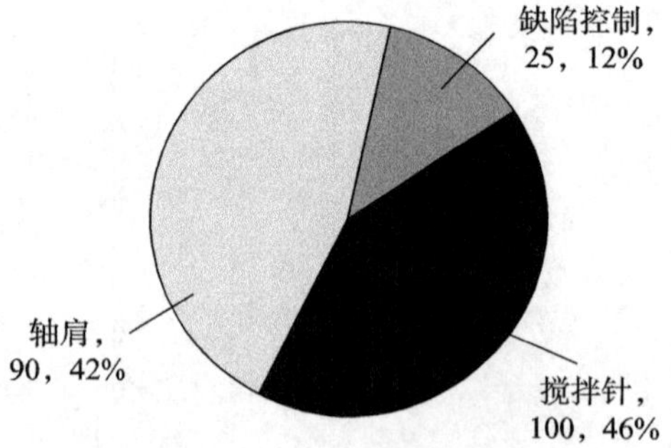


**图 6-18　波音公司专利申请技术构成**

可见，如何在搅拌摩擦焊中消除焊接缺陷是该领域技术人员都一直在努力解决的问题。

4. 重点专利申请

（1）US6227430B1：搅拌针包括在其远端和近端处的负螺纹及在端部之间的正螺纹。当搅拌头转动并插入工件时，搅拌针上的负向螺纹增强了工件材料的剪切作用，而同一搅拌针上的正螺纹则促使销子插入工件中，允许搅拌针更深地穿入工件中以形成更厚的焊接接头，而不会使焊接工具过载，如图 6-19 所示。

（2）US6138895A：搅拌摩擦焊接工具包括三个部分：可旋转焊接工具主体（22），其具有外螺纹表面和从主体的远端延伸的探针（24）；肩部（26），其具有螺纹内表面（40）和位于肩部远端的孔；锁紧螺母（28），其具有螺纹内表面（42）。肩部螺纹连接到工具主体上，使得探针从肩部延伸穿过孔，然后将锁紧螺母拧到工具主体上以固定肩部，如图 6-20 所示。

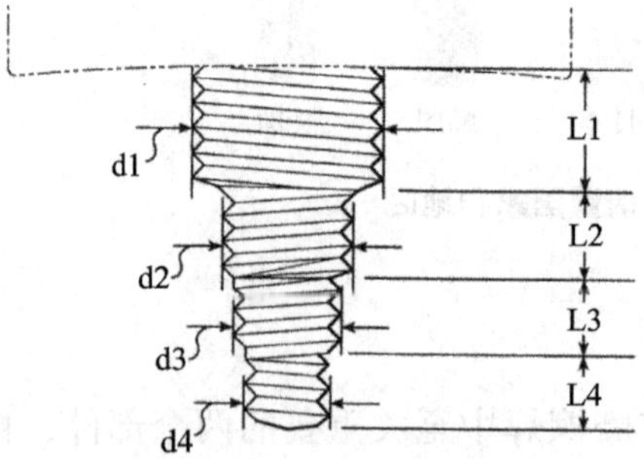


**图 6-19　US6227430B1**

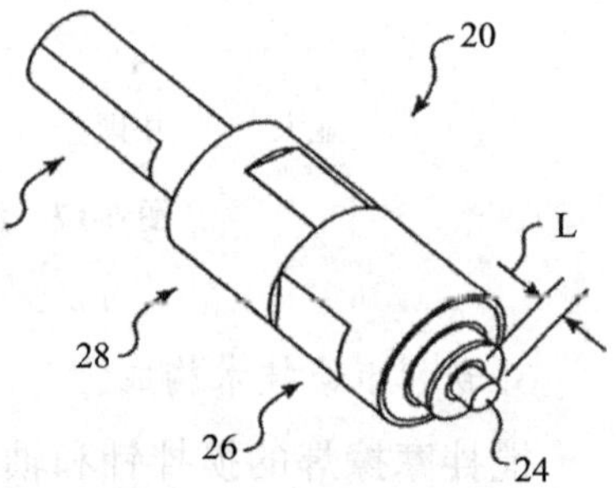


**图 6-20　US6138895A**

（3）US6045027A：该设计由第一工件的界面边缘和第二工件的界面边缘组成，以与第一工件的界面边缘配合，第一工件的界面边缘设置有大致N形的轮廓，第二工件的界面边缘设置成与第一工件的N形界面边缘互补的形状，以提供待焊接工件的快速组装，防止销的向下的压力倾向迫使待焊工件分开，在焊接过程中分离板可能导致焊缝异常，如图6-21所示。

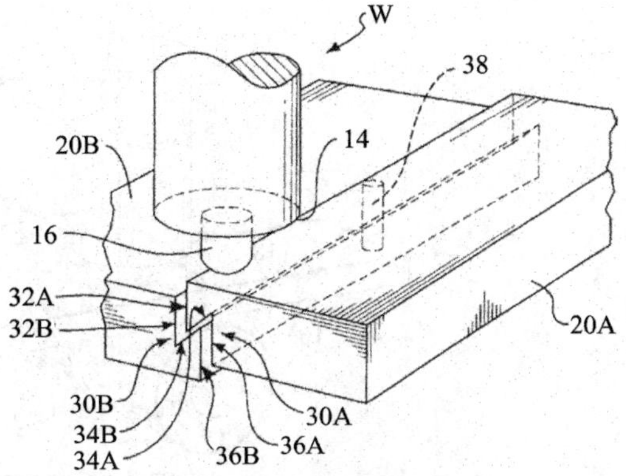


**图6-21　US6045027A**

（4）US5794835A：搅拌摩擦焊接工具包括一个附装的切削刀具，其有一个或多个切削刀刃，使切削刀具将多余的焊接材料加工掉，如图6-22所示。

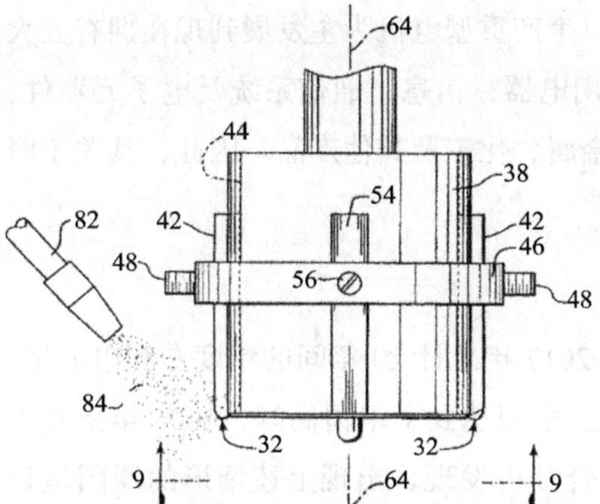


**图6-22　US5794835A**

（5）US5769306A：是一种搅拌摩擦焊焊缝根部封闭方法，将工件定位在背衬装置上，其中所提出的焊接线与在支撑搅拌针下方的工件的背衬装置中的凹部对齐，其尺寸可以容纳搅拌针的尖端和焊缝的凸缘，如图6-23所示。

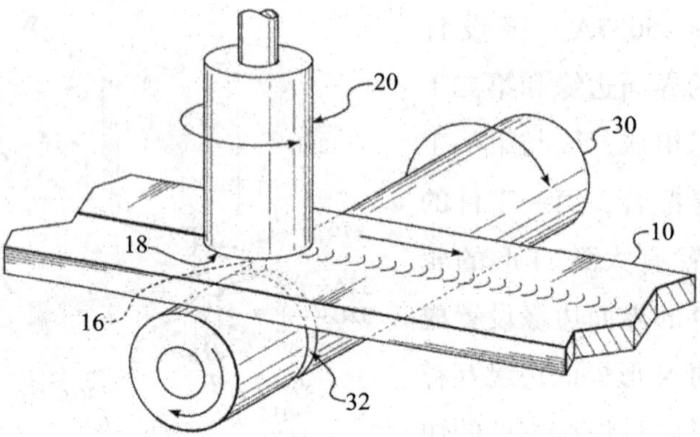

**图 6-23　US5769306A**

## （三）日立公司

日立公司产品多样化，从最初以生产重型电机为主发展到现在拥有五大部门，包括：动力系统及设备，家用电器，信息、通信系统及电子元器件，产业机械及成套设备，电线电缆、金属、化工及其他产品。因此，其关于摩擦焊接的专利也涉及多个技术领域。

1. 专利申请年度分析

图 6-24 示出了日立公司 1998—2017 年总计 20 年间的年度专利申请量。从图中可以看出，2000—2002 年日立公司达到了申请高峰，2005 年是其申请量的谷底。通过对专利数据的综合分析发现，出现上述情形的原因是日立公司在不同的时期有着不同的研发重点，在 2001—2002 年日立公司的专利申请主要围绕摩擦焊缺陷的控制，例如防止凹痕、减少热损伤和氧化、减少缺陷出现的频率、距离检测、传感检测、跟随控制、缺陷的修补、搅拌头的特殊形状构造、焊接区域及焊接工具的冷却，并于此期间达到专利申请高峰。

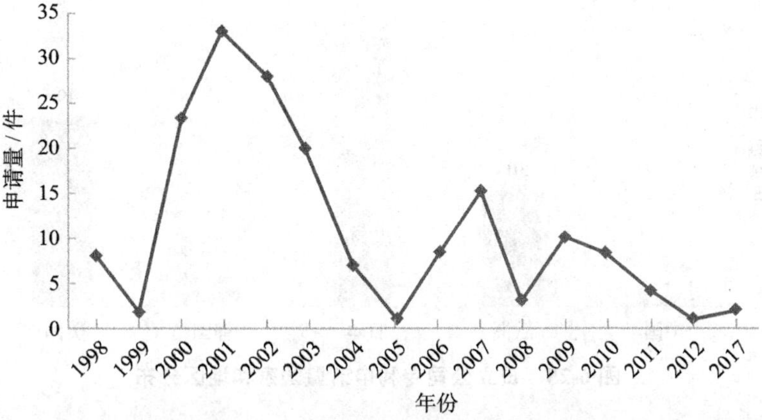


**图 6-24 日立公司申请量的年度分布**

2. 专利申请国家和地区

图 6-25 示出了日立公司专利申请量国家和地区分布。从图 6-25 中可以看出，其专利申请最多的还是日本本土，其次是美国和欧洲。欧美地区的搅拌摩擦焊技术发展较早，最早来自英国焊接技术研究所，于 1991 年发明。2002 年，中国航空业与其合作成立中国搅拌摩擦焊中心，2003 年成立北京赛福斯特技术有限公司，专注于搅拌摩擦焊技术的研究和引领工程技术运用，早期主要用于航天、航空等军工领域，近几年也涉及很多新领域，例如新能源汽车、水冷板散热器等。由于很多公司开始采购搅拌摩擦焊接设备，现在正是搅拌摩擦焊在各个行业广泛应用的上升阶段，日立公司在中国已经发展成为拥有约 150 家公司的企业集团。相信随着我国摩擦焊接技术的不断发展，该公司在中国的专利布局会进一步增长，中国市场必将是日立公司的重中之重。

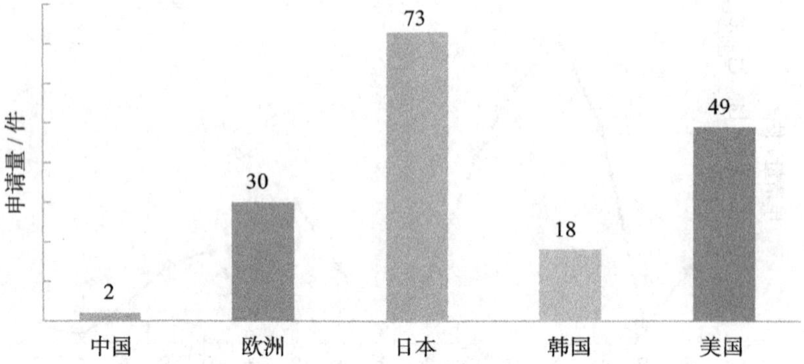


图 6-25　日立公司专利申请量国家和地区分布

3. 专利申请技术构成

日立公司搅拌摩擦焊接技术在轴肩、搅拌针和缺陷控制方面的专利申请量相对均衡，其中关于搅拌针结构的申请量占比为 39%，轴肩结构方面的申请量为 35%，而缺陷控制方面的申请量为 26%，三者对于搅拌摩擦焊接都具有很重要的影响。搅拌针直接作用于连接结构焊缝，在搅拌摩擦焊中的作用比较重要，申请量也最大，另外涉及缺陷控制的相关技术类的专利也不少，如图 6-26 所示。

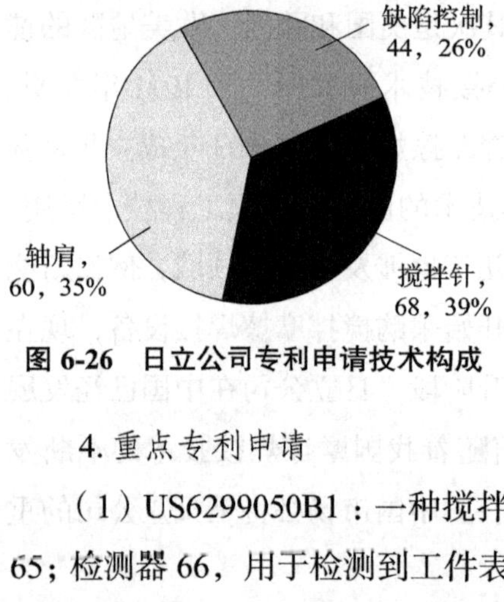


图 6-26　日立公司专利申请技术构成

4. 重点专利申请

（1）US6299050B1：一种搅拌摩擦焊接装置，包括工具的竖直驱动机构 65；检测器 66，用于检测到工件表面 62S 的距离；信号处理装置 68，在焊接过程中，将检测到的距离与参考值比较，计算差值；控制装置 69，根据获得的差值，控制工具的竖直驱动机构 65 以抑制所发现的变化，防止空隙和裂缝的焊接结构，如图 6-27 所示。

（2）JP2002248583A：一种用于搅拌摩擦的装置，包括屏蔽管 2，屏蔽管 2 通有保护气体，可以防止搅拌头 1 和接合部分 5 的表面氧化，减少搅拌头 1 的热损伤，如图 6-28 所示。

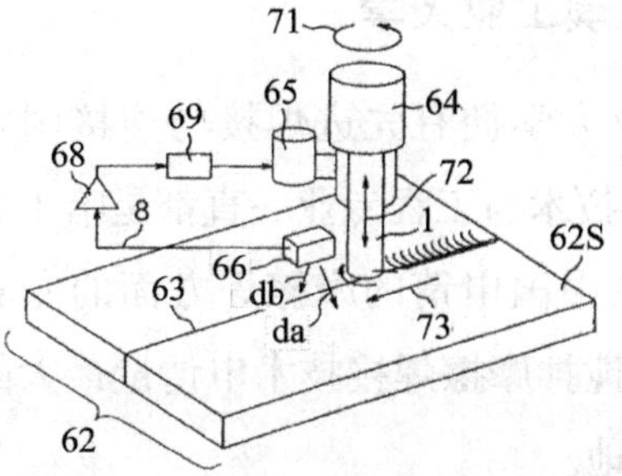


**图 6-27　US6299050B1**

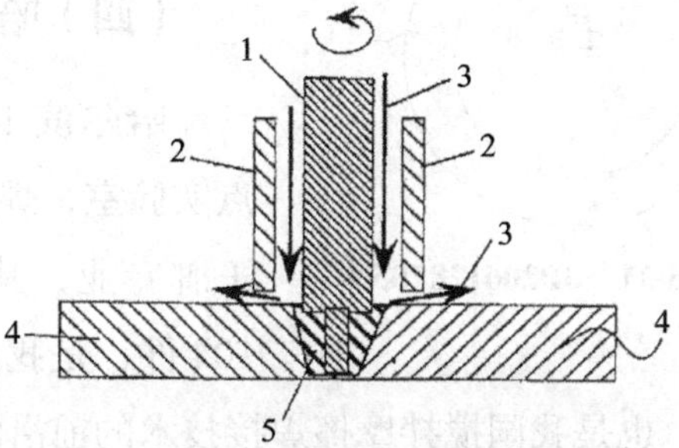


**图 6-28　JP2002248583A**

（3）US20040118899A1：一种搅拌摩擦焊接方法，电源装置 10 允许电流在搅拌头 1 和工件 6 之间流动以引起焊接工具的电阻加热，电阻加热的组合使用使得摩擦焊接时摩擦力减小，如图 6-29 所示。

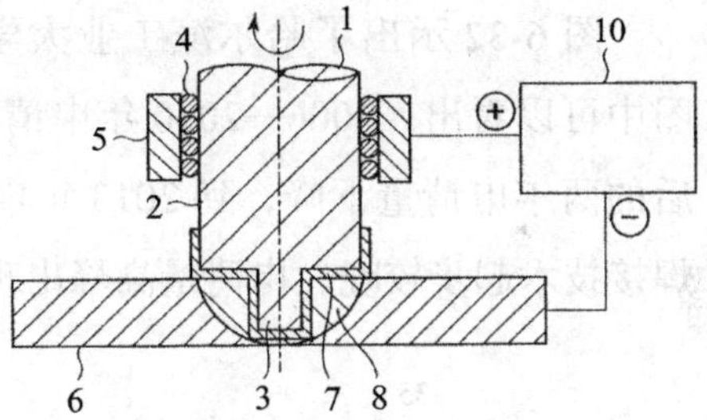


**图 6-29　US20040118899A1**

（4）US6739495B2：用于焊接物理性能和 / 或机械性能不同的两个待焊接构件，搅拌针仅插入到其中一个构件中，不插入到另一个构件中，仅将轴肩设置成与另一个构件接触，可以仅使搅拌针插入侧的构件经受搅拌摩擦作用的塑性流动，塑料流中的金属在升高的温度和高压下压靠在相对的构件上，由此在邻接表面附近引起原子的扩散，焊接构件，如图 6-30 所示。

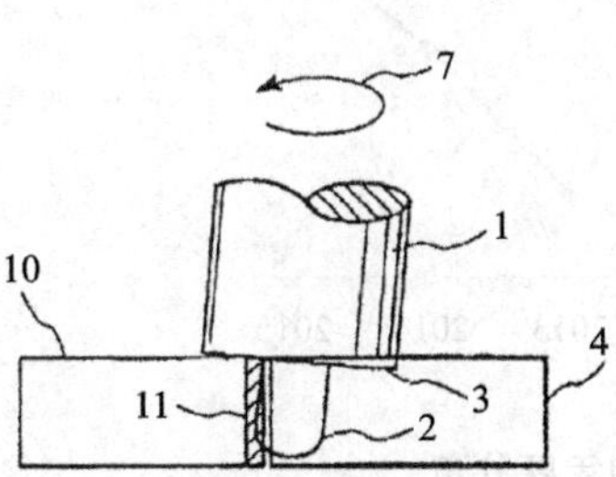


**图 6-30　US6739495B2**

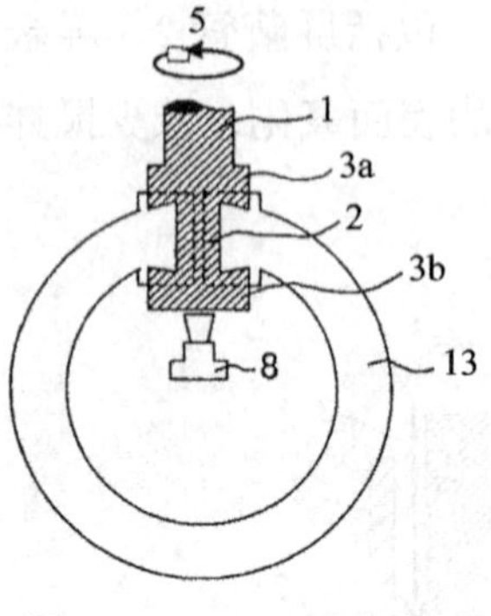


图 6-31　JP2001287053A

（5）JP2001287053A：具有两个轴肩 3a、3b，两个轴肩之间设置凹槽夹住该搅拌针 2，可以得到没有缺陷的连接部位，如图 6-31 所示。

## （四）哈尔滨工业大学

哈尔滨工业大学拥有先进焊接与连接国家重点实验室，焊接技术与工程专业一直都是哈工大的王牌专业，其在中国申请的摩擦焊方面的专利有 104 件，是我国搅拌摩擦焊接技术申请量最大的高校，也是我国搅拌摩擦焊接技术的前沿阵地。

1. 专利申请年度分析

图 6-32 示出了哈尔滨工业大学 2006—2015 年的年度专利申请量。从图中可以看出，2006—2010 年申请量持续上升，并于 2010 年达到顶峰，随后的两年申请量下降，到 2013 年申请量又开始回升。可见，我国搅拌摩擦焊接技术起步较晚，申请量高峰出现也较晚。

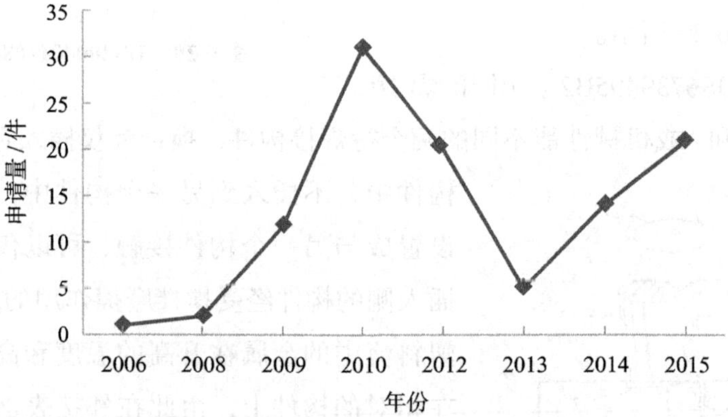


图 6-32　哈尔滨工业大学申请量的年度分布

2. 专利申请第一发明人

从图 6-33 中可以看出，其专利申请主要由哈尔滨工业大学科研团队申请，涉及的第一发明人为胡琰莹、黄永宪、刘会杰、赵运强和周利。其中，黄永宪和刘会杰的申请量最大。

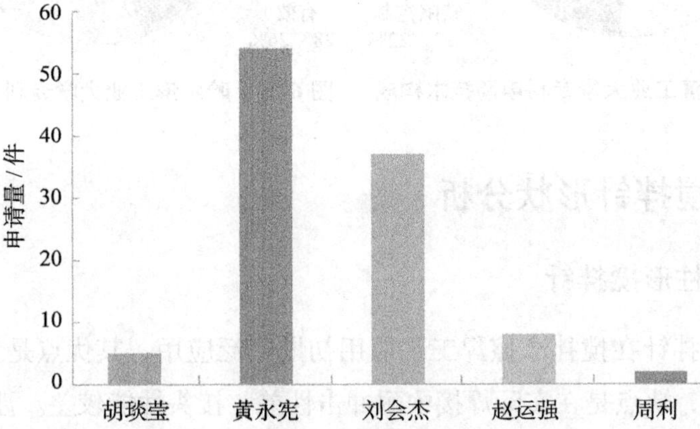


**图 6-33　哈尔滨工业大学申请第一发明人**

3. 专利申请技术构成

从图 6-34 中可以看出，哈尔滨工业大学搅拌摩擦焊接技术在搅拌针方面的专利申请量最大，占比 60%，轴肩结构方面的申请量最少，占比 18%，而缺陷控制方面的申请量为 22%。可见，我国还处于对搅拌头结构的研究为主的阶段。

4. 专利申请法律状态

从图 6-35 中可以看出，哈尔滨工业大学搅拌摩擦焊接技术的专利有效率较高，占比 26%，驳回案件较少，占比 2%。这表明哈尔滨工业大学对搅拌摩擦焊接技术的研究基于现有技术，科研质量较高。

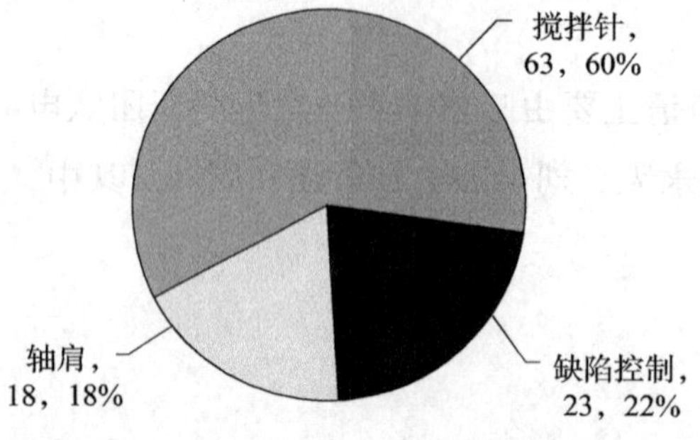


图 6-34　哈尔滨工业大学专利申请技术构成

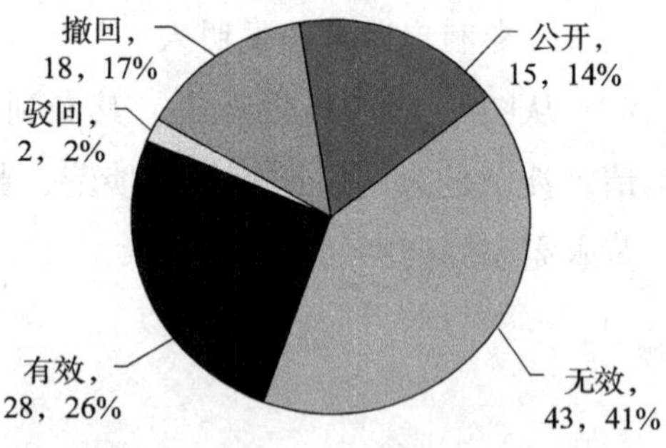


图 6-35　哈尔滨工业大学专利申请法律状态

## 四、搅拌针形状分析

### （一）柱形搅拌针

柱形搅拌针在搅拌摩擦焊工艺应用初期广泛应用，其优点是工艺简单、加工成本低，缺点是在实际焊接中耐冲击性差，接头性能较差。涉及的专利有 CN1421295A 和 US6676004B1，如图 6-36 和图 6-37 所示。

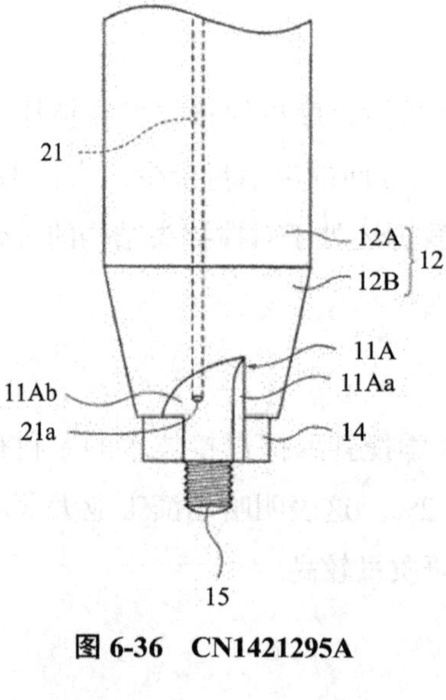


图 6-36　CN1421295A

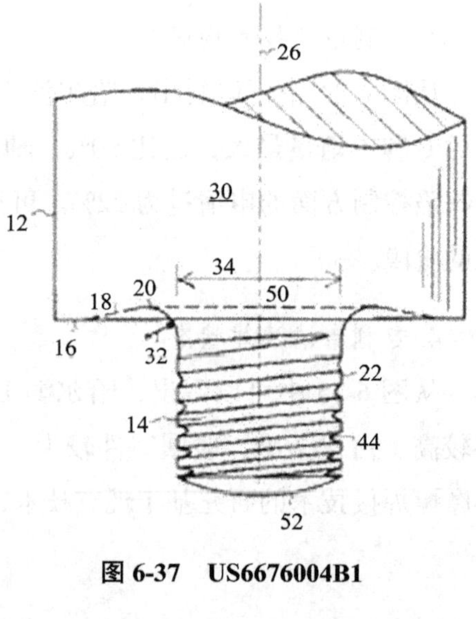


图 6-37　US6676004B1

## （二）偏心圆搅拌针

现有无偏心的搅拌头在旋转时会有缺陷发生在旋转加工轴的搅拌头行进轨迹的侧边，因此偏心的搅拌针可以使得焊接后无明显的焊接缺陷。涉及的专利有 CN101406987A 和 JP 特开 2003-71574A，如图 6-38 和图 6-39 所示。

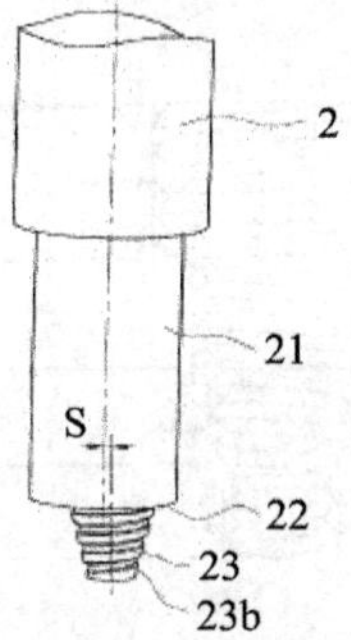


图 6-38 CN101406987A

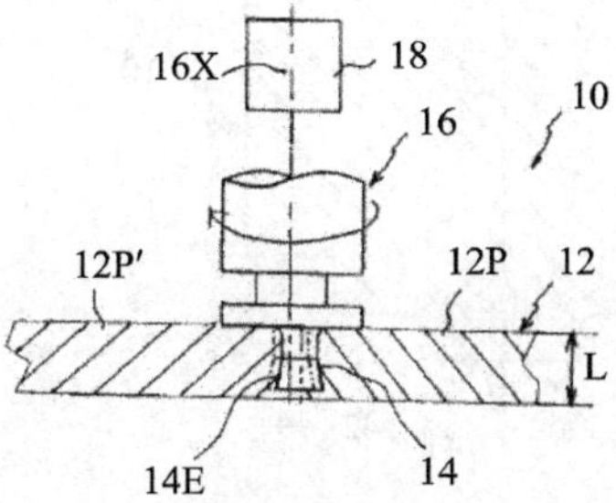


图 6-39 JP 特开 2003-71574A

## （三）锥形搅拌针

搅拌针的形状由小面到大面，力矩增大，增加了搅拌针的强度，同时也减少了焊件厚度方向上的温度差，进而减少了搅拌头的磨损。涉及的专利有 CN201102125Y 和 US20150290739A1，如图 6-40 和图 6-41 所示。

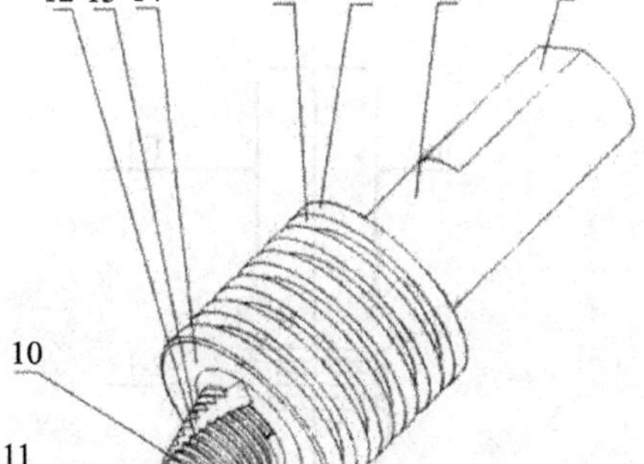


图 6-40 CN201102125Y

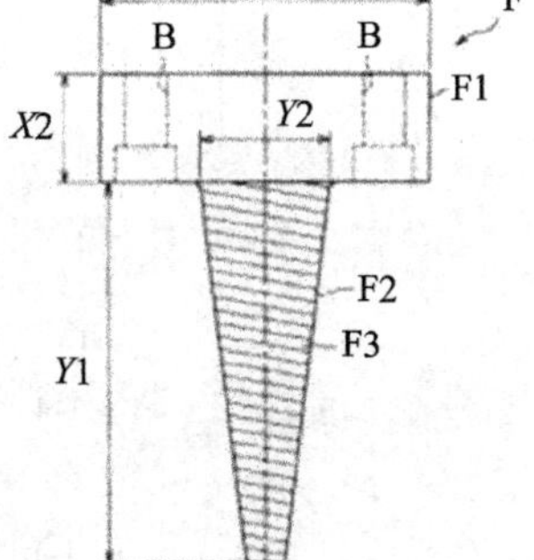


图 6-41 US20150290739A1

## （四）阶梯形搅拌针

将搅拌针设置为阶梯形，可适应不同板厚的加工，也能够形成阶梯状的焊缝，利于成型。涉及的专利有 WO2017017254 A1 和 US6227430 B1，如图 6-42 和图 6-43 所示。

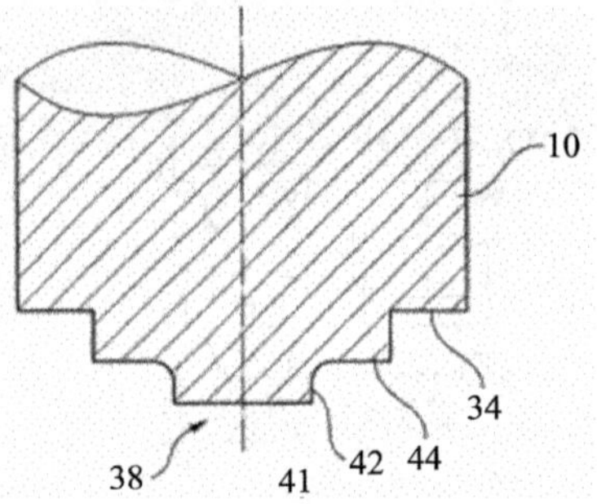


**图 6-42　WO2017017254 A1**

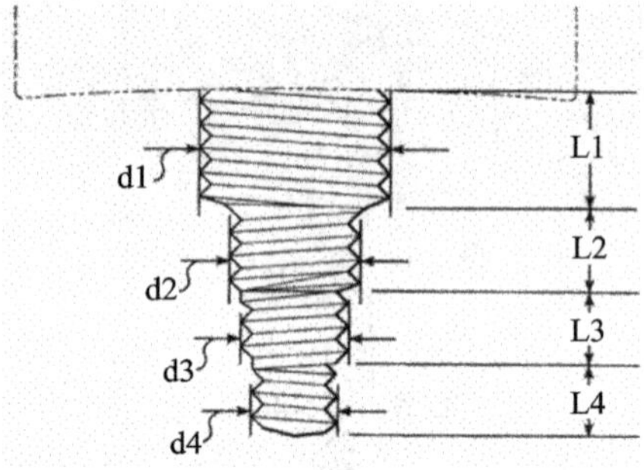


**图 6-43　US6227430 B1**

## （五）变截面形搅拌针

搅拌针采用变截面设计，靠近底部位置的直径较大，能够增加底部区域产热，有利于金属流动并增加摩擦，形成致密焊缝。涉及的专利有 CN206536125U 和 CN103894723A，如图 6-44 和图 6-45 所示。

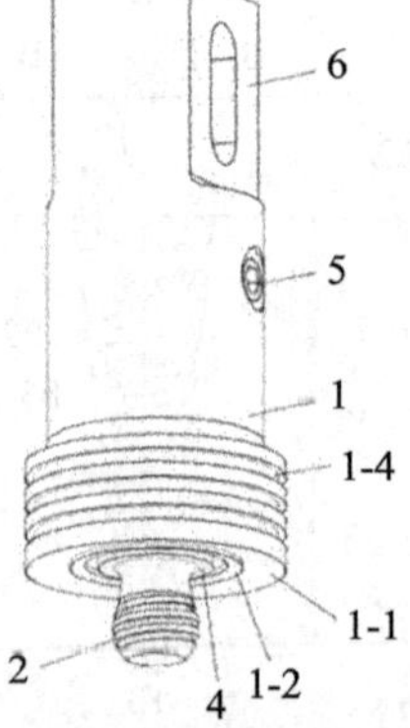


**图 6-44　CN206536125U**

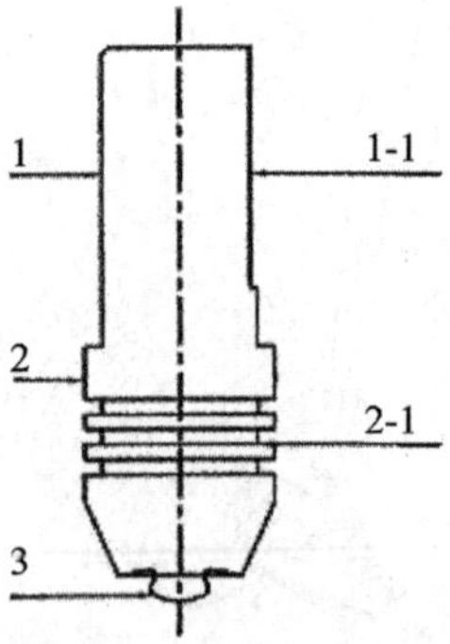


**图 6-45　CN103894723 A**

### （六）倒梯形搅拌针

倒梯形搅拌针使得待接合构件之间的边界面附近区域内的水平方向流动变大，可以有效地抑制待接合构件之间的边界面附近区域内的上下流动，防止氧化膜在待接合构件之间的边界面处向上卷曲。涉及的专利有CN102049610B 和 JP2002035964 A，如图 6-46 和图 6-47 所示。

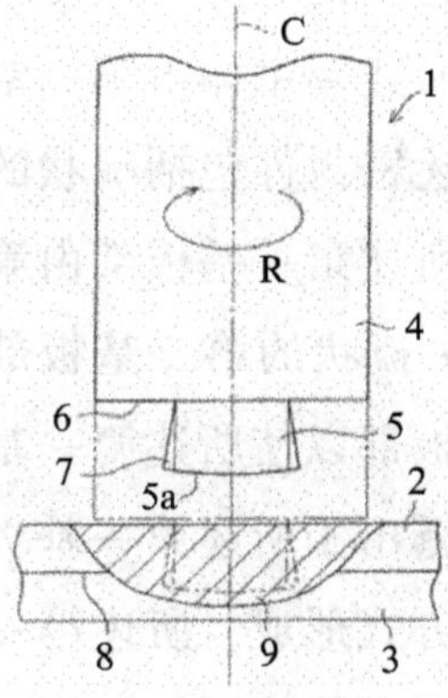


**图 6-46　CN102049610B**

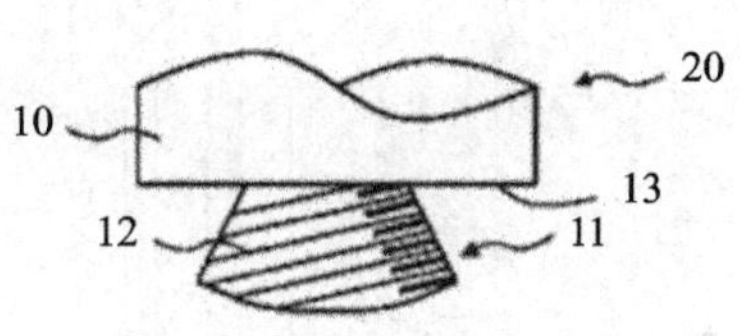


**图 6-47　JP2002035964 A**

## 五、搅拌摩擦焊发展趋势

结合重要申请人近几年的专利申请方向可以看出，目前搅拌摩擦焊技术在以下几方面仍然具有潜在的发展前景，相关领域的技术人员可以在这些方面进行技术上的改进。

### （一）异种材料连接

在实际的生产实践中，由于异种材料的热物性能差异，焊缝中容易出现脆性的金属间化合物，因此除了同种材料的连接，异种材料的连接也是一大难题。异种材料连接所得接头具有扩展不规则的交界面，可阻止裂纹的产生，尤其是对于导电材料的过渡接头。对铜铝、钢铝、钢铜、热固性材料与热塑性材料等异种材料的焊接均可获得满意的结果。例如日本轻金属株式会社于2019 年 10 月 18 日申请的专利 CN110352110 A，具体如下。

一种液冷套的制造方法，使用包括搅拌销的旋转工具对套主体与密封件进行接合，所述套主体包括底部及周壁部，所述周壁部从所述底部的周缘立起，所述密封件对所述套主体的开口部进行密封。所述液冷套的制造方法：所述套主体由第一铝合金形成，所述密封件包括板状的第一基板部，所述第一基板部由第二铝合金形成；板状的第二基板部，所述第二基板部以使所述第一基板部的周缘部露出于所述第一基板部的正面侧的方式形成，所述第一铝合金是硬度比所述第二铝合金高的材料种类，如图 6-48 所示。

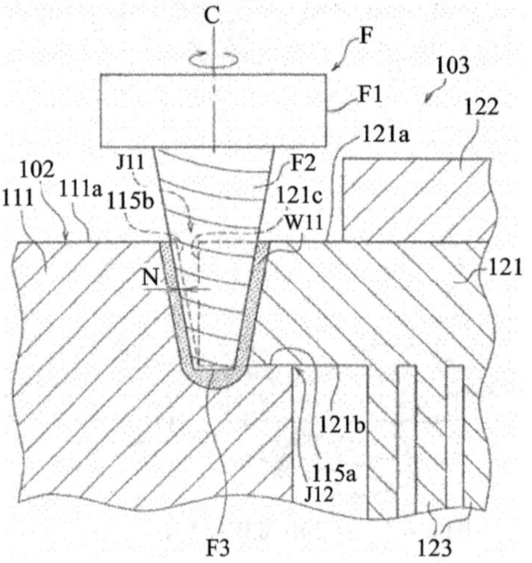

图 6-48 CN110352110 A

## （二）复合焊接技术

复合焊接技术虽然可以克服传统熔化焊中的一些常见问题，但也存在某些较为普遍的问题，如在焊接高熔点金属时的热输入不足，搅拌摩擦焊自身的缺陷及焊接顶锻力较大造成的装夹困难等，因此，各国将其他焊接技术引入到搅拌摩擦焊接中，结合其他焊接技术的优点，开发出了新型的搅拌摩擦复合焊接技术，如激光辅助搅拌摩擦焊、电阻辅热的搅拌摩擦焊、电弧增材复合搅拌摩擦焊和特殊方法相结合的复合焊、超声波辅助搅拌摩擦焊接、电磁感应搅拌摩擦焊接等。例如，日本轻金属株式会社于 2019 年 02 月 21 日申请的专利 JP2019025489 A，具体如下。

通过使所述第二金属构件的第一侧表面对接而形成第二对接部从由所述第一金属构件的背面及所述第二金属构件的第一侧面形成的内角照射激光，并且在所述激光的照射位置沿着所述第二对接部分相对移动的情况下激光焊接所述第二对接部分，从所述第一金属构件的表面侧仅插入第一旋转工具的搅拌销，在仅使所述第一旋转工具的搅拌销与所述第一金属构件接触或与所述第一金属构件和所述第二金属构件两者接触的状态下，使所述第一旋转工具沿所述台阶部相对移动，对所述第一对接部进行搅拌摩擦接合，如图 6-49 所示。

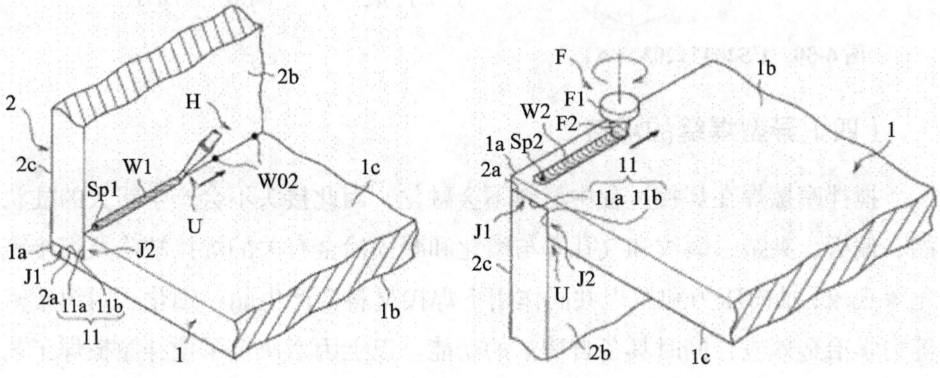


**图 6-49　JP2019025489 A**

## （三）搅拌摩擦焊的自动化

随着机器人自动化技术的发展，机械加工领域的自动化技术也随着该技术的发展逐渐向自动化方向发展，焊接机器人是应用最广泛的一类工业机器人，在各国机器人应用比例中占总数的 40%~50%，由于焊接机器人具有焊接产品质量稳定、焊接效率高、可以改善工人的劳动条件等优势，已被各个领域广泛使用，现在比较成熟的有点焊机器人、弧焊机器人等。随着搅拌摩擦焊技术的成熟发展，搅拌摩擦焊技术的自动化已开始引起人们的重视，如

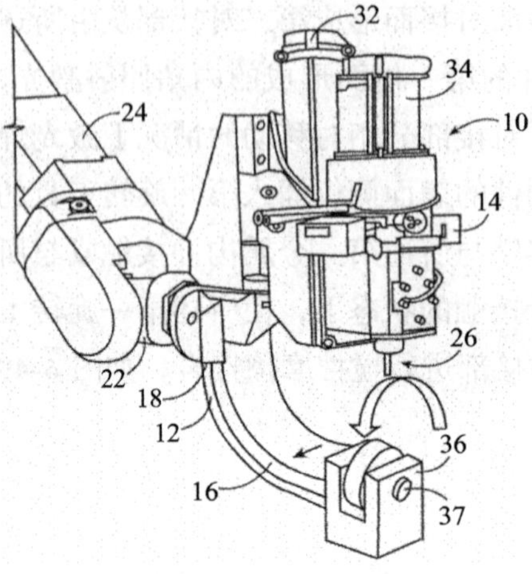


图 6-50　US2017120373 A1

公开号为 US2017120373 A1 的专利，具体如下。

一种机器人搅拌摩擦焊装置，其包括焊接夹具，该焊接夹具包括构造成定位在工件的相对侧上的第一臂和第二臂。搅拌摩擦焊机还包括焊接工具，该焊接工具由焊接夹具的第一臂承载，并且构造成插入工件中并相对于工件旋转，如图 6-50 所示。

## （四）异型焊缝的焊接

搅拌摩擦焊在焊接过程中材料不会融化，因此接头不会产生粗大的柱状晶、偏析、夹杂、裂纹和气孔等与熔化和凝固冶金有关的焊接缺陷及焊接脆化等现象；轴向压力和扭矩共同作用下焊接材料会产生晶粒细化、组织致密等力学冶金效应，同时具备自清洁的功能。以上因素决定了搅拌摩擦焊工艺不但性能优异，而且应用广泛。除传统的金属焊接外，还可进行粉末合金、复合材料、功能材料、难熔材料等新型材料的焊接，尤其适用于铝—铜、铜—钢、高速钢—碳钢、高温合金—碳钢等异种材料的焊接。搅拌摩擦焊技术在这些领域的应用已得到技术人员的广泛认可，技术人员不仅希望能够将搅拌摩擦焊技术应用于规则工件，也希望其实现非规则工件（如异型焊缝）的焊接。由于搅拌摩擦焊的特殊性，异型焊缝的焊接仍然会产生诸多的焊接缺陷和不足，需要科研人员研发相应的解决手段。例如波音公司在 2012 年申请的申请号为 JP2012199036A 专利申请，就是关于如何解决非平面工件的搅拌摩擦焊技术的，该申请解决了针对具有复杂几何构造的那些构造如何实现搅拌摩擦焊接的问题。

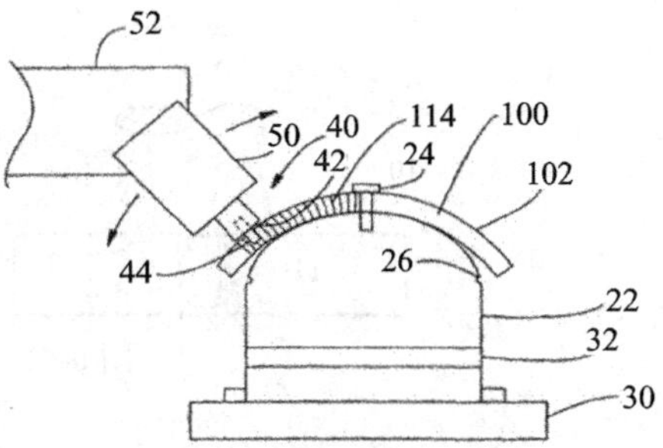

图 6-51 JP2012199036A

该装置包括限定轮廓表面的模具，该轮廓表面诸如是对应于工件期望结构的圆屋顶形状，还包括肩部和从肩部延伸的可转动的销，搅拌摩擦成形工具被构造成朝向模具的轮廓表面驱动肩部和销。因而，肩部驱使工件抵靠着模具并使工件具有期望的结构，该销至少部分地穿入工件中并旋转以形成搅拌摩擦成形区域，如图 6-51 所示。

## （五）搅拌摩擦焊接工艺创新

在要焊接的构件的物理性质（如熔点或密度）显著不同或者待焊接的构件的机械性能明显不同的情况下，搅拌摩擦焊接方法导致有缺陷的焊接变形产生并且难以获得良好的焊接，面对一些特殊的材料和结构的焊接，则需要创新焊接工艺，而不是按照传统工艺方法进行焊接。例如 US2003102354A，具体如下。

一种搅拌摩擦焊接方法，旋转工具 1 通过将旋转工具 1 的销部 2 插入待焊接部件并移动旋转工具 1 来进行搅拌摩擦焊接。销部 2 插入待焊接的构件中的一个的侧部，并且销部 2 不插入待焊接的构件中的另一个的侧部。在这种情况下，旋转工具 1 的肩部 3 被设定为与销部 2 未被插入的一侧上的待焊接构件的上表面接触。由销的摩擦搅动作用引起的摩擦热仅在插入销的构件侧产生，并且摩擦热传递至销未插入的相对侧上的构件，使得构件在对面也被加热，在两个构件的邻接表面处产生金属特有的原子扩散现象，由此两个构件被扩散接合，如图 6-52 所示。

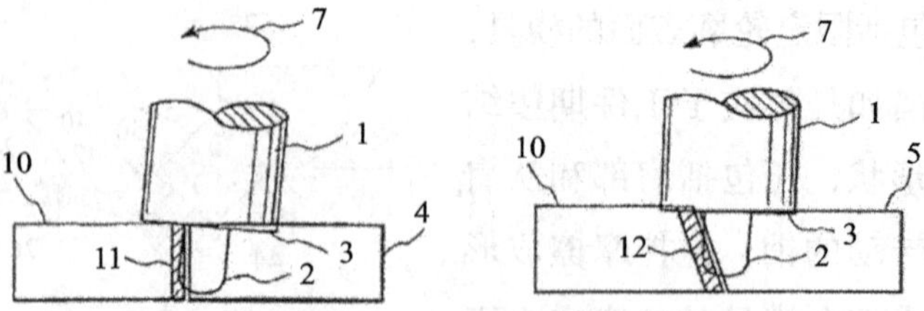


图 6-52　US2003102354A

## （六）焊接过程实时控制

在一般的 FSW 装置中，根据被接合构件的材质及厚度预先设定最佳接合工具的规格（如材质、形状等）、转速（如旋转速度），作为进给速度的接合速度、插入深度等加工条件，从接合开始直到接合结束，保持该加工条件以实施接合。但是在焊接过程中，温度、距离、尖端位置变化等因素实时发生变化，这些不确定因素的变动导致接合品质的波动，因此需要实时监测控制并做出相应调整。例如 CN107848066A，具体如下。

一种搅拌摩擦接合装置，设置有多个温度传感器 13，所述多个温度传感器被埋入接合工具 1 的突起部 11 内的纵向方向上不同位置处；控制装置 5，所述控制装置基于由所述多个温度传感器检测出的温度，获得所述接合工具的工具温度，控制接合工具的移动速度，以便使所述工具温度落入预定的控制温度范围内，如图 6-53 所示。

# 六、本章小结

## （一）搅拌摩擦焊接技术发展状况

在全球范围内，搅拌摩擦焊专利的申请量总体呈上升趋势：专利申请起始于 1995 年；2000—2002 年，申请量以每年翻倍的速度大幅增长；2003—2008 年，申请量整体平稳，存在小幅波动。中国搅拌摩擦焊技术研究起步较晚，

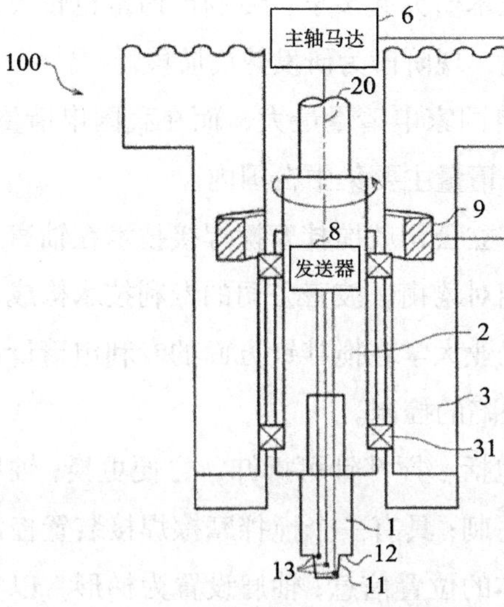


图 6-53　CN107848066A

2004—2006 年，中国范围内的搅拌摩擦焊技术专利申请开始起步，从 2007 开始持续快速增长。

专利申请的地域分布排名前三位的中国、美国和日本是搅拌摩擦焊最主要的市场。搅拌针、轴肩、缺陷控制几方面的申请量相对较均衡。波音公司的核心专利数量最多，引频次前 8 的专利申请中占了 5 件专利申请，说明该公司在搅拌摩擦焊接技术中占据主导地位，核心专利在三个专利技术领域分布均衡。

重要申请人主要涉及日本轻金属株式会社、波音公司和日立公司、川崎重工业株式会社和哈尔滨工业大学。

## （二）重要申请人分析

日本轻金属株式会社、波音公司和日立公司申请量基本在 2002—2004 年达到了申请高峰，而国内的哈尔滨工业大学专利申请量于 2010 年达到顶峰。国外对于搅拌摩擦焊接技术研究起步早，专利申请量也较大，我国对于搅拌摩擦焊接技术研究起步晚，现阶段为研发热门阶段。

三家外国企业分别在各自国家申请量最大，而在我国申请量相对较少。国内的哈尔滨工业大学专利申请量主要集中在国内。

日本轻金属株式会社和日立公司就搅拌摩擦焊接技术在轴肩、搅拌针和缺陷控制方面的专利申请量相对均衡。波音公司的专利技术构成大部分涉及搅拌针和轴肩技术。哈尔滨工业大学在搅拌针方面的专利申请量最大，后续将发展焊接新工艺，致力于缺陷的控制。

搅拌头结构本身的改进包括：搅拌针可拆卸，方便更换；轴肩上设置环状突起，可实现定位和减少毛刺；具有一个搅拌摩擦焊接装置控制器，用于控制上部旋转体和下部旋转体的位置信息；轴肩设置为梯形，以实现内角接合；肩部和销为独立元件并且两者相关位置可调节；两个肩部之间设置凹槽夹住搅拌销，从正面和侧面同时进行搅拌摩擦焊接；搅拌针长度调节；减小垂直负载。缺陷控制包括：接触面倾斜设置；设置检测装置或传感器，检测到工件的距离，并根据检测结果与数据库的参考值比较，控制装置实时调节，防止焊接空隙和裂缝；增设保护气体屏蔽管，避免氧化；辅助加热；搅拌摩擦焊与后续机加工工序结合。

### （三）搅拌针形状分析

搅拌针形状主要有柱形搅拌针、偏心圆搅拌针、锥形搅拌针、阶梯形搅拌针、变截面形搅拌针及倒梯形搅拌针。

### （四）搅拌摩擦焊发展趋势

搅拌摩擦焊发展趋势主要有异种材料连接、复合焊接技术、搅拌摩擦焊的自动化、异型焊缝的焊接、搅拌摩擦焊接工艺创新、焊接过程实时控制等方面。

## 参考文献


[1] WALDRON D J. Friction stir welding a revolutionary new joining method [J]. Aerospace Automated Fastening Conference and Exposition，Long Beaeh，California，1998（9）: 15-17.

[2] 郁炎，晏阳阳，高福洋．国内外搅拌摩擦焊用搅拌头的研究现状及发展趋势 [J]. 材料开发与应用，2013，28（3）: 111-117.

[3] 中国机械工程学会焊接学会．焊接手册：焊接方法及设备（第 1 卷）[M].. 北京：机械工业出版社，2007：809-840.

[4] 孙永昌．搅拌摩擦焊的专利综述与分析 [J]. 科技论坛，2015（12）: 122-123.

[5] 姚君山．搅拌摩擦焊技术研究进展 [J]. 宇航材料工艺，2003（4）: 24-29.

[6] 陈振中．搅拌摩擦焊接技术研究进展．沈阳航空航天大学学报 [J],2017,34(1):1-14.

[7] 赵家瑞．一种焊接新工艺在迅速发展——搅拌摩擦焊 [J]. 焊接技术，2000，29（S1）: 37-38.

[8] 唐威．搅拌摩擦焊接技术的研究现状与前景展望 [J]. 电焊机，2014，44（12）: 107-110.

# 第七章　卷绕输送领域张力控制专利技术综述

国家知识产权局专利局专利审查协作北京中心

冯超　钟泽南*　张杨

**摘要**：卷绕输送领域的张力控制系统是条材生产中的重要控制系统。本章对张力控制技术专利进行检索，通过筛选国内外有关卷绕输送领域的专利申请文献，统计分析申请趋势、技术构成、申请人、地域构成，并对重要专利申请进行解读，理清张力控制技术的发展脉络。

## 一、卷绕输送领域张力控制技术概述

卷绕输送领域是一种常规的输送方式，现实生产和生活中，大量薄的条材形式的材料以卷绕的方式进行生产、加工和运输。卷绕输送领域有以下三个特点：一是涉及材料种类多，工业中常见的纸张、布匹、塑料、金属等均能以卷绕的形式进行生产、制造和运输；二是涉及的形式多，片状、条状、丝状的形式均能够进行卷绕；三是涉及的操控步骤多，堆垛、供给、定位、展开、输送、卷绕、张紧、检测、贮存等步骤涉及卷材生产的各个阶段。在生产和加工的过程中，需要对卷绕材料的张力进行控制，以保证合适的张力，

---

*　冯超、钟泽南同为第一作者。

如果张力过大，容易导致卷材断裂或者损伤，如果张力过小，会出现褶皱、卷曲的问题，导致条材的外观或性能发生改变，均会影响下一步的制造和生产。因此，张力控制在连续加工生产线中起着举足轻重的作用。检测并控制卷材的张力恒定一直是卷绕输送领域的普遍需求。

目前，常见的张力的控制形式分为两种，即开环控制和闭环控制：开环控制根据卷绕对象的种类、特性、速度，设定一个张力值，由张力控制装置给卷绕对象施加特定的张力，并设定具体的时间、速度值，根据相应的速度、时间来改变施加张力控制的力的大小，开环控制不需要张力检测装置；闭环控制是在开环控制的基础上附加一个张力检测装置，张力检测装置将实时检测的张力反馈至控制系统，控制系统根据反馈的信号，处理后发出信号给张力控制装置，再通过张力调节装置来调节作用到条材上的张力。基于上述两种控制方式，又分为两种改进模式：一种是先进行力学分析，根据分析得出力学模型，找到自适应卷绕控制策略，这种方式实际上是在开环控制的基础上演变而来的；一种是改进张力检测装置，通过形式多样、不同原理的传感器来提高检测的精度，达到及时反馈张力信息的效果，这种方式的改进点在于仪器本身。

上述两种改进方式在实际生产中均得到了广泛应用，但是对于张力控制的技术发展演变，尚未有统一的研究。通过研究张力检测和控制的发展路线，对专利中的技术手段进行分类、归纳总结，理清张力控制的脉络发展，并根据不同的技术手段作为出发点，有利于卷绕领域张力控制的技术改进。

## 二、卷绕输送领域张力控制的研究对象和研究方法

### （一）卷绕输送领域的研究对象

卷绕输送领域涉及范围广，卷绕材料从生产到成卷，一般会涉及“送进卷材”“卷绕机构”“张力控制”和“检测警告”四个方面。在“送进卷材”时，

会涉及不同的送进方式。采用摩擦辊、摩擦带和真空吸引辊是三种常见方式。而为了张力的稳定输送，“送进卷材”还会涉及积累过剩条材以便于张力的缓冲。对于“卷绕机构”，根据卷绕动力的来源不同，分为两种，一种为动力施加在卷绕芯轴上，通过电机驱动芯轴转动完成收放卷；一种为动力施加在条材辊上，通过条材辊的转动带动条材的前进，进而完成收放卷。对于“张力控制”，主要分为横向定位和纵向定位。横向定位通常通过一个纠偏辊，通过纠偏辊的摆动即可有效地防止条材的偏移；纵向定位与卷材的送进方式、卷绕方式息息相关，是卷绕领域张力控制的关键部分，对纵向定位的张力控制进行分析是研究的重点。对于“检测警告”，其作为张力控制的检测条件，是进行张力控制时的重要参考因素和技术发展的重要组成部分，也是研究的对象。

1. 检索数据库及检索截止时间

专利检索以中国专利文摘数据库（下称 CNABS）和德温特世界专利索引数据库（下称 DWPI）为基础，结合分类号和关键词，选取相关的专利文献进行研究。CNABS 中的数据以中文文献为主，申请日最早追溯到 1986 年 1 月 1 日，最晚为 2019 年 6 月 30 日；DWPI 数据库中数据以外文文献为主，申请日最早追溯到 1950 年 1 月 1 日，最晚为 2019 年 6 月 30 日。

2. 检索过程

在具体检索过程中，分类号限定在 B65H23/04、B65H23/06、B65H23/08、B65H23/16、B65H23/18、B65H23/26、B65H26/00 及下位组。关键词的选取为“张力”“应力”“平整”“恒定”“定位”“感应”“检查”“检测”“监测”，英文关键词中张力的表述为“TENSION”，采用了“DETECT+”“SENS+”“INSPECT+”“CHECK+”。

## （二）卷绕输送领域张力控制专利现状分析

专利现状分析包括申请趋势分析、技术构成分析、申请人分析，以期从多个维度展现卷绕领域张力控制的技术发展。

通过对检索结果进行分析，得到张力控制专利技术申请量年度分布图（如图 7-1 所示），以明晰该技术的申请趋势；通过对 IPC 分类号进行统计，得到涉及张力控制的各个分支技术领域的分布图（如图 7-2 所示），以明晰该技术所涉及的各个领域分布；通过对技术全球分布（如图 7-3 所示）和重要申请人（如图 7-4 所示）进行分析，以明晰在该领域中的地域分布和重要申请人状况。

### 1. 申请趋势

从图 7-1 中可以看出，申请主要分为三个阶段。第一阶段为 1970 年之前，为相对缓慢期。受到科学技术发展的影响，总体上的申请量很少，平均每年在 50 件以下。第二阶段为 1970—2010 年，每一年的申请量基本平均，基本维持在 200 件左右。第三个阶段为 2010 年之后，由于电子技术的发展及中国对知识产权保护的加强，国内申请量急剧增加，总的申请量维持在 400 件以上，尤其是在 2018 年达到高峰，申请量首次突破 800 件。

### 2. 技术构成

结合图 7-2，由于张力控制主要涉及卷绕领域中的条材的张力的检测，在 IPC 分类体系下，B65H 占据了绝对主力，为 1200 件左右，该分类号主要涉及“搬运薄的或细丝状材料，如薄板、条材、缆索”，排名为 2~5 位的分别是 B41F（印刷机领域）、41J（打字机领域）、G11B（信息存储领域）、B65B（包装物件或物料的机械装置）。这是由于在印刷、包装和信息存储领域涉及多种形式的印刷材料、包装材料、影像处理材料等卷状物料的生产、制造和加工，必然会涉及卷材的张力控制。

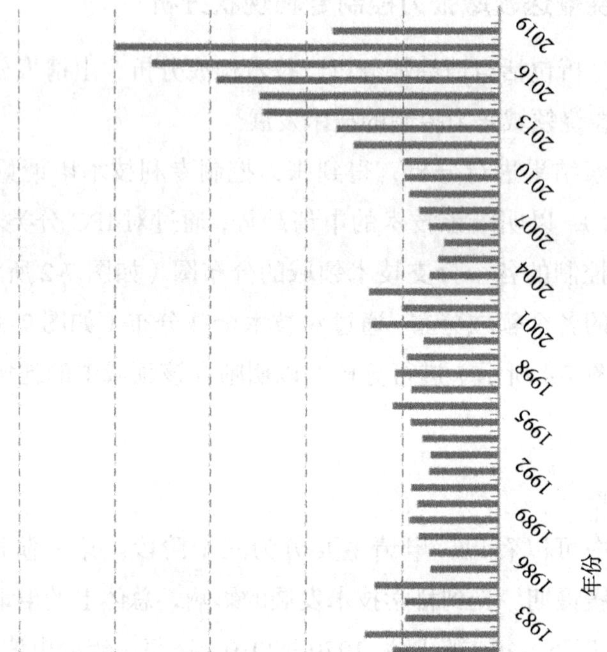
申请量/件
0
200
400
600
800
1000
1950
1953
1956
1959
1962
1965
1968
1971
1974
1977
1980
1983
1986
1989
1992
1995
1998
2001
2004
2007
2010
2013
2016
2019
年份

**图 7-1 专利申请趋势图**

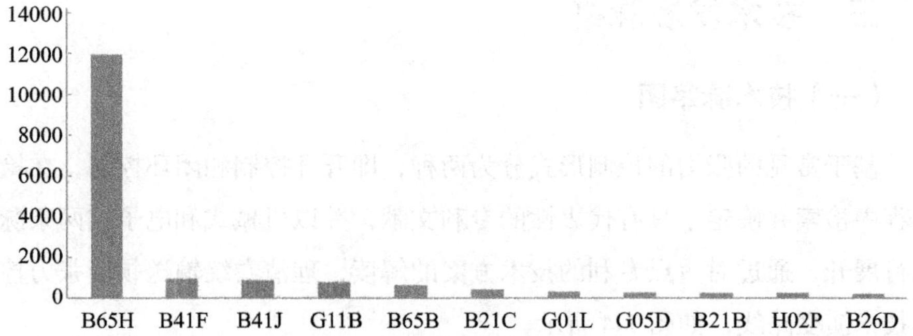


**图 7-2　技术构成分解图**

3. 技术全球分布

从地域分布来看，中国、日本、美国、德国、欧洲专利局为申请量居于前五位的国家或组织，这也与上述国家或组织的知识产权重视程度及科技实力相匹配。

4. 申请人分析

日本的索尼公司、三菱电子公司、松下电器公司等及德国的高宝公司、美国的宝洁公司均是高科技公司，业务范围均会涉及印刷、包装、光学薄膜、处理、电子科技信息等，是本领域的重要申请人，也是推动该技术不断向前发展的重要力量，如图 7-3 所示。

**图 7-3　重要申请人分布图**

# 三、技术发展脉络

## （一）技术脉络图

基于常见的张力的控制形式分为两种，即开环控制和闭环控制，在检索过程中检索并确定了具有代表性的专利文献，并以机械式和电子式两条脉络进行展开，通过对重点专利的技术方案的解读，理清卷绕输送领域张力控制的技术演变路线，如图 7-4 所示。

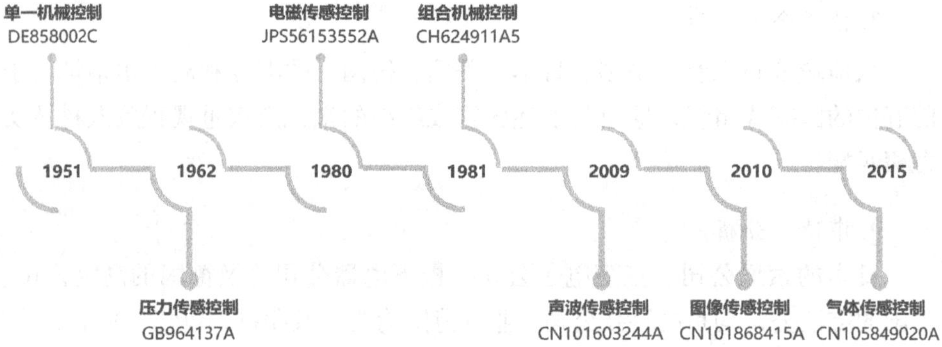


图 7-4　技术发展脉络图

## （二）重点专利解读

1. 单一机械控制阶段

为了使得张力能够恒定，早在 20 世纪人们就开始对张力控制机构进行了设计，Naegele Karl Friedrich 在 1951 年设计了张力控制结构（专利公开号 DE858002C），其技术方案为：在输送带材上设置了一个张力辊 8，在张力辊 8 的下侧悬挂一个配重 9，通过张力辊 8 对带材的一个施压，可以使得带材获得一初始张力，同时根据张力需要的不同，还可以改变配重 9 的大小，以获得不同的初始张力，从而控制张力的变化，如图 7-5 所示。该装置的优点是结构简单、操作方便，缺点是需要更换配重，自动化程度不高。

2. 压力传感控制

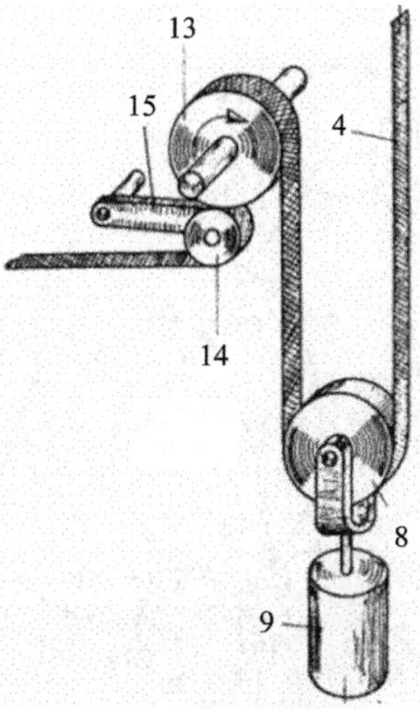


图 7-5 DE858002C

Ralph Frederick Wallace 于 1962 年推出了纸幅输送过程中的张力检测装置（专利号 GB964137A），其为最普通的张力检测器，其在机架 4 上设置了一滑槽 6，并且在滑槽内设置了弹簧 9 和压力传感器 8，弹簧 9 的一端对张力辊 1 进行按压。在带材以正常张力工作时，带材的张力会使得张力辊 1 克服弹簧 9 的弹力而向左运动，从而与压力传感器 8 相接触，当带材上的张力减小或者带材发生断裂时，由于张力的减小，张力辊 1 会在弹簧 9 的弹力作用下向右移动，此时压力传感器 8 与张力辊 1 分离，从而产生信号，以使得设备紧急停止工作，如图 7-6 所示。该种张力控制方式的优点是成本低，是普遍的压力传感方式，但由于其作用于条材上，容易对条材产生损伤，也由于不同形式的压力传感器的工作原理及结构不同，也存在反馈不及时和精度不准的问题。

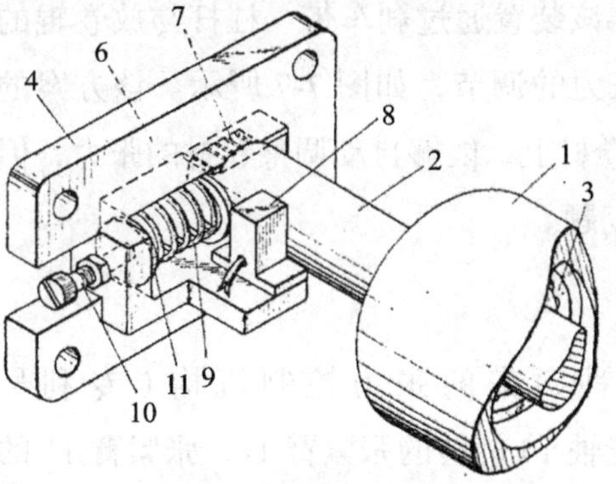


图 7-6 GB964137A

3. 组合机械控制

ELLINGHAUS 公司于 1981 年提出了一种放卷张力控制的装置（专利号 CH624911A5），其技术方案为：带材 3 有放卷辊 1 进行放卷，然后经过张力补偿辊 4 送出，在张力补偿辊 4 上设置了一个连杆 6，连杆 6 可以绕铰接

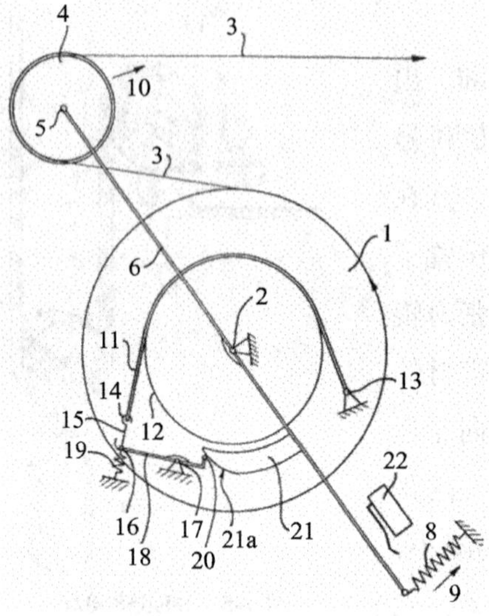


图 7-7 CH624911A5

点 2 进行旋转，连杆的下端连接有一个凸轮 21，同时还设置了杠杆 18，杠杆 18 的右端设置有与凸轮 21 相配合的配合部，同时在杠杆 18 的左端设置有一个钩部 15，钩部 15 连接有一刹车带 11，工作时，当带材 3 上的张力变小时，会使得张力补偿辊 4 逆时针转动，从而使得杠杆 18 也发生逆时针转动，拉紧刹车带 11 降低放卷辊 1 的转速；当带材 3 上的张力变大时，会使得张力补偿辊 14 顺时针转动，从而使得杠杆 18 也发生顺时针转动，松开刹车带 11 以实现放卷辊 1 的转动。可见，该装置通过刹车带、杠杆与放卷辊的配合改变放卷力矩，进而完成卷材张力的调节，如图 7-7 所示。该方案的优点是刹车制动装置作用于卷轴而非卷材上，能够自动调整卷材的张力，但同样存在检测精度不高、调整滞后的问题。

4. 电磁传感控制

索尼公司于 1980 年提出了一种磁带的张力控制机构（专利号 JPS56153552A），其设置了一个可以绕轴 14 旋转的张紧臂 11，张紧臂 11 的一端设置有导向器 13，磁带经过导向器 13 进行传送，同时，在轴 14 上套设有磁铁 15，磁铁 15 的两侧设置有电磁线圈 16，当磁带上的张力发生变化时，在张力的作用下张紧臂 11 会带动轴 14 发生旋转，电磁线圈 16 会感应到旋转信号，并将其传递至控制单元，控制单元根据旋转信号来控制磁带的收放力矩，从而使得张力稳定，如图 7-8 所示。

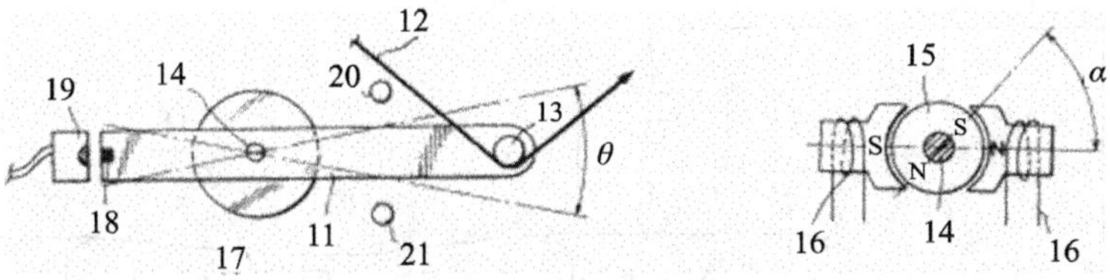


**图 7-8　JPS56153552A**

5. 声波传感控制

杭州电子科技大学 2009 年 12 月提出了一种卷绕张力的控制方法（专利号 CN101603244A），其在卷取物料的一侧设置超声波传感器 7，超声波传感器 7 发出超声波，控制单元记录超声波从发射到接收的时间间隔 $t$，根据公式 $S=Ct/2$ 来计算被测距离，其中，$S$ 为发射器与卷装间的距离，$C$ 为超声波的传播速度，测得发射器与卷装间的距离后，计算卷装的半径 $R=S_0-S+R_j$，其中 $S_0$ 为卷取初始时测得的发射器与卷取辊辊面距离，$R_j$ 为卷取辊半径，在得到卷装半径后，由于织带张力 $F$ 与卷绕的线速度相关，而卷绕的线速度 $V=\omega R$，$\omega$ 为卷取轴角速度，因此可以利用 PC 工控机实时调整电机的角速度，从而达到控制张力的目的，如图 7-9 所示。该方案的优点是通过超声波进行控制，不与条材接触，避免条材受到检测装置的干扰，缺点是装置结构复杂，成本较高。

6. 图像传感控制

丰田自动车株式会社于 2010 年提出了一种卷绕张力的控制方法（专利号 CN101868415A），卷材 10 的输送方向上设置照相机 3，图像解析机构对照相机 3 所拍摄的图像进行解析，并检测出在卷材 10 上发生皱褶的前兆的波形和该波形向导向辊 2c 的进入方向，然后控制导向辊 2c 的斜角从而控制张力，如图 7-10 和图 7-11 所示。该装置的优点是张力控制可视化，精度高，缺点是图像处理速度对硬件要求较高，成本高昂。

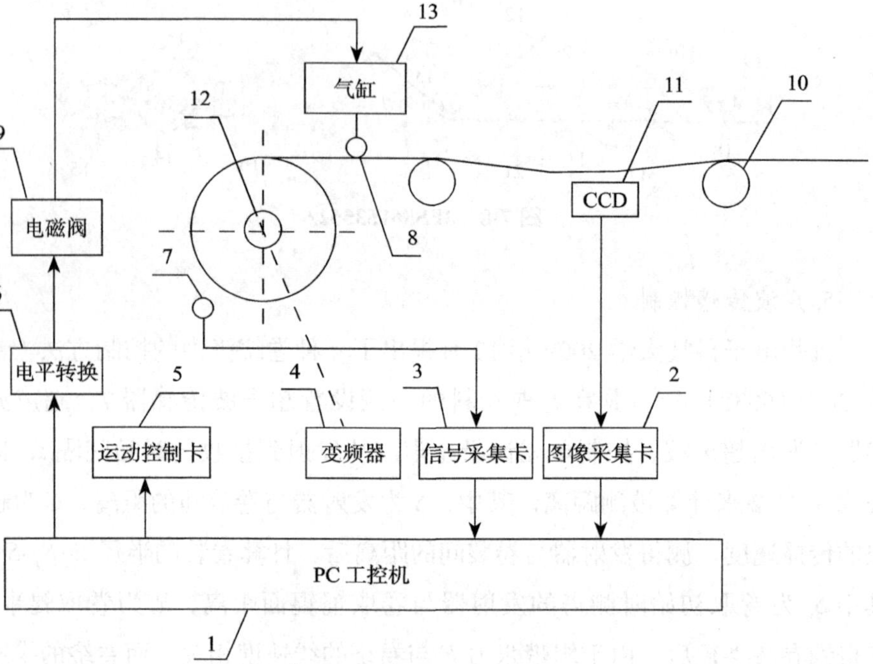


图 7-9 CN101603244A

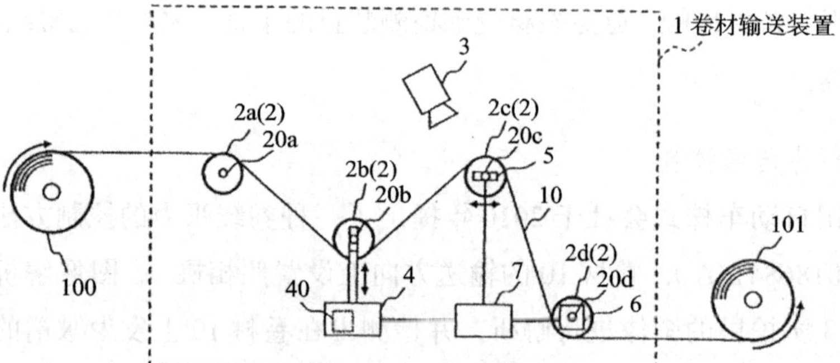


图 7-10 CN101868415A

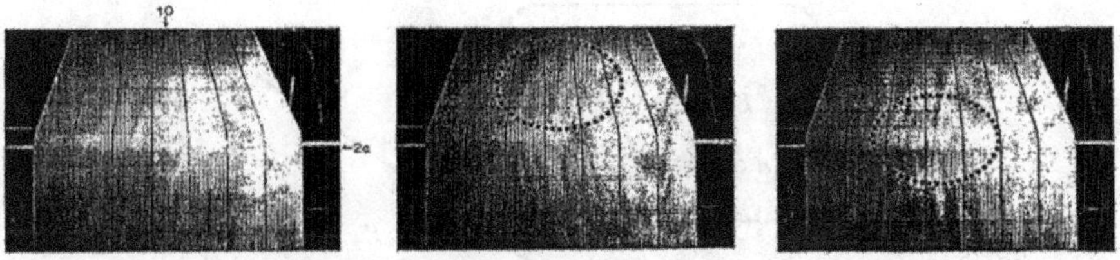

（a）未发生皱折　　（b）发生波动现象（波影）　　（c）发生皱折

**图 7-11　CN101868415A**

7. 气体传感控制

株式会社 IHI 于 2015 年提出了一种张力控制方法（专利号 CN105849020 A），其设置了可以喷射空气的气动转杆 1，带状构件 W 在空气的作用下沿气动转杆 1 的导引面 1a 浮起，通过压力传感器 4 检测从气动转杆 1 的导引面 1a 朝向带状构件 W 喷吹的空气压力作为空气压力 $P$，通过间隙传感器 5 检测带状构件 W 自气动转杆 1 浮起的浮起间隙 $d$，然后由运算器 6 根据带状构件 W 的张力 $T$ 与空气压力 $P$ 及浮起间隙 $d$ 的关系对张力进行计算，通过滚珠螺杆 3 来控制气动转杆 1 的位置以进行张力控制，如图 7-12 和图 7-13 所示。这种控制方式的优点是不仅能够不与带状构件 W 进行接触，而且可以提高张力的检测和控制精度，缺点是气流量较难控制，控制算法复杂。

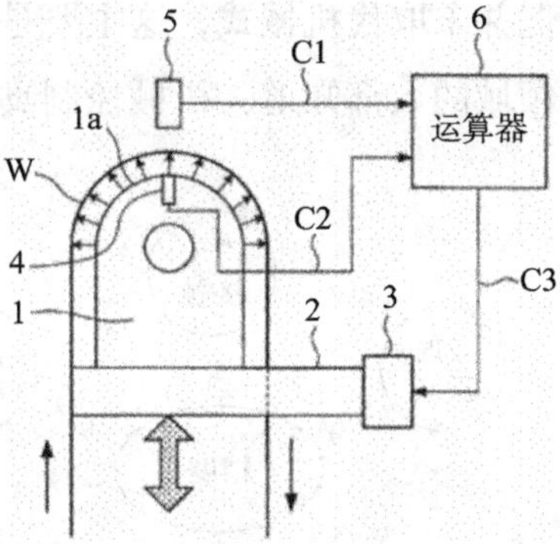


**图 7-12　CN105849020A**

综上可见，卷绕领域张力控制的技术演变，主要以机械式和电子式两个方向为基础并行发展，机械式张力控制的发展经历了单一机械式—组合机械式—电磁机械式的发展演变，电子式张力控制经历了压力传感式—电子传感式—声波传感式—图像传感式的发展演变，

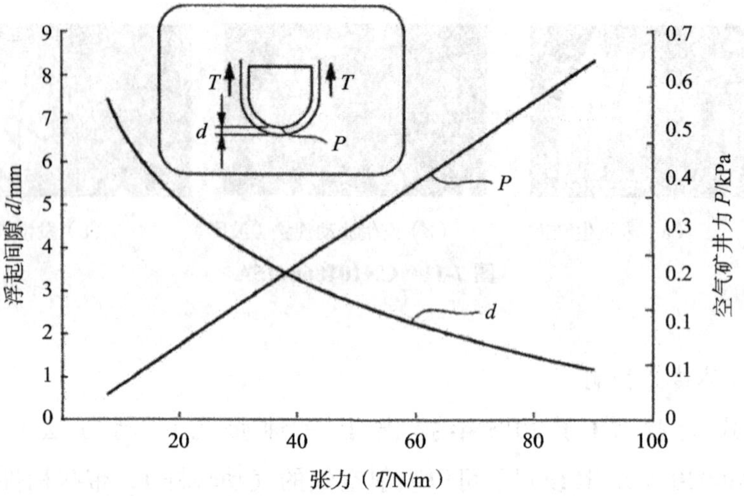


**图 7-13　CN105849020A**

两个发展方向的控制原理基本上没有太大的变化，分别以开环控制和闭环控制为基础，共同并行发展。虽然电子式控制在最近几十年的发展更加迅猛，但并未取代机械式，这主要是受到卷绕对象的精度及成本的要求，机械控制领域的人都知道，机械控制具有操作简单、成本低、精度低的特点，而电子控制具有反应灵敏、精度高但成本高的特点。根据待卷绕对象的不同（如布匹领域的张力控制对张力的精度要求不高），仅仅需要机械控制即可；但是对于一些精密电子仪器，如光学薄膜的制造和卷绕，则需要进行精确的条材控制，此时需要使用更加精密的检测仪器和更加准确的张力控制方式。技术演变综合考虑的因素如图 7-14 所示。

**图 7-14　张力控制考虑的相关因素**

## （三）从一个复审案例看卷绕领域张力控制技术的发展

实际案例：一件PCT国际申请，申请人为意大利某公司，该申请于2014年10月31日进入中国国家阶段。在实质审查阶段中，审查员以发明不具备创造性为由作出了驳回决定。针对驳回，申请人提交了复审请求，权利要求1为："一种用于缠绕来自挤出机的合成纱线的方法，包括下述步骤：将从挤出机（E）离开的至少一根纱线（F）连接至少一个相对应的绕线筒（2），其中，所述绕线筒（2）能够绕其纵向轴线（A）旋转，所述纱线（F）缠绕在所述绕线筒（2）上；通过马达（3）向所述绕线筒（2）施加特定的速度和/或转矩而使所述绕线筒（2）旋转；通过至少一个测压元件以非侵入性的方式测量作用在位于所述绕线筒（2）上游的所述纱线（F）上的张力的值；调节所述速度和/或所述转矩以保持测量出的张力值与所述张力的参考值大致相等；其中，所述测压元件在所述纱线上具有最小压力并且所述纱线相对于其前进路线具有可忽略不计的偏移的情况下即时地测量作用在正在缠绕的所述纱线上的所述张力；并且，其中，所述张力的所述参考值是恒定的；并且，其中，调节所述绕线筒（2）的所述速度和/或所述转矩的步骤包括将所述纱线（F）的所述测量出的张力值与所述张力的所述参考值相比较的步骤及确定施加至所述绕线筒（2）的所述速度和/或所述转矩的值以保持所述测量出的张力值与所述张力的参考值大致相等的步骤"，如图7-15所示。

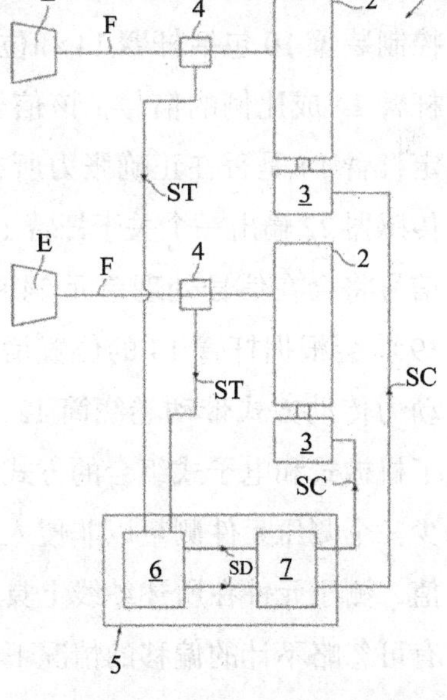


图7-15 复审案件的说明书附图

该技术方案的主要内容为：一种用于

缠绕来自挤出机的合成纱线装置，其包括一测压元件4，在权利要求中限定了该测压元件以“非侵入性的方式”测量作用在纱线上的张力的值，并且该测压元件在所述纱线上具有最小压力并且所述纱线相对于其前进路线具有可忽略不计的偏移的情况下即时地测量作用在正在缠绕的所述纱线上的所述张力。复审请求人认为对比文件均未公开上述特征。该特征使得本申请能够即时地控制作用在正缠绕的纱线上的张力，使得纱线相对于其前行路径具有可忽略的偏移，并且张力值仅有非常小的增加。即复审请求人认为，在对张力进行检测时，除了检测的精度外，张力检测仪器在张力卷绕过程中对条材产生的影响也是现在技术所重点考虑的因素。

实审审查员在驳回时引用了两篇对比文件及公知常识进行了评述。

对比文件1（如图7-16所示）的技术方案主要内容为：纱线从挤出机构11以可变的速率传输到卷绕筒12，至少一根纱线从挤出机构出来进入卷绕筒12进行卷绕；卷取电机19通过适当的动力传动方式带动卷绕筒12；张力控制装置10包括杆臂14和位置传感器22，位置传感器22传递输出一个与杆臂14成比例的信号，该信号输入信号处理器与设定值进行比较，从而决定杆臂14是否在正确张力所在的位置，然后与一个预设值进行比较，通过传感器22输出一个关于杆臂14的位置信号，杆臂14的位置表征其张力大小，信号将会在信号处理单元24中与预设值比较，如果张力不正确，那么电机19将会根据杆臂14的位置增加或减少输出动力，卷取电机19通过适当的动力传动方式带动卷绕筒12，以保证合适的张力。可见，对比文件1采用了机械式和电子式组合的方式进行张力的检测和控制，但是未公开“通过至少一个测压元件测量以非侵入性的方式作用在位于绕线筒上游纱线上的张力值，测压元件在所述纱线上具有最小压力并且所述纱线相对于其前进路线具有可忽略不计的偏移的情况下即时地测量作用在正在缠绕的纱线上的张力”。复审员认为：“对比文件1公开了在挤出机与卷绕机构之间设置张力控制装

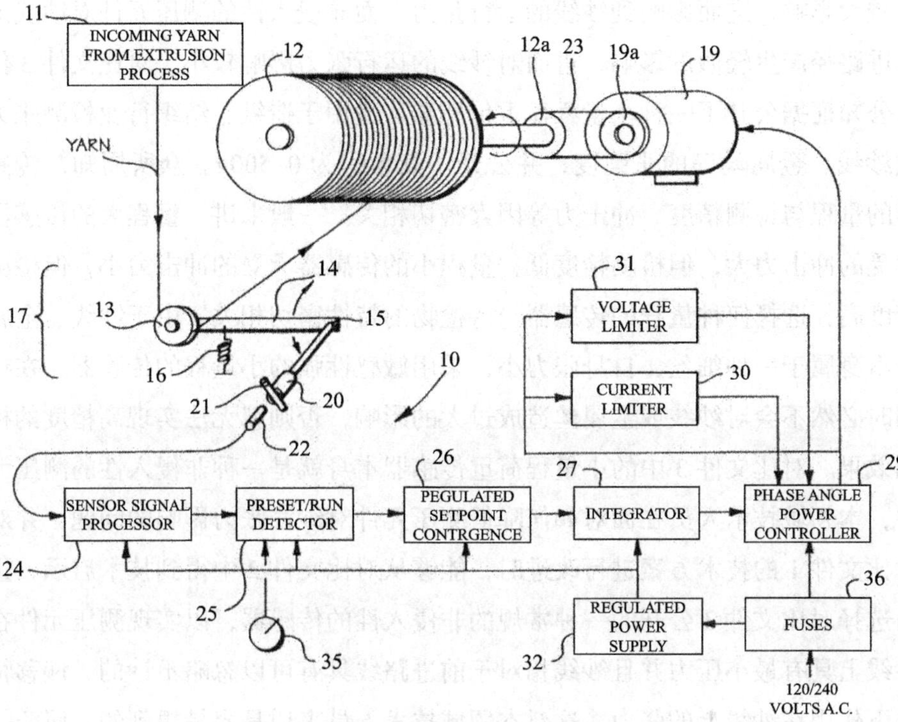


图 7-16　对比文件 1 说明书附图

置，该张力控制装置包括杆臂和传感器，通过传感器检测纱线张力的变化，进而通过收线马达改变杆臂的位置，以保持纱线具有合适的张紧力。由于对比文件 1 通过杆臂来进行张力的控制，杆臂在摆动时容易对纱线的运行状态产生影响，进而影响生产质量和效率，因此对比文件 1 存在如何减小张力测量元件自身带来的对纱线张力变化影响的技术问题，使得本领域技术人员存在从现有技术中寻找解决该技术问题的动机。对比文件 2 公开了一种智能输纱器，并公开了采用压力传感器进行纱线张力的检测，压力传感器的压力测量部件位于纱线的输送路径。而在具体的压力传感器的选择上，现有技术中存在侵入性、非侵入性测压元件，侵入性的测压元件会对纱线的前进路径产生较大影响，进而影响到纱线的运行张力，而非侵入性的测压元件对纱线的前进路径产生轻微的影响，进而对纱线的运行张力影响较小。对比文件 3 作为公知证据公开了一种小量程荷重传感器，适用于造纸、纺织行业检测张力或纱线、金属丝等的张弛度，并公开了其量程为 0~500g。众所周知，传感器的量程与检测精度、冲击力等因素密切相关。一般来讲，量程大的传感器承受的冲击力大，但检测精度低，量程小的传感器承受的冲击力小，但检测精度高，选择何种量程的传感器与待检物的特性密切相关。由于纱线、金属丝本身属于一种细丝，自身张力小，采用敏感性强的小量程的传感器，在检测时必然不会对纱线或金属丝造成过大的影响，否则就无法实现高精度的检测效果。对比文件 3 中的小量程荷重传感器本身就是一种非侵入性的测压元件，本领域技术人员在面对如何降低测压元件对纱线张力影响的问题，并对对比文件 1 的技术方案进行改进时，能够从对比文件 2 中得到技术启示，进而选择对比文件 3 公开的一种常规的非侵入性的传感器，以实现测压元件在纱线上具有最小压力并且纱线相对于前进路线具有可以忽略不计的、偏移情况下作用在纱线上的张力，这对本领域技术人员来说是容易想到的，属于一种常规的选择”。最终，复审员维持了驳回决定。

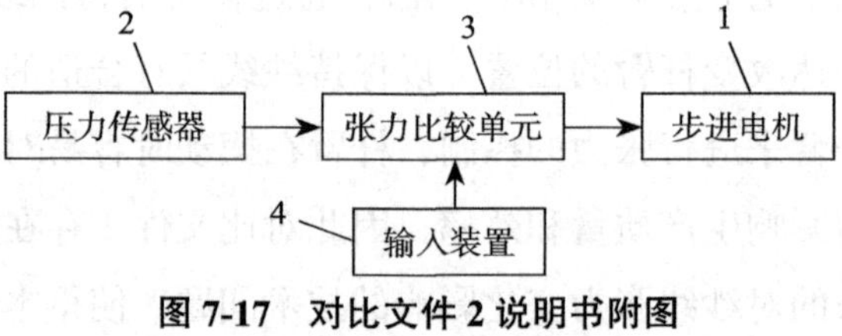


**图 7-17　对比文件 2 说明书附图**

可见，在涉及卷绕输送领域的专利申请中，如何检测到纱线张力的变化，以及提高检测精度、防止张力检测器本身在检测时所带来的影响，仍然是技术发展的焦点。

## 四、本章小结

卷绕输送领域的张力检测和控制包括以下特点：在对张力的检测方式上，由与条材的接触式检测转向非接触检测，以降低检测仪器本身对条材张力的影响；在控制方式上，由简单的开环式控制，即根据条材的张力变化来控制，转向即时反馈张力的变化并进行即时调整的闭环控制；检测的精度由低向高不断改进。在条材输送过程中，如何提升检测精度、如何防止更及时地反馈到控制系统、如何减小检测装置对条材张力的影响，一直是该技术发展的方向，也是各申请人不断努力研究的方向。虽然检测精度高、数据准确的电子化控制有了很大发展，但其并未完全取代原始的机械控制，二者各有千秋。机械化的检测和控制虽然精度不高，但耐用性强，在一些不需要精确控制的领域发挥着重要作用。而对于一些需要精确控制的条材，则采用电子化控制的方式。因其检测精度高，且检测时可减小对条材卷绕张力的影响，所以，虽然仪器较复杂，但随着各项技术的发展，也必然是今后的发展趋势和方向。

总体而言，根据对象的不同，在成本控制的考虑下，综合应用多种科技手段实现张力检测的精确性及张力调整的及时性和准确性，是卷绕领域张力控制未来的发展趋势。借助科技水平的发展，条材卷绕这一传统领域也必然会稳步发展，从而造福人民大众，为经济、社会、民生等方面提供稳定的保障。

**参考文献**

[1] 禹恒洲 . 卷绕张力控制系统的建模及张力观测器的设计 [J]. 计算机测量与控制，2007（9）：1176-1179.

[2] 任剑 . 薄膜卷制过程中张力控制系统的应用 [J]. 电子工艺技术，2010，31（3）：172-176.

# 第八章　内燃机机体技术综述

国家知识产权局专利局专利审查协作北京中心

樊锦涛　马宇航*[1]

**摘要：**内燃机机体是内燃机各系统的装配基体。本章通过专利分析，从技术发展趋势、技术构成、区域布局、创新主体和典型问题分析五个方面对内燃机机体技术进行整体分析。内燃机机体技术早期由欧美主导，随后日本崛起，目前中国追赶态势明显。缸体、缸盖、曲轴箱是内燃机机体的主要技术分支，其中缸盖的专利申请量最多。日本、中国、德国、美国是内燃机机体技术的主要技术来源国和技术目标国。全球主要申请人中，以丰田、本田为代表的日本申请人占据了重要位置。国内玉柴也出现在了排行榜上，但与丰田等头部企业仍然差距明显。由于缸套材料和缸体材料的差异，改善缸套、缸体之间的结合是内燃机机体领域的典型技术问题。对此，螺接、压合、焊接、嵌铸等是缸套连接缸体的主要方式。

## 一、引言

内燃机结构较为复杂，包含许多结构和系统，例如机体组、曲柄连杆机构、配气机构、燃油系统、冷却系统、润滑系统等。其中，机体组是内燃机各机构、各系统的装配基体，内燃机零件几乎全部安装其上。同时，机体

* 马宇航、樊锦涛同为第一作者。

组的许多部位又是曲柄连杆机构、燃油系统、冷却系统、润滑系统等的组成部分。随着内燃机技术的不断进步，内燃机向着高强度、高性能方向发展，机体承受的热负荷和机械负荷也随之增加。发动机缸体、缸盖的铸件是发动机生产中难度最大、最重要的一环，其质量对发动机的功率、油耗等起决定性作用。目前，汽车发动机在设计上不仅要求降低单位功率质量，减小噪声，还要控制燃油消耗，减少尾气排放。对此，内燃机机体（如缸体、缸盖）对发动机上述性能有重要影响。

本章的研究目标是对内燃机机体技术的总体发展情况和典型技术问题的解决手段进行分析。由于专利文献是世界上最大的技术信息源，其作为技术信息最有效的载体，囊括了全球科技技术信息的90%~95%，因此，本章着重从专利的角度分析上述内容。其中，采用 incoPat 数据库对总体发展情况进行分析，采用 J-PLATPAT 结合 FI/FT 对典型技术问题进行分析。

## 二、发展趋势分析

经检索，内燃机机体技术领域的全球专利申请总量达 60 195 件，中国专利申请总量达 10 221 件。根据内燃机机体技术领域中全球和中国每年的专利申请量，得出两者的专利申请趋势，如图 8-1 所示。

从图 8-1 中可以看出，从 1901 年起的半个多世纪中，内燃机机体技术一直处于平稳发展阶段。图 8-1 的全球专利申请曲线有两个比较明显的波峰：一个是申请量从 20 世纪的 60 年代开始快速增加，到 80 年代形成的第一个波峰；另一个是申请量进入 21 世纪后逐步增加，直至 2015 年左右形成的第二个波峰。内燃机作为汽车的动力，伴随着汽车工业的发展而发展，汽车成为内燃机的最主要用途，车用内燃机的技术发展也引导着内燃机技术发展的主要方向。应该说，图 8-1 显示的内燃机机体技术专利申请发展趋势同世界汽车工业的发展轨迹基本吻合。图 8-1 的第一个波峰主要归因于日本汽车

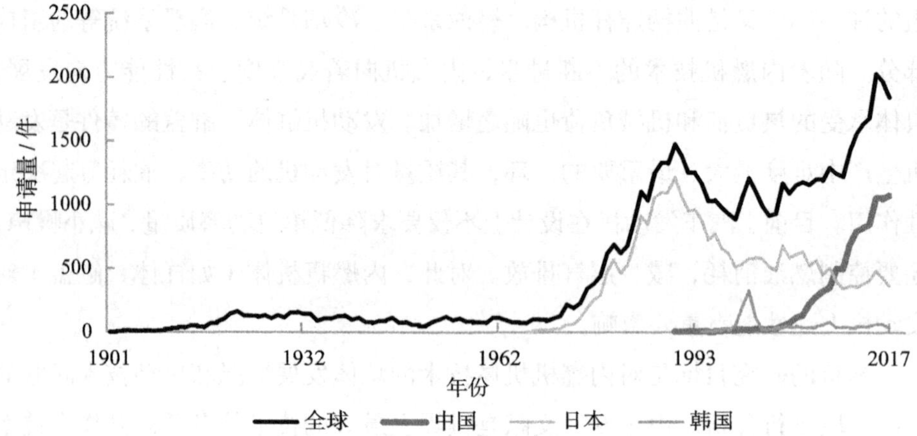


**图 8-1　全球、中国的专利申请趋势**

工业的发展。日本汽车工业开始较晚，20 世纪 60 年代日本汽车工业高速发展，1967 年日本超过德国成为第二大汽车生产国。20 世纪 70 年代的石油危机给日本的汽车产业带来了极大的发展机遇。在欧洲注重节能减排之后，日本汽车进一步抓住欧洲市场，一跃成为世界汽车工业巨头。在日本汽车工业的发展过程中，内燃机工业的节能减排起到了关键作用。将日本专利申请量和全球专利申请量进行对比可发现，图 8-1 的第一个波峰几乎完全受日本申请影响，甚至在 1980 年前后几年内，来自日本的内燃机机体技术申请占到全球内燃机机体技术申请的 80%。图 8-1 的第二个波峰主要和中国相关。2002 年之后，中国汽车行业进入爆发式增长阶段。到 2009 年，中国取代美国成为世界上最大的汽车销售市场，同时也取代日本成为世界上最大的汽车制造国。2011—2014 年，受汽车产销基数及宏观经济影响，中国汽车产销量整体增速放缓。2015 年以来，汽车行业整体运行稳中有降，结构性产能过剩犹存，行业进入深度改革期。值得注意的是，两个波峰之间还有个小波峰，这个小波峰主要归因于韩国。进入 20 世纪 70 年代，韩国政府实行“汽车国产化”政策，韩国各大公司在引进国外技术的基础上，逐渐成为汽车生产大国。韩国称 1987 年为其普及轿车的起始年。1988 年韩国汽车产量突破 100 万辆，随后几年间保持较快增长。随后的金融危机使韩国汽车工业受到较大影响。从图 8-1 也可以看出，20 世纪 90 年代初期，韩国申请量迅猛增加，但是金融危机后，增加势头戛然而止。

从上述发展历程可以发现，节能减排很大程度上推动了内燃机机体技术的发展，该影响属于正面影响；但另一方面，内燃机机体技术的发展与汽车行业的发展密切相关，由于当前全球各国汽车产业政策均促使汽车动力源由内燃机转向电池等新能源，内燃机机体技术的发展势必然受到该产业政策转向带来的负面影响。不过，对于该负面影响不必过度悲观。内燃机工业是重要的基础产业，内燃机技术目前仍主导着我国运输工业，为了防止资源过度向电动车倾斜可能引起我国内燃机工业与世界先进水平的差距再一次被拉大，内燃机技术的发展不容忽视，内燃机机体技术仍将是保持发展的重要技术领域。

## 三、技术构成分析

根据内燃机的结构特点，可以将内燃机机体分为缸体、缸盖、曲轴箱三个方面。其中，缸体可以进一步根据冷却方式分为风冷和水冷，根据扫气方式，包括在气缸壁上开设扫气口的缸体；缸盖可以进一步根据冷却方式分为风冷和水冷，根据进排气通路开设方式，包括涉及进排气道的形状配置的缸盖；曲轴箱分为安装和润滑两部分。需要说明的是，同级分类位置之间不是互斥的，一篇专利文献可能同时分入不同的同级分类位置；下级分类位置结果之间的并集可能小于上级分类位置的结果，但至少能够反映上级分类的主要方面，如图 8-2 所示。

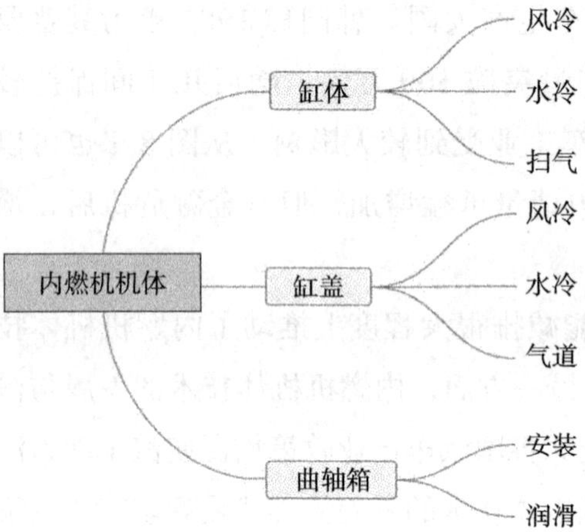


**图 8-2 内燃机机体技术分解**

对内燃机机体技术的各个分支进行检索，得出各个分支的技术构成，如图 8-3 所示。其中，图 8-3（a）表示的是内燃机机体技术的三个分支的专利申请量占比，图 8-3（b）表示的是缸体的各个技术分支的专利申请量占比，图 8-3（c）表示的是缸盖的各个技术分支的专利申请量占比，图 8-3（d）表示的是曲轴箱的各个技术分支的专利申请量占比。四幅分图中内圈均表示全球专利申请各技术分支占比，外圈均表示中国专利申请各技术分支占比。

从图 8-3（a）~（d）分别可以看出，内燃机机体的三个技术分支的全球占比，缸盖的专利申请量占比最高，约 40%，其次分别是占比约 1/3 的曲轴箱和占比约 1/4 的缸体；缸体的三个技术分支的全球占比，水冷专利申请量占比最高（近 70%），远远超过其他分支的专利申请量占比，其次分别是

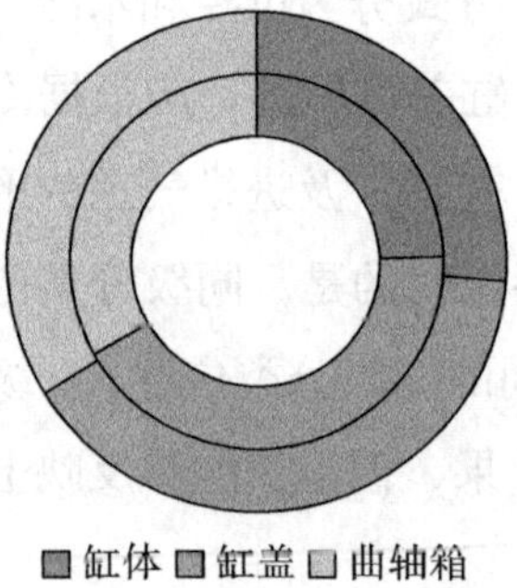


（a）内燃机机体

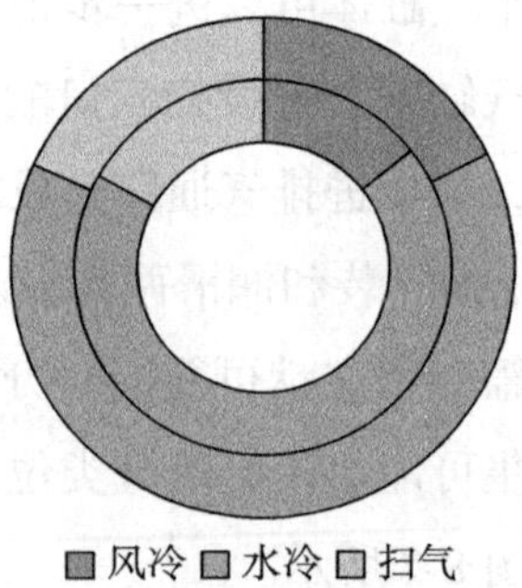


（b）缸体

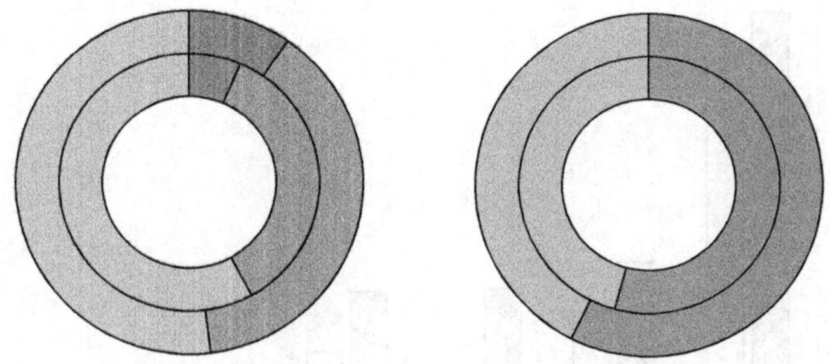


**图 8-3 内燃机机体各级分支技术构成**

扫气和风冷（近 20%）；缸盖的三个技术分支，气道的专利申请量占比接近 60%，风冷的专利申请量占比不足一成；曲轴箱的两个技术分支，安装较润滑的专利申请量占比更大，接近 50%。对比中国和全球数据则可以发现，在内燃机机体的三个技术分支中，中国在缸体、曲轴箱的专利申请量占比均超过全球，但总体差别不大；在缸体的三个技术分支中，中国在水冷方面的专利申请量占比小于全球；在缸盖的三个技术分支中，中国在风冷方面的专利申请量占比超过全球，在气道方面的专利申请量占比低于全球；在曲轴箱的两个技术分支中，中国在润滑方面的专利申请量占比略低于全球，但差别不大。

## 四、区域布局分析

为了清晰地表现在内燃机机体技术领域中哪些国家的技术实力较强，以及哪些国家是技术应用的热点市场，对该领域中的专利申请主要技术来源国和技术目标国进行梳理，如图 8-4 所示。其中，实心柱形表示内燃机机体技术领域中主要技术目标国的专利申请量，空心柱形表示内燃机机体技术领域中主要技术来源国的专利申请量。

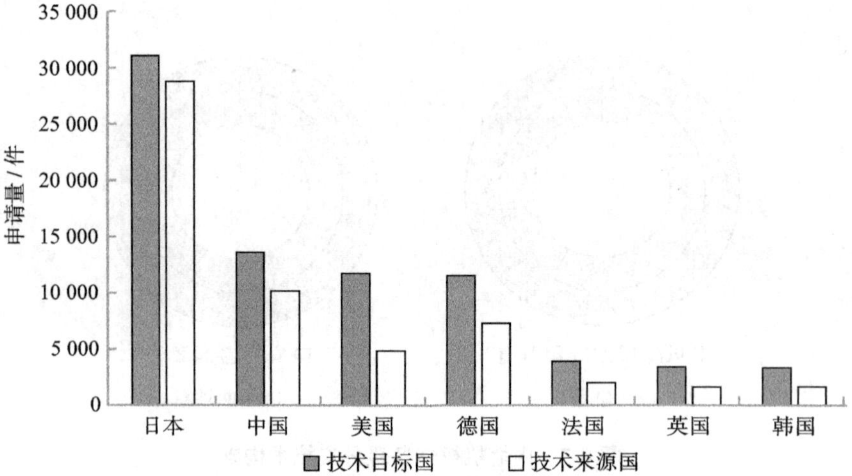


**图 8-4　全球主要技术目标国和技术来源国**

从图 8-4 中可以看出，内燃机机体技术领域中的主要技术目标国，按照专利申请量依次是日本、中国、美国、德国、法国、英国和韩国，其中日本的专利申请量远远高于其他国家，可见日本在内燃机机体领域是全球最激烈的技术竞争目标市场。同时可以看出，在中国的专利申请量仅次于日本，远高于法国、英国和韩国，也超过了美国和德国，但与美国和德国的差距并不大。

内燃机机体技术领域中的主要来源国，按照专利申请量依次是日本、中国、德国、美国、法国、韩国和英国，其中，日本依然高居第一，遥遥领先其他国家；中国依然保持第二位。可见，在内燃机机体技术领域，中国的创新主体比较活跃。值得一提的还有德国。和美国相比，德国作为技术来源国，相比美国优势较为明显。

根据上述对于来源国的分析，仅能得出全球主要来源国的总体专利申请量的对比。为了展现这些主要来源国的全球市场开拓情况，将其专利申请量中仅在其本国内的专利申请量和向国外申请的数量统计出来，如图 8-5 所示，其中，实心柱形表示仅在本国内的专利申请量，空心柱形表示向国外申请的专利数量，二者之和构成该国作为技术来源国的专利申请总量，并将向国外申请的专利数量与其作为技术来源国的专利申请总量之比表示为该国的国外专利布局比例，如图 8-5 中的折线部分所示。

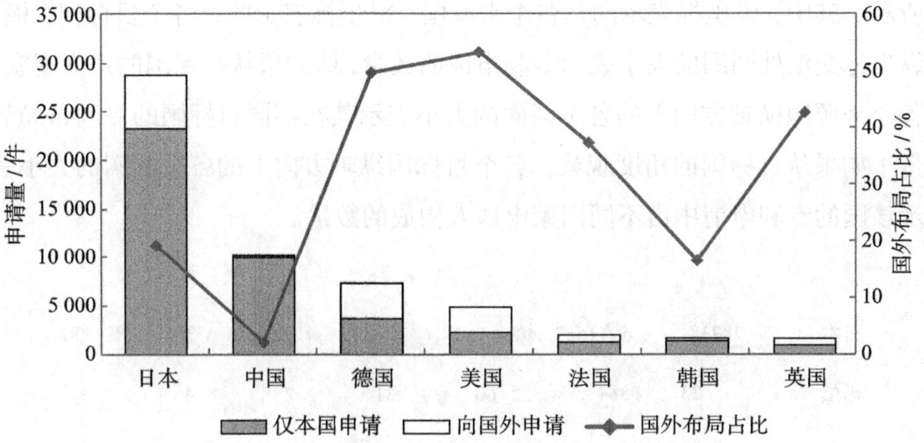


**图 8-5　主要技术来源国的国内外专利布局情况**

从图 8-5 中可以看出，按照各主要技术来源国的向国外申请的专利数量来看，日本仍然领先其他国家，达到 5587 件，但是该领先幅度并不像总申请量的领先那样表现突出；其次分别是德国和美国，分别为 3664 件和 2617 件，然后是法国和英国，分别为 752 件和 704 件，最后是韩国和中国，仅分别有 277 件和 219 件。按照各主要来源国的国外专利布局比例来看，欧美国家的占比普遍较高，美国和德国的占比能达到 50% 左右；中、日、韩占比普遍较低，尤其中国，仅有 2% 左右。具体而言，美国位居第一，占比为 54% 左右；其次是德国，占比为 50% 左右；日本虽然是最大的技术来源国，但是其国外专利布局的比例不到两成。通过上述分析不难看出，在内燃机机体技术领域中，欧美主要技术来源国非常重视国外市场的布局；中国虽然高居技术来源国第二位，但是这些技术基本上都只在国内申请。这种局面一方面不利于中国企业拓展海外市场，另一方面也反映出国内技术的国际竞争力还有所欠缺。

为了进一步分析上述主要目标国和来源国在各个国家的专利布局策略，将各个国家在本国和其他国家的专利申请量分别统计出来做对比，如图 8-6 所示。其中，纵坐标表示的是各个来源国，横坐标表示的是各个目标国，横、纵坐标交汇处圆圈的大小表示专利申请的数量，即如果从来源国的角度观察，各个来源国横轴方向上的各个圆圈的大小表示其在不同目标国的专利布局数量；如果从目标国的角度观察，各个目标国纵轴方向上的各个圆圈的大小表示该国的专利申请中由不同国家申请人构成的数量。

**图 8-6　全球主要技术来源国和技术目标国的专利布局策略**（单位：件）

从图 8-6 中可以看出，作为技术目标国，除本国以外，日本的专利主要来自德国和美国；德国的专利主要来自日本和美国；中国的专利主要来自日本、美国和德国；美国的专利主要来自日本和德国；法国、英国和韩国的专利均主要来自日本、德国和美国。作为来源国，除本国以外，日本的专利主要输出到美国，其次是德国、中国和韩国；美国的专利主要输出到德国、日本和中国，其次是韩国和法国；德国的专利主要输出到美国和日本；中国的专利基本没有向外输出。值得注意的是，各国都比较重视在美国的专利布局。

## 五、创新主体分析

任何一项新的技术产生的起源在于创新主体。通过对创新主体的信息进行统计，能够获得该领域中创新能力较强的企业或研发机构名单。图 8-7、图 8-8 和图 8-9 分别表示内燃机机体技术领域中全球、中国整体和中国国内排名前二十位的申请人。

图 8-7 用不同填充和线型表示不同国家。从图 8-7 中可以看出，首先，日本企业在内燃机机体技术领域既表现出强大的整体实力，也表现出拔尖的个体实力。整体方面，全球前二十名主要申请人中，日本独占十一家；个体方面，丰田和本田的领先优势极为明显，日产位列其后，其他国家的企业也只有戴姆勒能够与三菱、马自达、铃木和雅马哈站在同一梯队。其次，在全球排名前二十位的专利申请人中，能够可喜地看到中国企业的身影，玉柴位列榜单第十五名。可见，中国企业在内燃机行业发展过程中抓住机遇，实现了自身壮大。但也应该看到，中国企业上榜的只有一家，且排名较后，与行业头部公司差距较为明显。结合前面提及的中国申请人海外布局较少的现实，国内申请人在扩展海外市场和提高自身技术竞争力上依然有很长一段路要走。另外，德国的戴姆勒、道依茨、曼、宝马，美国的福特、通用，韩国的现代，奥地利的 AVL 也都榜上有名，这体现出美国、德国、韩国、奥地利等国家在汽车或内燃机行业的技术地位。企业类型方面，排名前二十位的企业中，除了玉柴和 AVL 分别专注发动机生产和发动机研发外，其余企业都

能生产整车，只不过侧重点各有不同，如丰田、本田等侧重乘用车，久保田、道依茨等侧重中重型卡车、工程机械等。

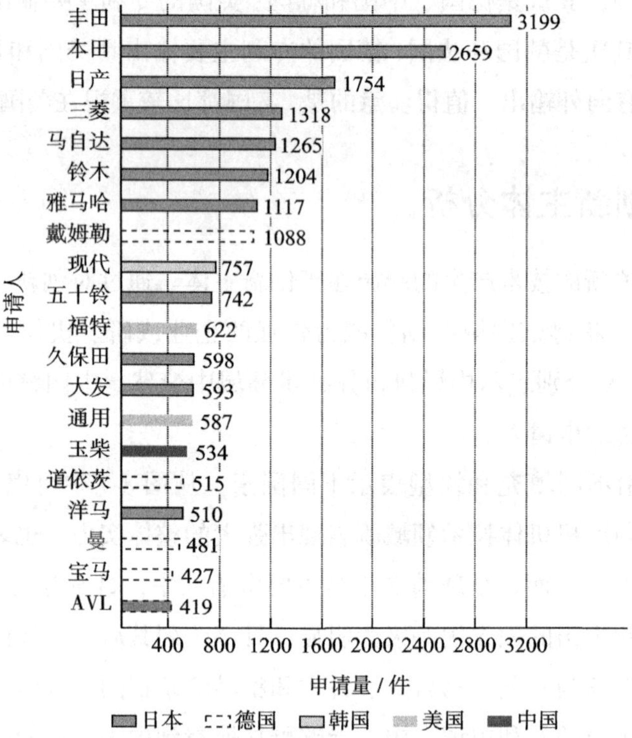


**图 8-7　全球主要申请人排名**

图 8-8 中浅灰色代表外国申请人。从图 8-8 可以看出，涉及在中国申请的内燃机机体领域排名前 20 位的专利申请人中，中国本土企业表现出了整体优势，上榜企业高达 14 家，其中既包括汽车企业，也包括摩托车企业，尤其是玉柴，在中国整体主要申请人中排名第一，力压本田、丰田、通用、福特等跨国公司。可见，在国内市场，本土企业拥有一定竞争实力，在与跨国公司的较量中不落下风。国外申请人中，丰田、本田依然名列前茅，但领先优势并不如在全球范围。值得一提的是，通用和福特这两家企业的全球申请中，

中国申请占比超过四成，可见通用、福特对中国市场的重视程度。中国作为世界上最大的汽车消费市场，对有雄心的跨国企业拥有不可忽视的吸引力。

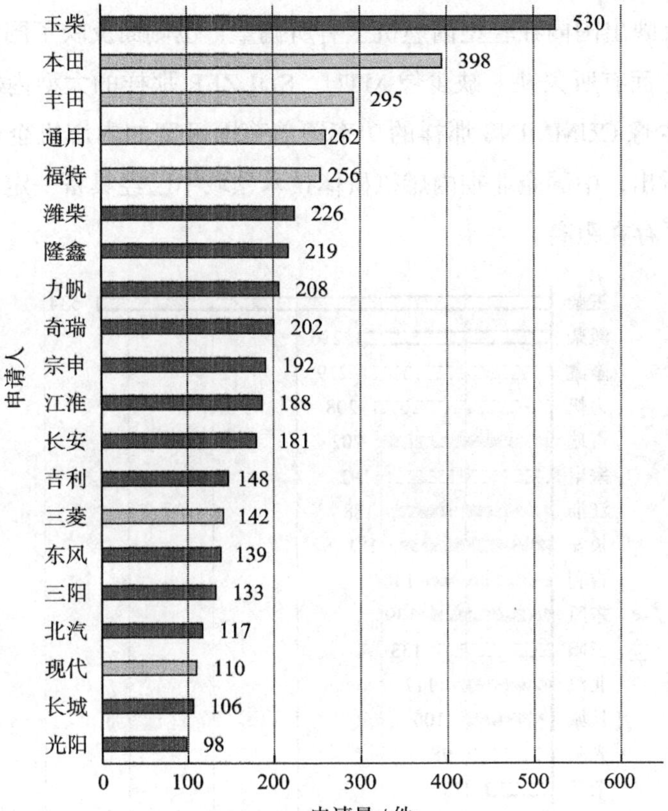


**图 8-8　中国整体主要申请人排名**

图 8-9 用不同填充和线型区分整车、摩托车、主机厂商。从图 8-9 中可以看出，在内燃机机体技术领域中，中国上榜企业类型众多，有奇瑞、江淮、长安、吉利、东风、北汽、长城、小康、一汽等整车企业，也有隆鑫、力帆、宗申、三阳、光阳等摩托车企业，还有玉柴、潍柴、荣基等内燃机整机或零部件配套厂商。值得注意的是，上述名单中并没有出现高校或研究院所。这

说明，当前国内的内燃机机体技术主要由行业内企业推动，国内高校或科研院所在内燃机机体技术上并没有形成足够的影响力，国内也欠缺 AVL、里卡多那样的国际知名的内燃机设计和工程公司。另外，摩托车企业占据榜单重要位置，反映出国内在轻型内燃机上有所偏重，也侧面反映了国内在大型重型内燃机方面有所欠缺，缺少像 MTU、SULZER 那样的大型内燃机制造企业，也缺少像 CUMMINS 那样的功率覆盖范围极宽的内燃机企业。从上述分析可以看出，中国企业在内燃机机体技术领域中已经具备一定实力，但距离先进水平存在距离。

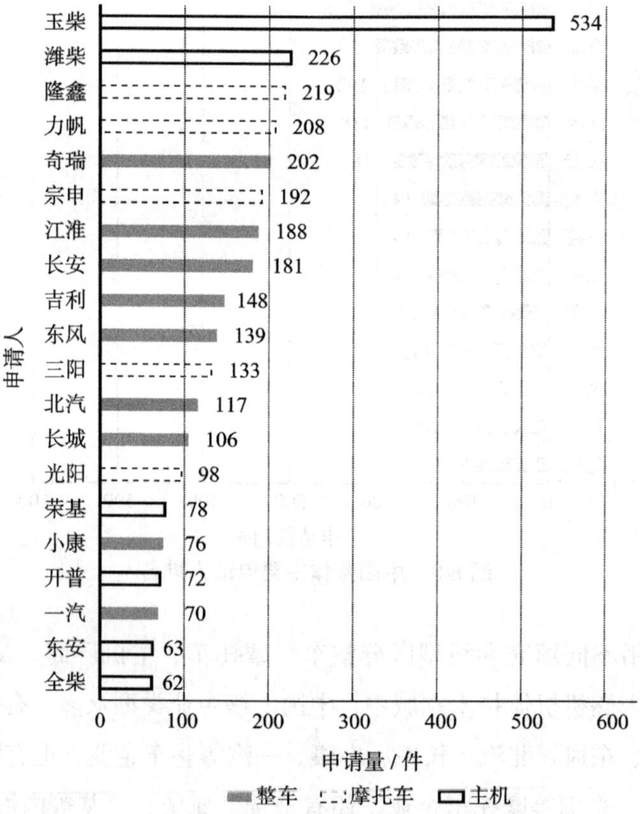


图 8-9　中国国内主要申请人排名

## 六、典型技术问题分析

为节能环保，汽车发动机缸体、活塞大多已采用铝合金。相比铸铁发动机，铝合金发动机具有缸体轻量化、高性能化、冷却效率高、缸套变形小、低油耗、环保化、符合国家的能源政策等优点。国内外铝合金发动机普遍采用内置铸铁缸套来满足发动机气缸恶劣的工作环境要求。除铸铁外，过共晶铝硅合金在汽车发动机缸套上已成功应用。然而，对于铸铁缸套，现行绝大部分摩托车、通用机械和小排量汽车发动机缸套缸体采用铸铁缸套与铝合金缸体镶铸。镶铸时，铝铁的结合程度和缸套的定位精度是实现的难点。对于过共晶铝硅合金缸套，直接用高硅合金缸套替代铸铁缸套，获得的技术经济效果不可观，还需要重新进行新型发动机设计。另外，还存在通过在缸套外圆面加工出沟槽来加大同铝的接合力的方式，但这种方式加工成本较高，接合力小，只能用于输出功率较小的发动机。因此，从专利角度研究缸套和缸体之间的结合方式具有积极意义。

考虑到日本在该领域的优势地位，并且FI/FT有专门针对缸套外表面的分类位置，因此，下面以日本专利为主体进行缸套结合方式的研究。研究发现，压合、螺接、嵌铸等方式是结合缸体和缸套的重要方式。

### （一）压合

将缸套压入缸体是常用的连接方式。压入时能够从上往下压入，如JP特开平10-30495A（见图8-10），缸套在长度方向上形成上部的压合区域T和下部的松套区域L。由于压合区域T只占整个长度的一部分，从而能够减少装配时的压合力。压入时也能够从下往上插入，如JP

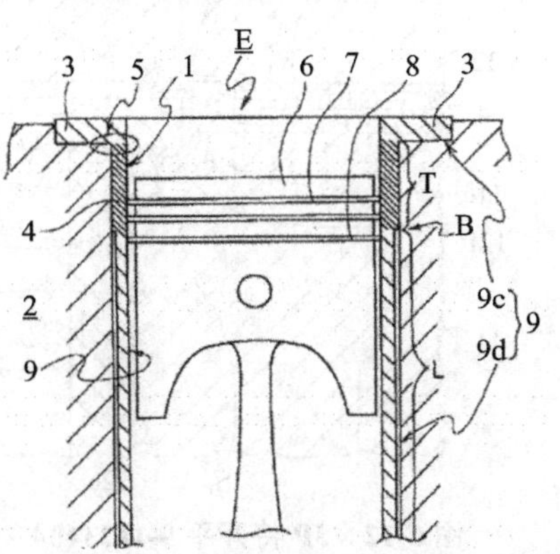


图8-10　JP特开平10-30495A

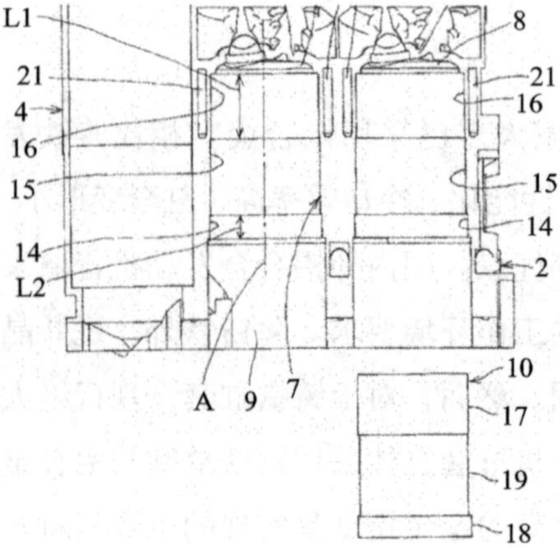


图 8-11　JP 特开 2014-34906A

特开 2014-34906A（如图 8-11 所示），缸套 10 从下压入插入孔 7，其中缸套 10 上部为导向部 17，下部为压入部 18，压入部 18 压入缸体的最小内径部 14。由于压入部远离燃烧室，从而能够防止热膨胀导致的结合力降低。

压入时可以通过法兰定位安装，如 JP 特开平 9-112340A（如图 8-12 所示），缸套 12 通过压入部 12e 将缸套压入缸筒 11a，缸套 12 顶端包括法兰 12a，法兰 12a 与缸体的台阶面和缸盖配合连接。法兰 12a 还施加定位件 15，以控制缸套的轴向位移并允许径向位移。台阶位置除了在顶端外，还可以设置在缸套中部，如 JP 特开平 9-96245A（如图 8-13 所示），缸套 20 包括上部的厚壁部 22 和下部的薄壁部 21，薄壁部 21 压入缸体 1。

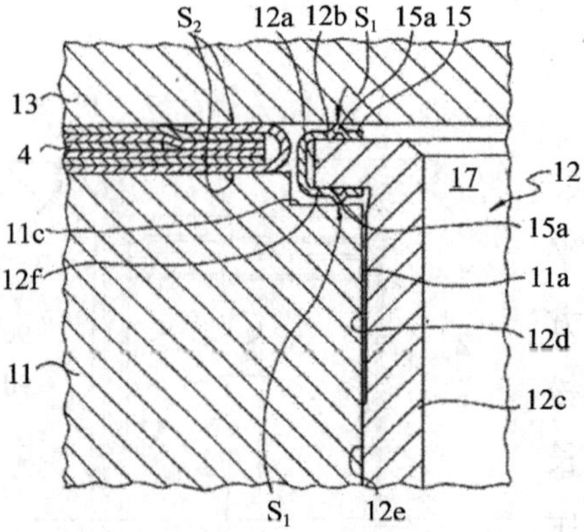


图 8-12　JP 特开平 9-112340A

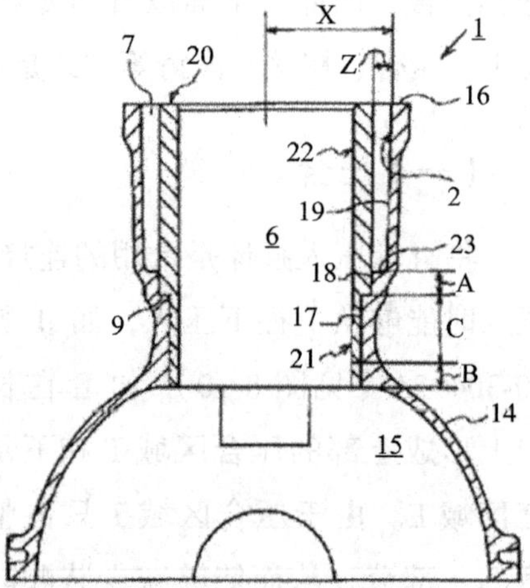


图 8-13　JP 特开平 9-96245A

对于压合部位靠近燃烧室的情况，为了防止热膨胀导致泄漏，缸套的安装结构进一步考虑与缸盖的配合，如 JP 特开 2001-241359A（如图 8-14 所示），缸套 4 压入缸体 2 中，其中，缸套 4 顶端形成扩胫部 15，安装周面 19 与缸盖 3 紧密配合。为了保证上端压合的可操作性，可以分体制造缸体，如 JP 特开平 5-5457A（如图 8-15 所示），缸体 1 分体制造为上部缸体 2 和下部缸体 3，缸套 4 上部与上部缸体 2 压合，下部松套在下部缸体 3，并设置密封圈 6。

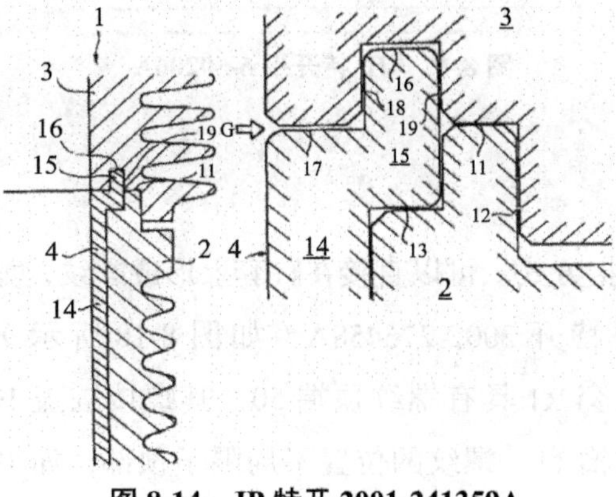

图 8-14　JP 特开 2001-241359A

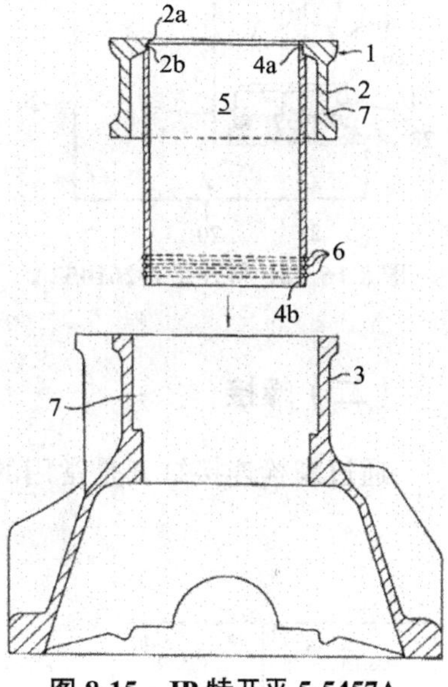

图 8-15　JP 特开平 5-5457A

为了将缸套压入缸体，能够采用液压的方式，如 JP 特开平 8-261057A（如图 8-16 所示），将缸套 6 和缸体 4 定位，之后利用液压压入，可以通过判定压入作业中的压入压力和压入状态，提高压入作业的自动化水平和作业效率。为了进一步加强被压入缸套的支撑，可以在缸套底部设置支撑结构，如 JP 特开平 6-50206A（如图 8-17 所示），缸套 10 压入缸体中，缸体和裙部 1 分体制造，裙部上部设置支撑面 12，用于支撑压入缸体的缸套 10。

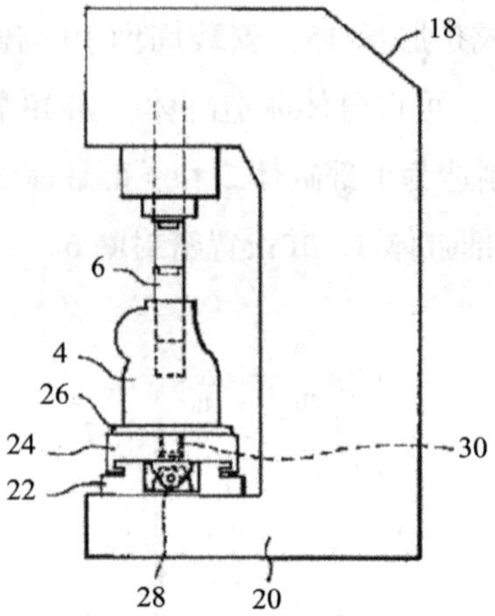


图 8-16　JP 特开平 8-261057A

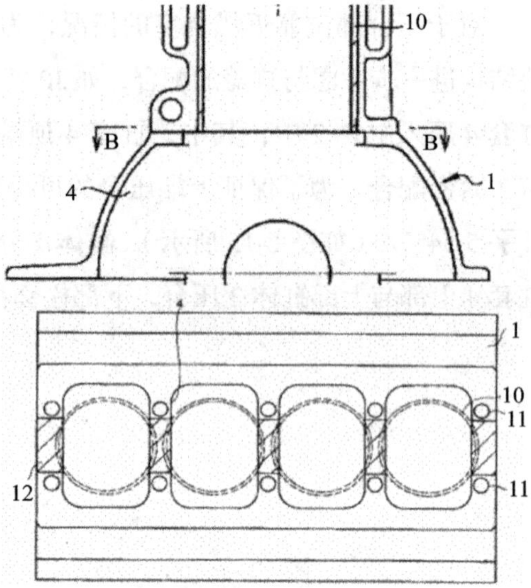


图 8-17　JP 特开平 6-50206A

## （二）螺接

通过螺栓连接缸套是常用的连接方式。可以直接在缸套上形成螺纹，如JP 特开 2002-276458A（如图 8-18 所示），缸套 R1 具有螺纹顶端 50，其螺接缸盖 10 的槽 11。螺纹的位置不局限于顶部，如 JP 昭 63-117151A（如图 8-19 所示），整个缸套长度上形成有螺纹，与缸体螺纹配合安装。

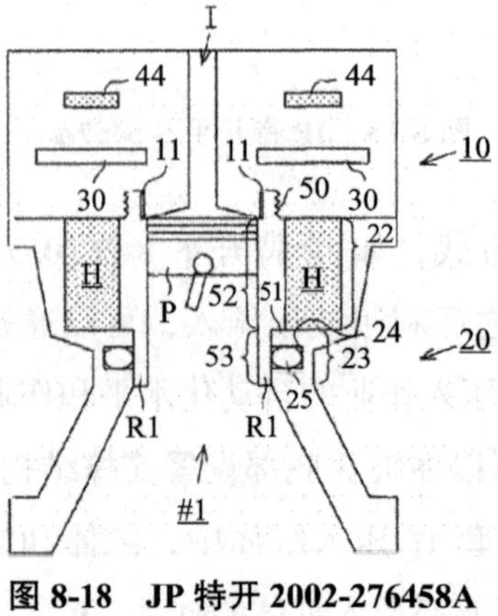


图 8-18　JP 特开 2002-276458A

通过螺栓连接缸套时，还可以直接采用螺栓连接缸盖和曲轴箱，从而夹持缸套，如 CN107532540A（如图 8-20 所示），气缸套 22 夹在气缸盖 24 和曲轴箱 26 之间。由于没有缸体，能够显著降低发动机总重量。

除了将缸套间接夹紧在缸盖和缸体之间外，还可以在夹紧的基础上进一步将缸套与缸盖相连，如JP特开2010-127081A（如图8-21所示），缸套2进一步通过螺纹4与缸盖3连接。螺纹的截面形状可以是矩形、三角形、直角梯形等。可以设置结构件辅助螺栓连接，如CN14600789A（如图8-22所示），设置支撑板9，用于支撑缸套1，从而减小传递到平板6上的弯曲载荷。

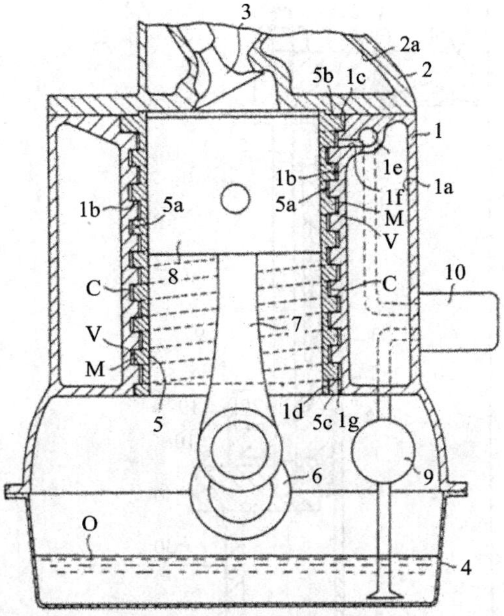


图 8-19　JP 昭 63-117151A

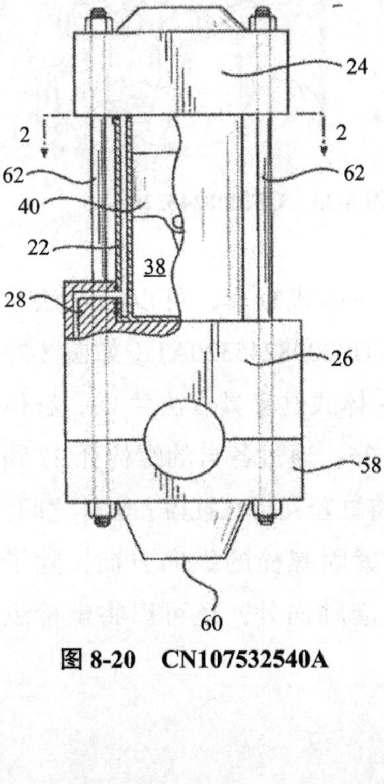


图 8-20　CN107532540A

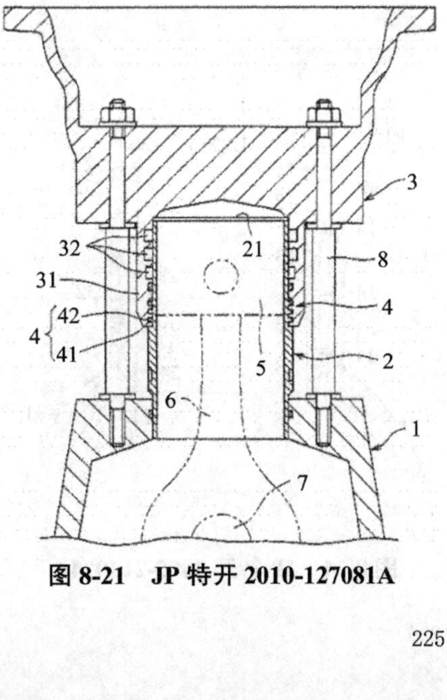


图 8-21　JP 特开 2010-127081A

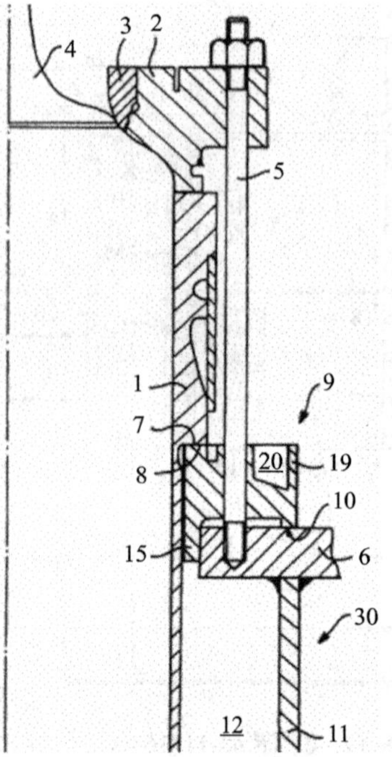


图 8-22　CN14600789A

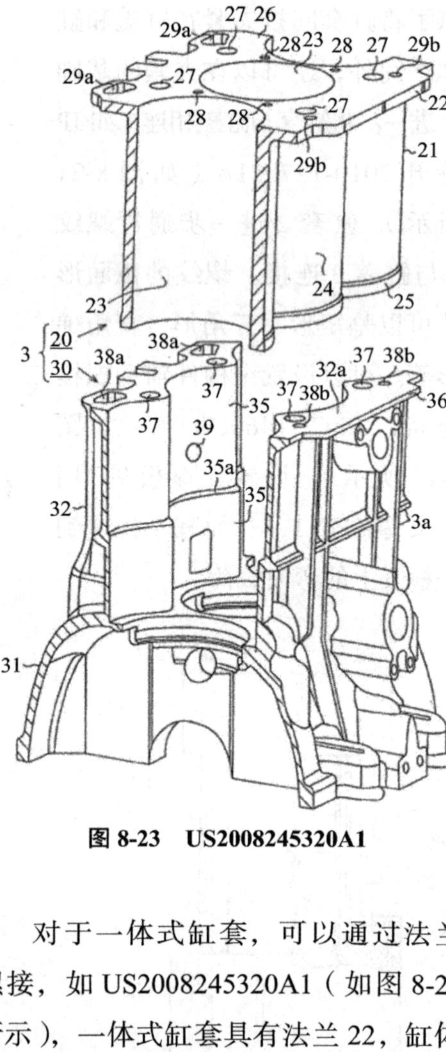


图 8-23　US2008245320A1

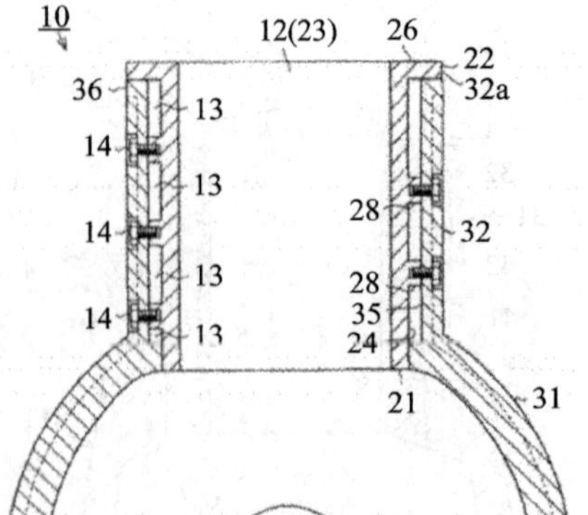


图 8-24　JP 特开 2005-214074A

对于一体式缸套，可以通过法兰螺接，如 US2008245320A1（如图 8-23 所示），一体式缸套具有法兰 22，缸体具有法兰 36，通过各自的螺栓孔 27 和 37，螺栓将缸套夹持在缸盖和缸体之间。

至于紧固螺栓的纵向方向，除了平行于缸套轴向外，还可以将螺栓纵向设置为缸套的径向，如JP特开2005-214074A（如图8-24所示），缸体10和缸套21通过多个径向设置的螺栓14进行连接。用于安装螺栓的凸台可以设置在缸套上，或者缸体上，或者同时设置在缸套和缸体上。螺栓也可以紧固缸套底部区域，如JP特开2002-213297A（如图8-25所示），在一体式缸套的缸套间相连区域6a，设置螺栓连接缸体和缸套的下部。螺栓可以从底部螺接，螺栓30也可以从侧面螺接。

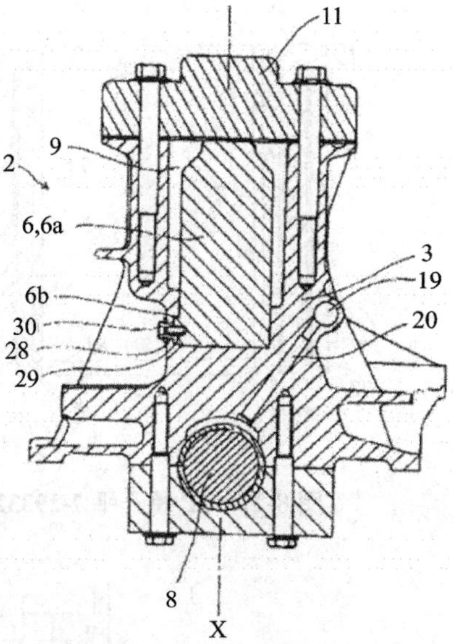


**图8-25　JP特开2002-213297A**

螺孔除了整体贯穿缸体外，可以单独形成为螺纹连接部，如JP特开2007-77852A（如图8-26所示），缸套20底部包括螺纹部22，螺栓通过螺纹部22将缸盖和缸套连接。连接部可以单独制造，如JP特开平7-293321A（如图8-27所示），缸体一方面支撑缸套，另一方面形成螺栓7的连接部。

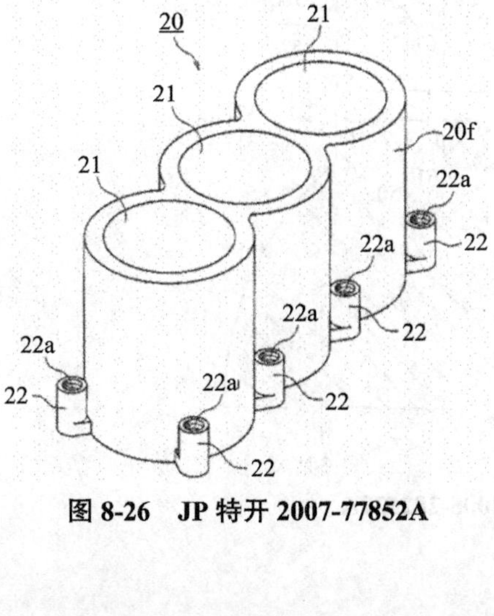


**图8-26　JP特开2007-77852A**

螺接的形式和部件可以有不同选择。比如，螺纹孔并不只能通过螺栓紧固，如JP特开平5-172000A（如图8-28所示），倒扣杯状的缸套5直接形成燃烧室6，缸套5与一体式缸体1通过螺孔5b连接，连接件是火花塞13而非螺栓。再比如，侧面安装的螺栓并不必须是短螺栓，也可以是贯穿式的，如JP特开2005-282532A（如图8-29所示），螺栓从缸体的一个侧面贯穿至另一侧面。

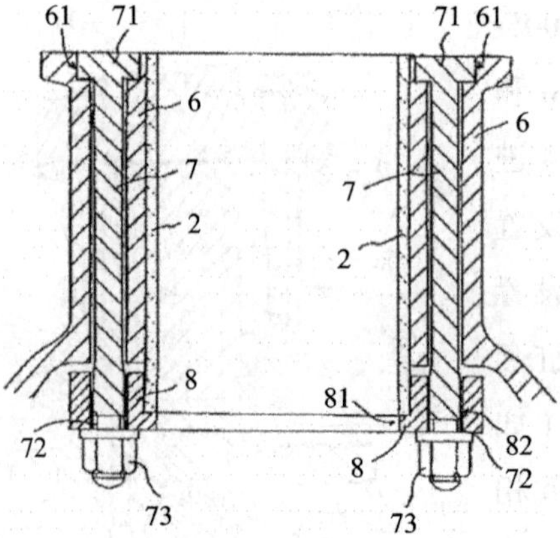


图 8-27 JP 特开平 7-293321A

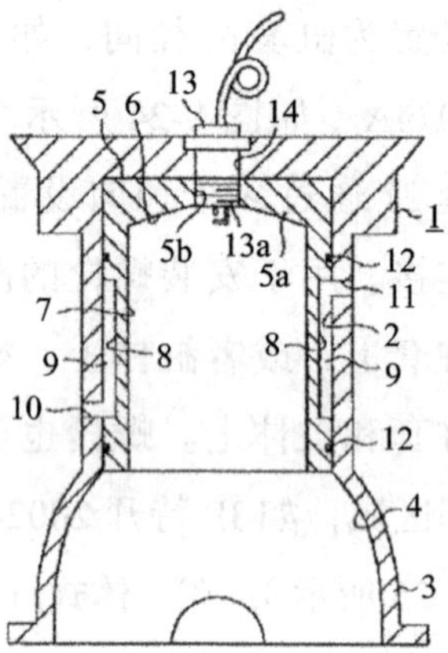


图 8-28 JP 特开平 5-172000A

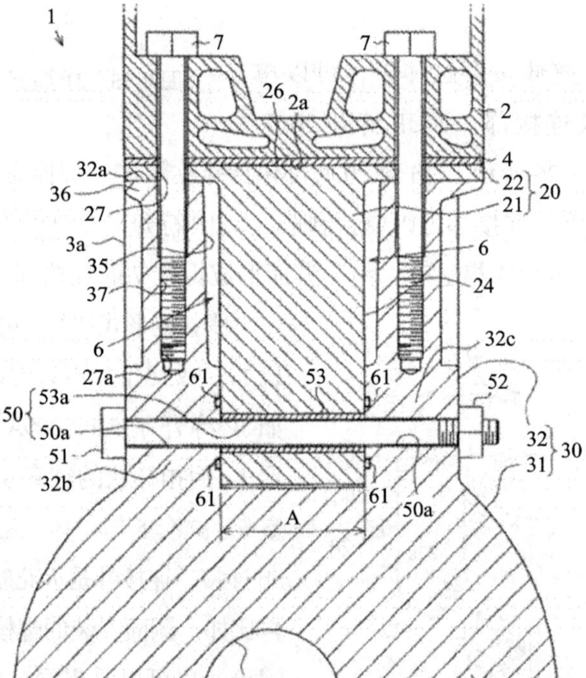


图 8-29 JP 特开 2005-282532A

## （三）嵌铸

提高嵌铸时的结合力及改善结合面的热传递是嵌铸缸套的两个重要目标。缸套的外表面可以常规地设置有网格状、纵向条状、横向条状等结构，如 JP 特开 2000-310154A（如图 8-30 所示），可以设置十字格凸条、斜格子凸条、纵凸条 4、横沟槽 2 等。横沟槽之间的间距和截面形状也可以设置为不同形状，如 JP 特开 2001-55956A（如图 8-31 所示），与底部相比，沟槽在顶部布置得更为密集，沟槽的截面形状可以为矩形、梯形、燕尾形等。

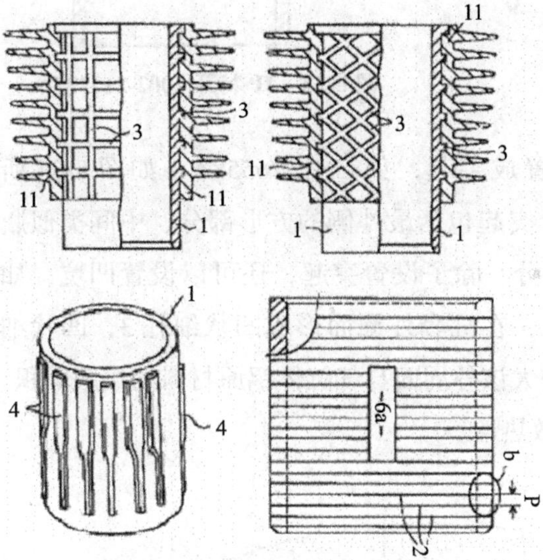


图 8-30　JP 特开 2000-310154A

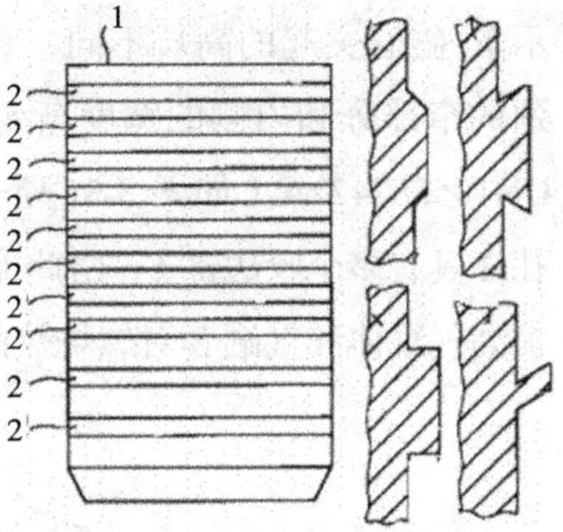


图 8-31　JP 特开 2001-55956A

除了横向槽外，还可以设置螺旋槽，如 JP 实开平 5-21145U（如图 8-32 所示），在缸套外设置左旋螺纹槽 2 和右旋螺纹槽 3。除了缸套局部的突起、沟槽外，可以将缸套整体地在长度方向设置为不同的厚度而形成锥台状，以提高嵌铸效果，如 JP 特开 2002-213295A（如图 8-33 所示），缸套在中间部位厚度最小，从中间往两侧的缸盖或曲轴箱方向形成凸台状。凸台状除了从中间部位开始形成两个凸台外，也可以从顶部开始整体形成一个凸台，或者虽然从中间部位开始，但仅在一侧形成凸台。

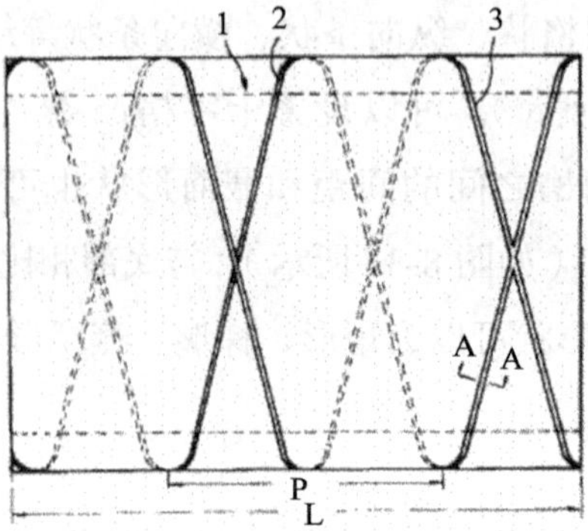


图 8-32　JP 实开平 5-21145U

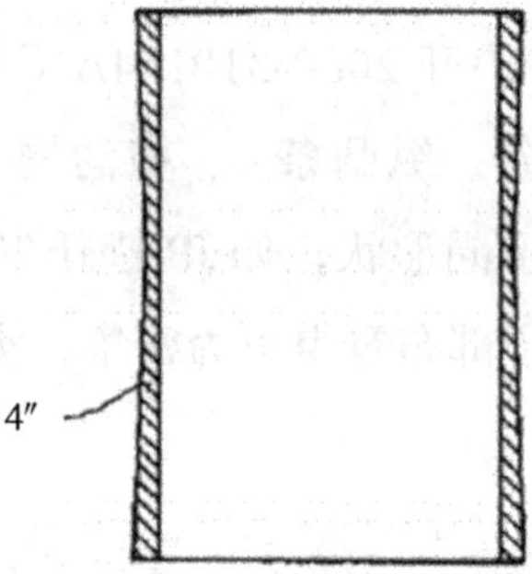


图 8-33　JP 特开 2002-213295A

缸套外表面的形状可以设置成突起，如 CN1576558A（如图 8-34 所示），缸套突起的高矮不同，每个突起包括最外侧的方形部分、中间类似瓶颈的窄部分和内侧的宽度渐变部分。除了设置突起，还可以设置凹坑，如 CN105587422A（如图 8-35 所示），在缸套外周面形成凹状细孔 3，凹状细孔 3 具有多个咬边部 6，由此能增大该外周面与气缸体铝原材料的接触面积，提高气缸体和气缸套对燃烧热的散热性。

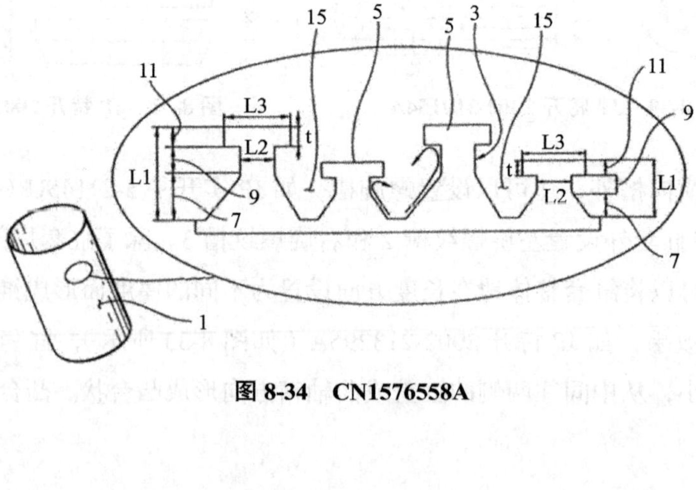


图 8-34　CN1576558A

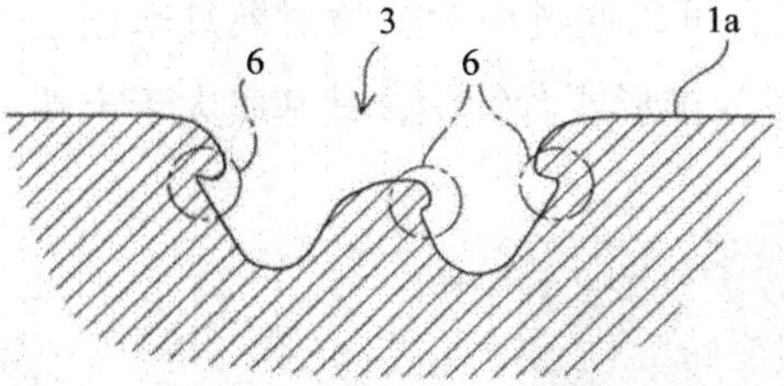


图 8-35　CN105587422A

对于一体式缸套，缸套间的结合区域由于结构原因在铸造时容易产生缺陷，导致缸体和缸套的结合问题。对此，JP 特开平 5-272400A（如图 8-36 所示）在缸套之间的谷形区域 A 设置抑制用结合部 12，还可以设置突起结合部，如 JP 实开平 5-12645U（如图 8-37 所示），缸套结合部设置凸起 14，用于加强与铸造缸体的连接。

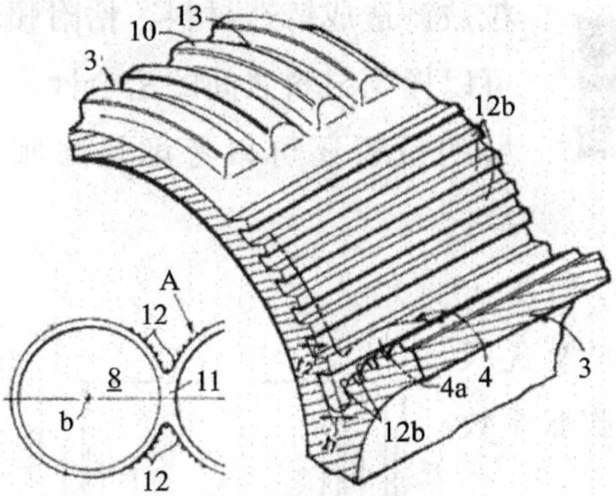


图 8-36　JP 特开平 5-272400A

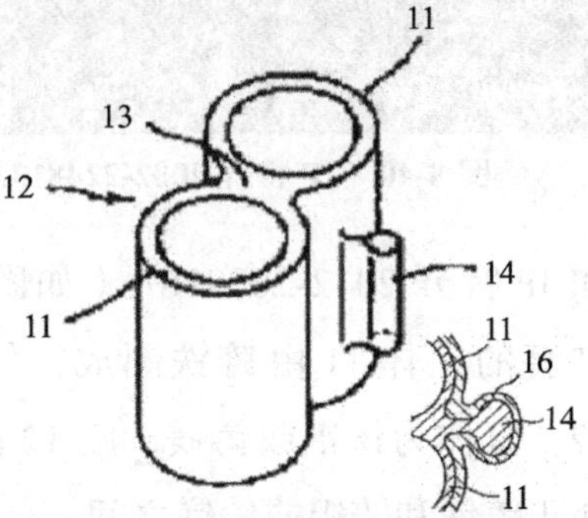


图 8-37　JP 实开平 5-12645U

控制表面粗糙度及在外表面施加涂层是增强粘结力的重要方式，如 CN106604792A（如图 8-38 所示），缸体 8 为铝，设置有指定粗糙度的铸铁 1 的外表面具有涂层 5，指定粗糙度大于 0.60μm，涂层为纯镍，可以通过电沉积施加。至于粗糙表面，可以是突起或突脊，如 CN107313869A（如图 8-39

所示)，突起或者突脊可以通过用涂层喷射模具来创建，然后在模具中铸造气缸衬套。突脊大致为锥形或者针状，其基底大于末端。

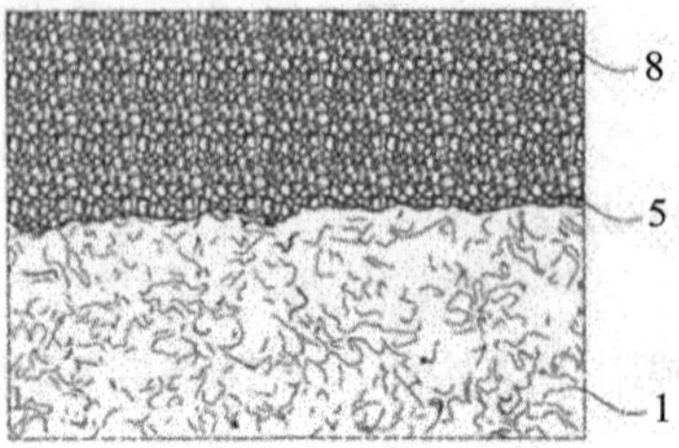


**图 8-38　CN106604792A**

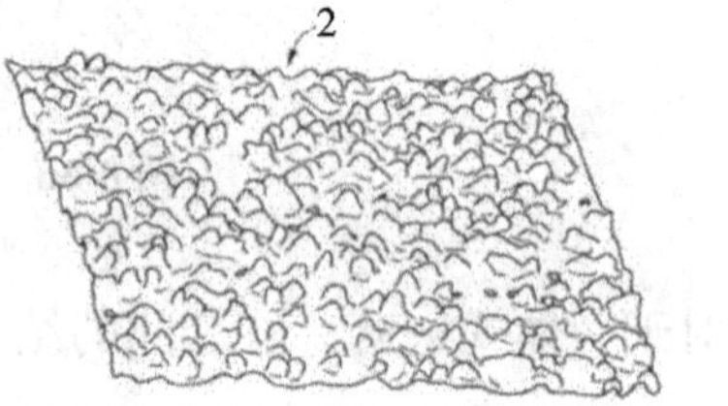


**图 8-39　CN107313869A**

除了喷射模具制造突起外，还可以直接在外表面施加二氧化硅等的结合颗粒，如 JP 特开 2002-224813A（如图 8-40 所示），由碱性氧化物主体和与之反应的酸性氧化物粘附颗粒被铸造成铸造材料，粘附颗粒可以提高材料之间的密合性。涂层的设置还可以考虑热膨胀系数，

**图 8-40　JP 特开 2002-224813A**

如 JP 特开 2012-202286A（如图 8-41 所示），缸套的主体 11 由铸铁制成，外表面设置膜 12，缸体为铸铝或铸镁，膜 12 的热膨胀系数介于铸铁和铸铝或铸镁之间。

为了降低温度差异，使气缸孔变形量均匀，可以在不同部位施加不同导热性的膜，如 CN101258316A（如图 8-42 所示），在缸套 2 的上部外周向表面设置高导热性膜 4，在缸套 2 的下部外周向表面设置有低导热性膜 5。

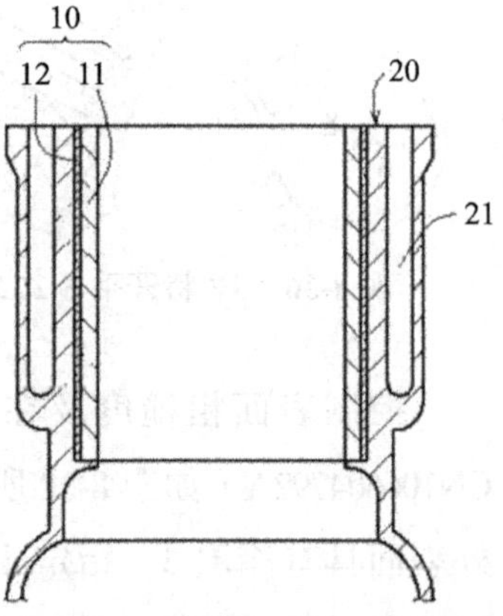


**图 8-41　JP 特开 2012-202286A**

缸套下部也可以设置为光滑面，如 JP 特开 2008-63998A（如图 8-43 所示），缸套 13 上部形成凹凸面 13a，下部形成光滑表面 13b，光滑表面 13b 保持通过铸造形成的表面粗糙度。

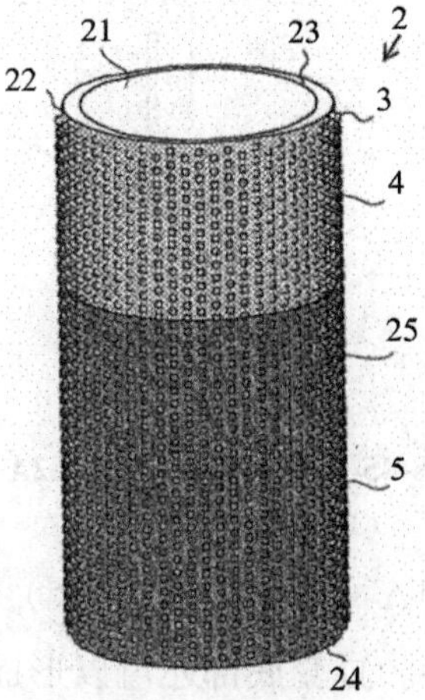


图 8-42　CN101258316A

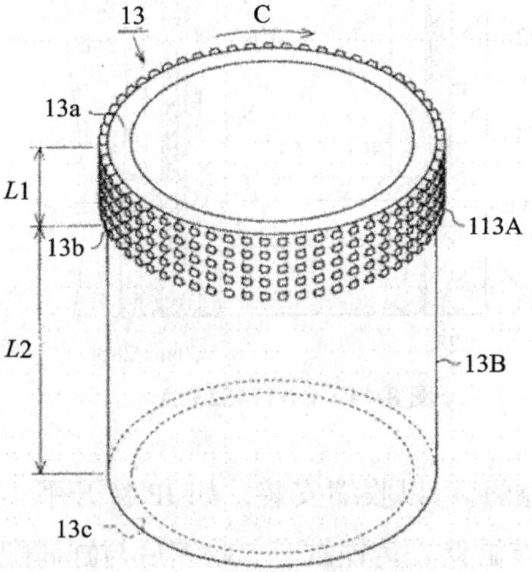


图 8-43　JP 特开 2008-63998A

## （四）其他

除此之外，焊接、冷缩等方式，以及适应特殊缸套、缸体、发动机的连接方式也是常见的。例如，缸盖可以通过摩擦焊的方式进行连接，如 CN1745238A（如图 8-44 所示），缸套内壁具有锥面 46，摩擦焊探针 54 抵靠该锥面运动产生摩擦热，焊接后移除缸套下端的锥面 46 部分。除了摩擦焊，还可以通过高频加热等方式，如 JP 特开平 2-80862A（如图 8-45 所示），缸套 2 的外表面有用于和铝制缸体结合的金属层，将缸套 2 压入缸体后，通过高频加热的方式将缸套 2 可靠安装。

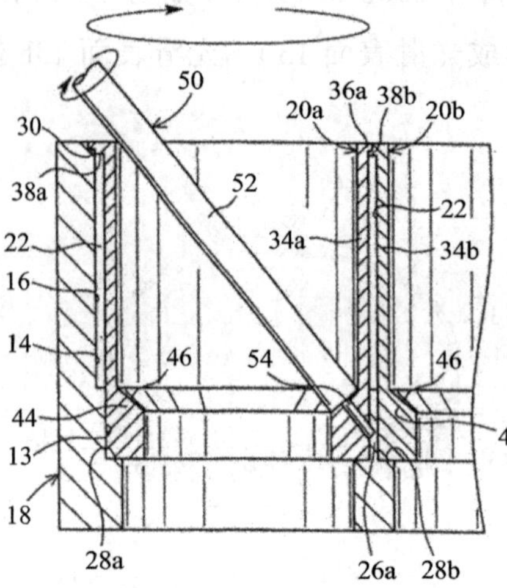


图 8-44　CN1745238A

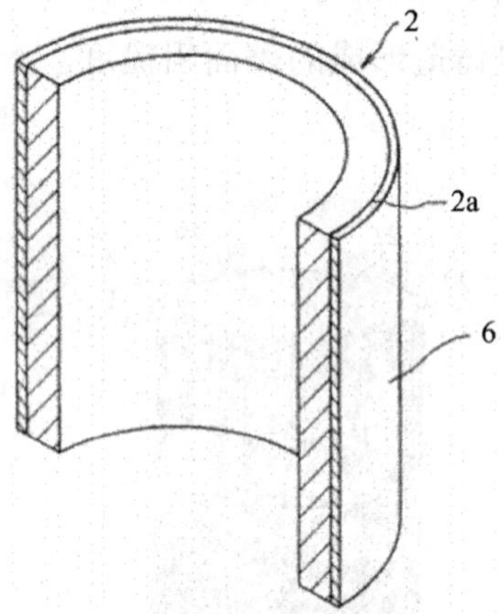


图 8-45　JP 特开平 2-80862A

缸套可以收缩安装，如 JP 特开平 1-300041A（如图 8-46 所示），缸体 1 具有缸筒，铸铁缸套 5 收缩后与缸筒配合安装。缸套底部还可以形成翅片以加强和缸体的连接强度，如 US5462108A（如图 8-47 所示），一体式缸套在缸套间连接处具备翅片 29，其一方面改善铸造性能，另一方面提高和缸套与缸体的结合强度。

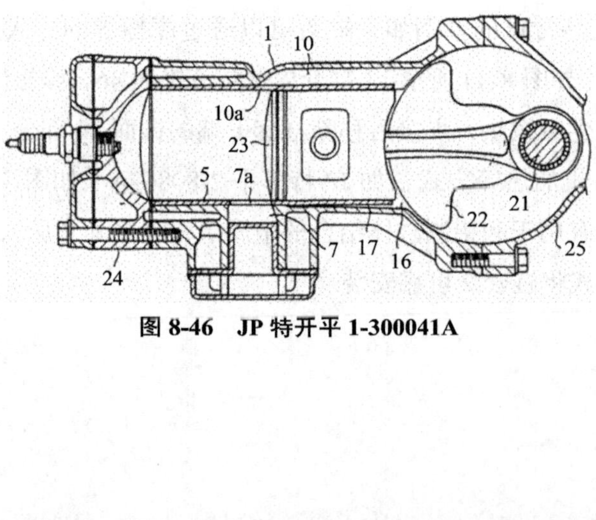


图 8-46　JP 特开平 1-300041A

为了定位缸套，可以设置定位结构，如 JP 特开 2005-307953A（见图 8-48），设置定位凸部 30，缸体上对应设置有接合面 31。凸部 30 的设置不是连续的，从而能够改善缸套 15 的刚性。除顶部外，定位部还可以设置在缸体中部，如 JP 特开 2001-317405A（如图 8-49 所示），肋 9 定位连接缸套 2d 和外壁 2e。

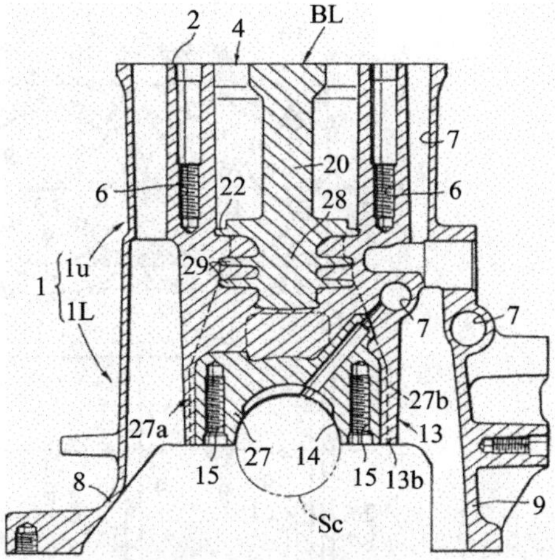

图 8-47　US5462108A

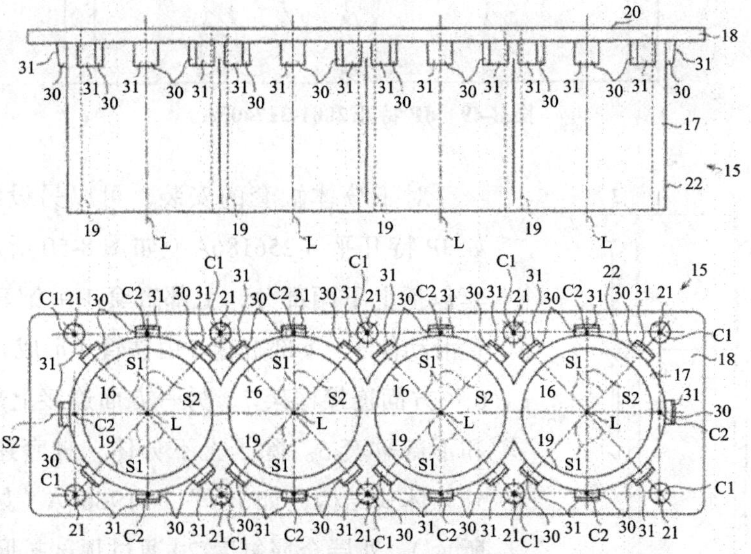

图 8-48　JP 特开 2005-307953A

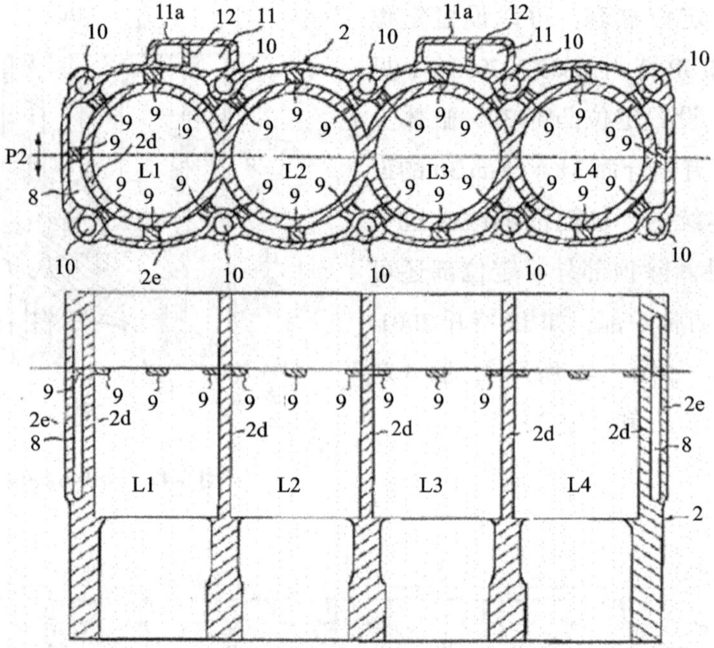


图 8-49　JP 特开 2001-317405A

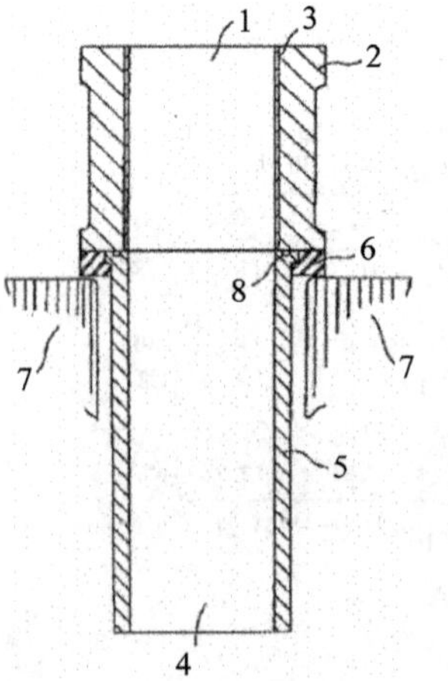


图 8-50　JP 特开平 5-256186A

对于分体缸套的安装，可以另设结构件，如 JP 特开平 5-256186A（如图 8-50 所示），缸套包括上下两部分，上部缸套 1 由钢套 2 内设置滑动件 3，下部缸套 5 由铁管 4 形成，中间环 6 一方面连接框架 7，另一方面连接上部缸套 1 和下部缸套 5。除了上下分体，缸套还包括内外分体式结构，如 JP 平 2-119660A（如图 8-51 所示），外层金属缸套 20 通过顶部扩胫部形成的台阶安装在缸体 1 上，内层陶瓷缸套 3 也在顶部形成法兰，从而加持在减震件 2 和气缸垫 4 之间。

缸套可以在端部形成斜面或台阶面，如 JP 特开平 5-280414A（如图 8-52 所示），缸套在底部形成斜面 2c，在顶部形成台阶 2b，其中，底部斜面有利于嵌铸时金属溶液的导入，顶部台阶使得顶端处缸体宽度更宽，能够为冷却通道提供空间。缸套除了顶部缩颈外，相邻缸套还可以直接在顶部互相交叠，如 JP 特开平 5-60008A（如图 8-53 所示），缸套 11 和缸套 12 安装于缸体 13 上，两者在顶部具有法兰部，法兰部呈台阶状，从而互相配合。

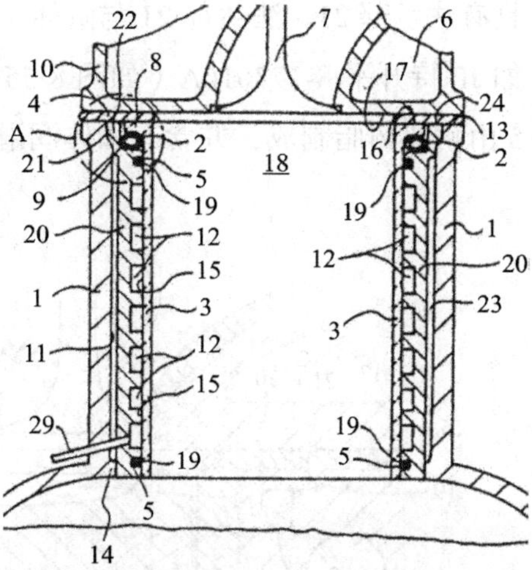

图 8-51 JP 平 2-119660A

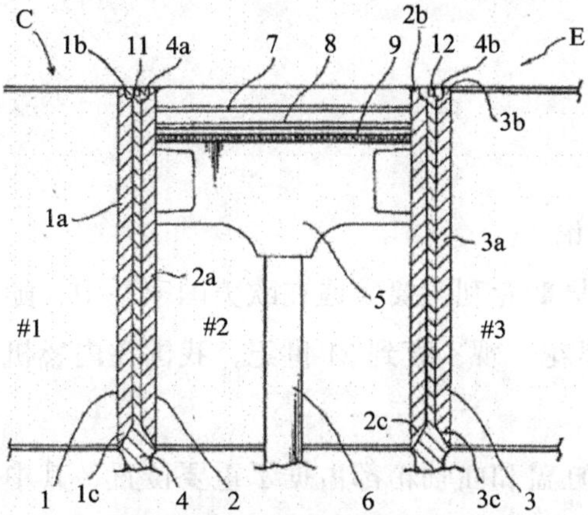

图 8-52 JP 特开平 5-280414A

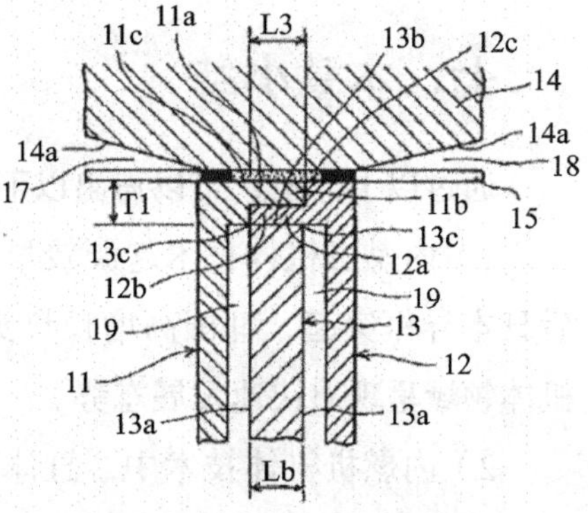

图 8-53 JP 特开平 5-60008A

法兰部可以单独成型，如 JP 特开平 7-224715A（如图 8-54 所示），缸套 3 顶端设置固定环 20，固定环 20 通过环状凸部 23 与缸套 3 固定，固定环 20

具有法兰部21，法兰部21与缸体1配合安装。法兰上也可以施加功能涂层，如JP特开平8-177616A（如图8-55所示），法兰上下表面设置涂层5，涂层5由耐热树脂制成，并含有固体润滑剂。

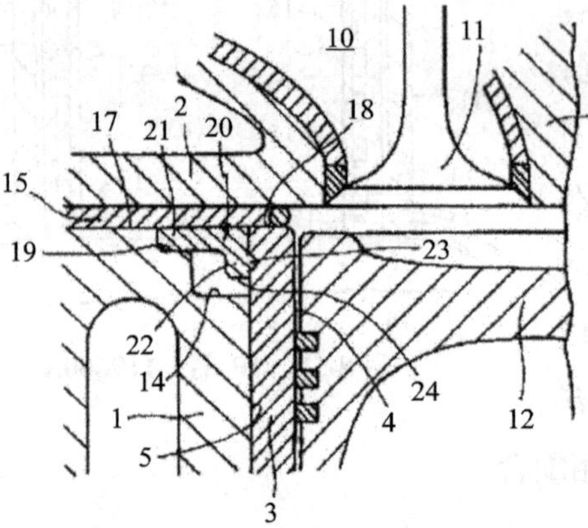


图8-54 JP特开平7-224715A

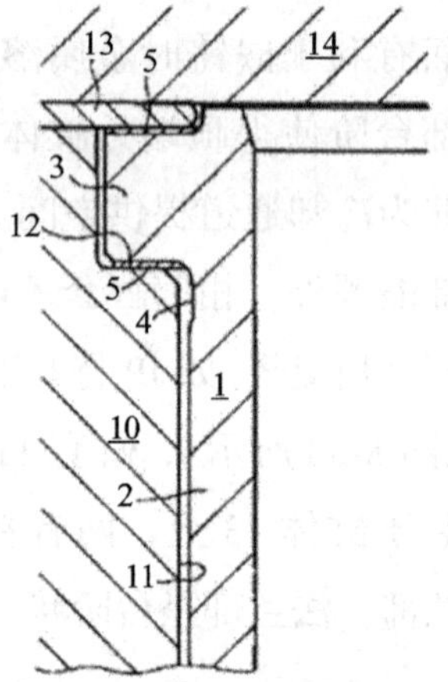


图8-55 JP特开平8-177616A

## 七、本章小结

通过以上分析，可以得出以下结论。

1）内燃机机体技术起源较早，早期专利主要掌握在欧美国家手中，随后日本异军突起，韩国高增长势头昙花一现，直到21世纪，我国在内燃机机体领域呈现出快速发展态势。

2）内燃机机体技术中，缸体、缸盖和曲轴箱都占据了重要位置，其中缸盖占比最高，涉及缸盖的冷却和气道布置成为专利技术竞争的热点。

3）内燃机机体技术全球主要技术目标国和技术来源国是日本、中国、美国、德国，其中日本遥遥领先于其他国家，德国和美国在海外专利布局方面比日本表现更积极，而中国的绝大部分专利还没有走出国门，仅仅在国内布局。

4）内燃机机体技术全球领先的创新主体大部分来自日本，日本在该领域体现出了较强的整体实力和个体实力。中国企业虽然较全球领先水平存在较大差距，但是已经能在全球竞争中占据一席之地，并且在国内专利申请方面表现出整体优势。

5）内燃机机体技术中，缸套和缸体的连接是典型技术问题，可以通过压合、螺接、嵌铸、焊接等方式改善两者之间的连接。

# 第九章　起重机起吊装置的技术综述

国家知识产权局专利局专利审查协作北京中心

王　冠　张冀兴*　马宏珺　董继伟

**摘要**：本章从专利角度分析了起重机起吊装置专利申请趋势、主要申请人构成、重点技术的技术发展，并对技术发展中所涉及的重点技术和专利进行了分析，以期为我国相关技术的发展提供参考。

## 一、绪论

### （一）研究背景

物料搬运一直是工业生产活动的重要组成部分。随着生产规模的扩大，自动化程度的提高，起重机作为物料搬运的主要设备，是现代化生产过程中必不可少的机械设备，其作用不可忽视。起重机是一种重型设备，结构比一般机械设备庞大复杂，因此对起重机的安全要求也越来越高。工业革命及计算机技术的发展推动了现代设计和制造能力的提高，使工业技术的竞争十分激烈。在工业生产中，生产效率对生产者而言十分重要，而起重机械对于生产效率的提升是显著的。

*　王冠、马冀兴同为第一作者。

虽然起重机是一种古老的机械，但由于其基本工作原理和性能作用没有本质的改变，所以在成型及发展过程中，其基本的机械结构（工作装置、行走机构等）、形式和外观形状没发生显著变化。

1. 起重机分类

起重机的分类繁多，本章按照专利技术分类表将其划分为悬挂式、桥式、索道式、悬臂式几大类。

悬挂式起重机是具有可在固定或可移动的桥架或门架上行走的台车或小车的起重机。桥式起重机又称天车，包含一根或几根基本上水平的主梁，主梁端部直接支承在走轮或辊子上，走轮或辊子在有跨度的支承轨道上行走。索道式起重机也称缆索起重机，是具有可在架空缆索上行走的卷扬装置的起重机。悬臂式起重机主要由一根梁、臂架或起悬臂作用的三角构架组成，并且安装后能在垂直或水平平面内作移动或摆动，或者两种运动一起进行。

桥式起重机是应用最广的起重机，在高架轨道上运行。它由起升机构、运行机构和桥架机构组成，其桥架结构型式大多采用箱型结构，主梁与端梁采用高强度螺栓连接，便于运输与安装。桥式起重机的桥架沿铺设在两侧高架上的轨道纵向运行，起重小车沿铺设在桥架上主梁的轨道横向运行，构成矩形的工作范围，这样可以充分利用桥架下面的空间吊运物料，不受地面设备的阻碍。桥式起重机广泛应用于室内外仓库、厂房、码头和露天储料场等场所。

2. 国内外市场状况

目前，国内专业生产大型起重机的厂家很多，其中以中联重科、三一重工、抚挖等公司产品系列较全，市场占有率较高。国外专业生产大型起重机的厂家也很多，其中利勃海尔、特雷克斯－德马格、马尼托瓦克与神钢等公司产品系列较全，市场占有率较高。利勃海尔公司的产品技术先进、工作可靠，其生产的LR系列履带起重机最大起重量已达1200t。

3. 核心技术

（1）先进合理的结构设计

先进合理的结构设计使结件受力更加合理、组装与拆装更加方便、实用性更强。利用有限元技术优化设计结构件，采用先进的拉板加平衡梁结构，采用重量更轻的桁架臂变幅设计，可确保更多臂节组合的高性能。而履带和车架间的组装则采用了最新铰接机构，吊臂、转台及车架、履带架等铰接销轴采用液压动力连接型式，方便拆装，提高了工作效率。考虑到实用性，300t级以下产品采用开放式小箱型转台设计，方便产品维修与维护。而450t重型转台结构则采取封闭式工字型，并首次采用了超起装置、液压油缸式防后倾、双卷扬同步控制等技术。

（2）智能化高精度的电气控制技术

智能化高精度的电气控制技术保证传动更加平稳、结构更加紧凑、整机执行更加精确。电气控制系统充分借鉴了大型起重机成熟运用的CAN-BUS总线技术和电比例控制技术，并采用大屏幕显示器显示吊装状态参数、机构工作参数、故障诊断、报警提示等，以实现吊装工况的选择和模拟演示，确保整机的精准执行。

各公司相继开发出各自的电子控制系统，如马尼托瓦克公司开发出了EPIC控制系统、利勃海尔公司开发出了LICCON控制系统、特雷克斯－德马格公司开发出了IC-1控制系统等。

（3）自拆装技术

自拆装功能可最大限度地缩短转场时间，简化拆装，减少辅助作业时间及对其他辅助起重设备的依赖。目前采用桅杆吊专利技术，利用桅杆仰俯及卷扬起升实现履带起重机的自拆装，并且为方便履带起重机在转场过程中拆卸和组装工作，满足运输中对部件重量和高度的要求，形成了行业独有的分体式转台结构设计。目前中吨位履带起重机的自拆装系统已比较完善，大吨位的自拆装系统仍是难题。

（4）系列产品的通用性

系列产品通用性设计可保证不同配重产品可互换，为安装使用提供了便利条件，减少了运输成本。臂节互换性对于同一型号不同产品也能做到互换。考虑运输尺寸限制，臂架的运输宽度统一，从某种程度上简化了制造工艺。如特雷克斯－德马格公司的CC2200、CC2500、CC2800型产品的臂架运输宽度相同，在3m以内。这些都为安装运输使用提供了便利条件。

（5）臂架组合作业

臂架组合作业不仅方便维护使用，而且大大提高了整车使用寿命和安全可靠性。其拥有自选的多种臂架组合、轻载快速的单起升机构，采用了减轻劳动强度的穿绳技术，甚至还考虑了配置进口递进式自动集中润滑系统的细节，以降低零部件的磨损，提高零件的耐用度，大大提高了整车的使用寿命和安全可靠性，也使车辆保养更加轻松、方便。

随着生产规模的扩大、自动化程度的提高，起重机在现代化生产过程中的应用越来越广，作用越来越大，同时对起重机的要求也越来越高。

### （二）研究方法和意义

本章用以定量研究为主、定量与定性研究相结合的方法，通过对起重机产业背景和信息情报的收集整理，采用统计图表等多种形式将研究结果清晰、直观地展现出来，对起重机技术领域相关专利的申请态势、区域布局情况、技术构成信息等进行多方位、多角度的数据统计和分析。

## （三）技术分解和研究对象

按照类型来看，起重机的主要类型包括悬臂式、悬挂式、桥式和索道式，其技术分解表见表 9-1。

按照起重机结构来看，起重机包括载荷吊挂装置、支承结构、轨道、行走结构、载重、滑车和安全机构，见表 9-2。

**表 9-1　起重机类型技术分解表**

| 一级分支 | 二级分支 |
|---|---|
| 起重机 | 悬臂式 |
| | 悬挂式 |
| | 桥式 |
| | 索道式 |
| | 其他 |

**表 9-2　起重机结构技术分解表**

| 一级分支 | 二级分支 | 三级分支 |
|---|---|---|
| 起重机 | 载荷吊挂装置 | 制动装置 |
| | | 卷扬装置 |
| | | 吊具 |
| | | 驱动装置 |
| | | 其他 |
| | 支承结构、轨道 | 悬臂 |
| | | 变幅机构 |
| | | 回转机构 |
| | | 轨道梁、轨道或轨道系统 |
| | | 其他 |
| | 行走结构、载重、滑车 | 走轮、走轮支承 |
| | | 操纵机构或司机室 |
| | | 下支承架或车架 |
| | | 载重滑车或起重机行走驱动装置 |
| | | 保持车轮和轨道对准的装置 |
| | | 载重滑车或起重机锁定在轨道梁或轨道上的装置 |
| | | 其他 |
| | 安全机构 | 钢绳或钢缆断裂 |
| | | 防止互撞 |
| | | 其他 |

本章研究了起重机总体专利申请布局情况，并针对二级分支中起吊装置进行研究，重点研究了制动装置、卷扬装置和吊具。

## （四）检索策略

检索数据信息利用incoPat数据库。incoPat通过全面的数据整合加工，可以检索的字段达到240多个。其融合了专利诉讼、转让、许可、复审无效、通信标准声明、海关备案信息，并深度加工了一系列专利同族引证信息，可以得到更清晰的竞争视野。incoPat对全球专利均提供中英双语的标题和摘要，对中国、美国、俄罗斯、德国等重要国家提供中英双语的全文信息，支持中文、英文和小语种检索全球专利。incoPat收录了全球102个国家/组织/地区1亿余件专利信息，对22个主要国家的专利数据进行特殊收录和加工处理，数据字段完善，数据质量高。

使用incoPat数据库进行国内专利数据分析，采用关键词和分类号的方式。检索时采用总分方式完成第一章分析内容的检索，采用分总方式检索三级分支，以求尽量查全，分类号和关键词尽量选得较宽。另外，在后续全球专利数据检索过程中得到中文专利补入中文专利数据库的最终数据，以获得全部数据。为了防止部分分类偏差，确保检索全面，在检索结果出来后，要针对筛选得到的重点申请人进行补充检索，补充到最终数据中。检索时采用关键词与分类号与运算、或运算等，必要时采用人工剔除的方式去除噪声，如图9-1所示。

检索截止时间：2019年10月29日。

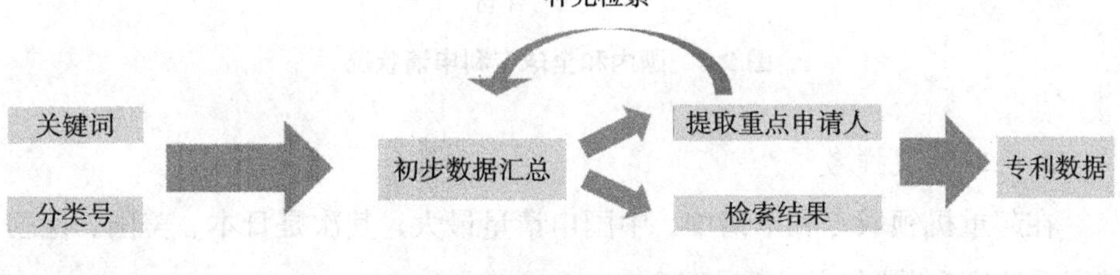


**图9-1 现有国内专利分析状况**

## （五）全球发展状况

1. 起重机全球发展趋势

截至目前，起重机全球申请总量 215 946 件，专利总申请量的发展过程可分为两个阶段：第一阶段（2006 年以前），专利申请量较低，且年申请量保持稳定在 2000 件，该阶段中国申请量非常低，年申请量不超过 1000 件；第二阶段（2007 年至今），全球专利申请相对于第一阶段非常活跃。从全球申请量和中国申请量曲线可以看出，起重机全球专利增长完全依赖于中国申请量的增长。其主要原因是近 10 年起重机制造业转移至中国及近几年中国鼓励专利申请。非中国地区年申请量在近 20 年一直保持稳定，如图 9-2 所示。需要说明的是，由于专利申请延迟公开的特点，2019 年的部分专利申请尚未公开，这导致 2019 年的数据跌落。

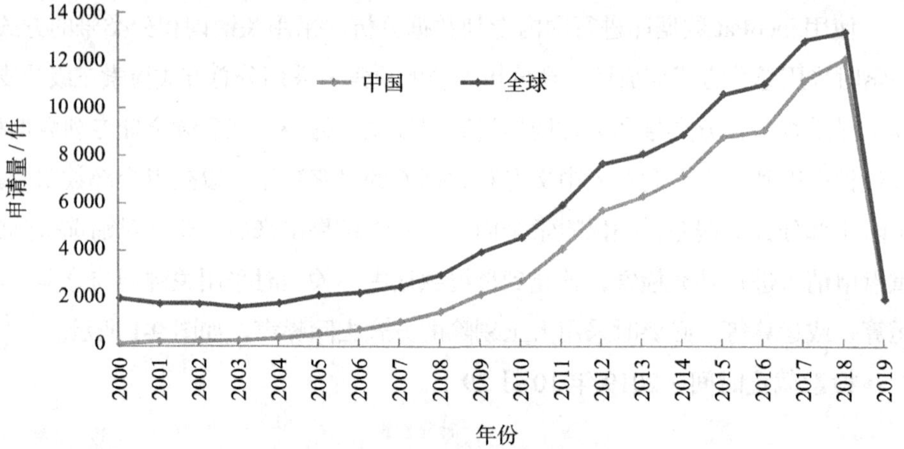


**图 9-2　国内和全球专利申请状况**

2. 全球地域排名

在起重机领域专利申请中，中国申请量最大，其次是日本、美国、德国、韩国、法国和英国，如图 9-3 所示。

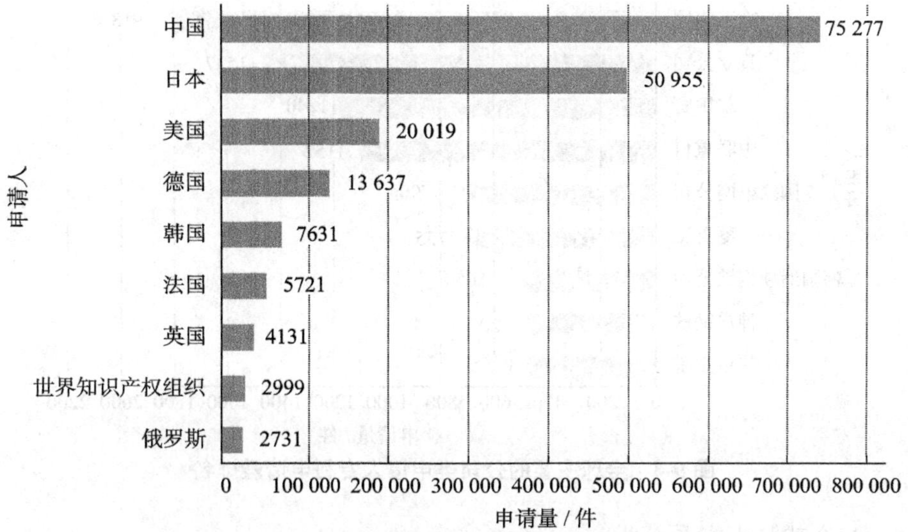


**图 9-3　全球主要国家和组织专利申请量分布状况**

3. 申请人排名分析

全球主要技术输出公司中，徐州工程机械集团有限公司（简称“徐工集团”）申请量最多，达到了 1918 件。徐工集团成立于 1989 年 3 月，30 多年来始终保持中国工程机械行业排头兵的地位，目前位居世界工程机械行业第 5 位。日立公司排名申请量第二，达到了 1537 件。日本多田野株式会社（简称“多田野”）（Tadano）专利申请量排名第三，主要产品是汽车起重机、越野轮胎起重机。多田野正式收购特雷克斯（Terex）旗下的德马格（Demag）移动式起重机业务板块。中联重科经过不断研发，推陈出新，也在国际市场占有一席之地。

此外，国家电网公司、日本三菱重工、韩国浦项钢铁公司、日本神户钢铁和三星重工也跻身全球申请量的前 10 位。申请量排名如图 9-4 所示。

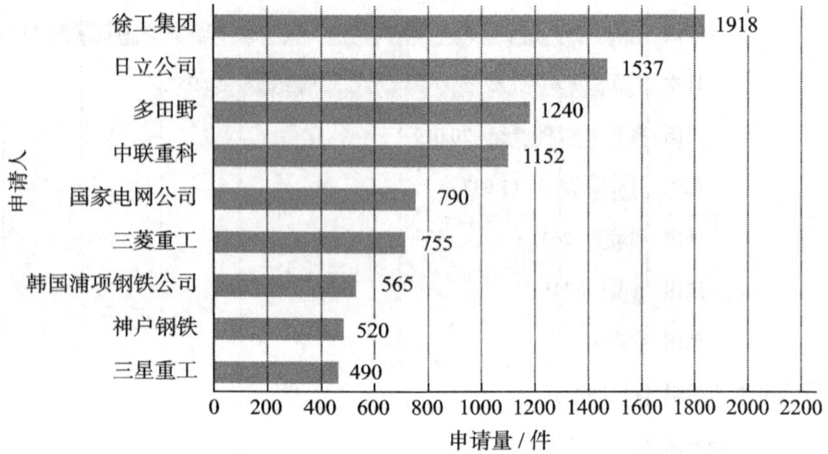


**图 9-4　全球主要的公司类申请人专利申请量排名**

4. 全球技术布局分析

全球各国对起重机研发的重点为悬臂式起重机，其专利申请量占起重机领域的 75%。此外，悬挂式起重机占 10%，桥式起重机占 10%，索道式起重机只有 3%。全球起重机专利申请比例如图 9-5 所示。

从基础性零部件的角度看起重机专利申请，载荷吊挂装置是研发重点，其专利申请量达到了 78%。此外，行走机构、载重滑车申请量 15 718 件，占 9%，支撑结构和轨道申请量 12 732 件，占 7%，安全机构 11 210 件，占 6%。全球起重机零部件研发技术构成，如图 9-6 所示。

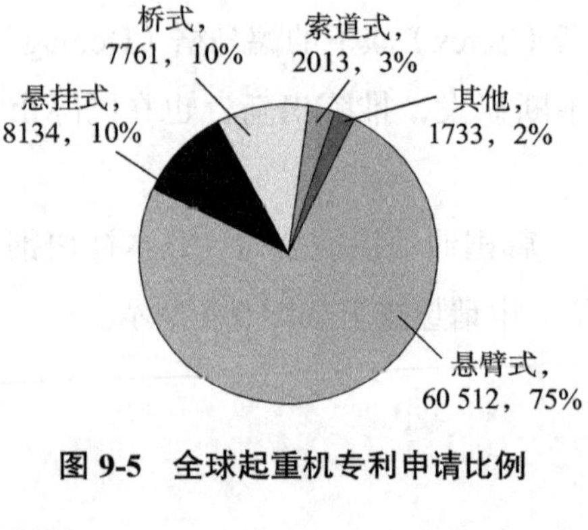


**图 9-5　全球起重机专利申请比例**

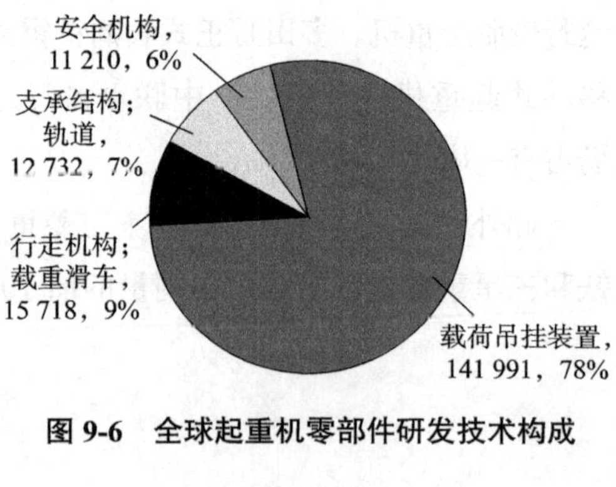


**图 9-6　全球起重机零部件研发技术构成**

## （六）起重机中国专利分析

1. 中国专利申请类型

从图 9-7 可看出，中国起重机专利申请中主要是实用新型，占申请量的70%，发明申请量占 30%。发明和实用新型申请增长量都较高，所以每年的实用新型和发明申请的比例都近似。

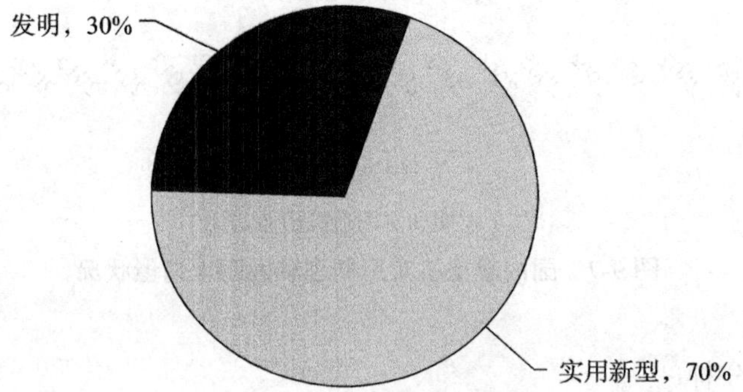


（a）发明和实用新型占比

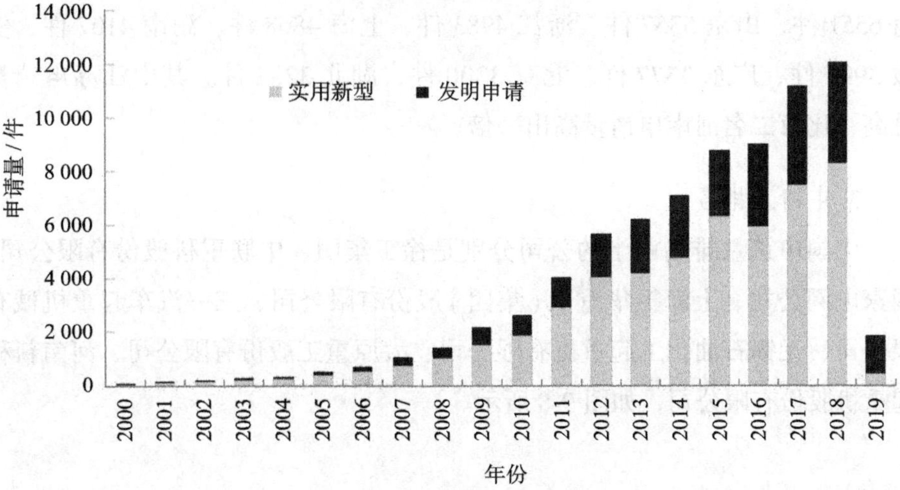


（b）发明和实用新型历年数量

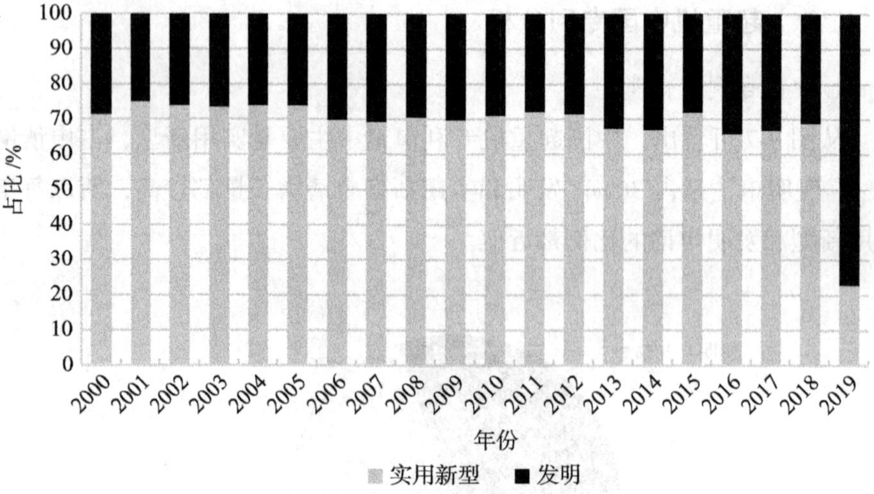


（c）发明和实用新型历年占比

**图 9-7　国内起重机实用新型和发明申请量状况**

2. 地域分析

中国起重机专利申请量排名前十位的省市分别是：江苏 13 663 件、河南 6551 件、山东 5357 件、浙江 4983 件、上海 4868 件、湖南 4107 件、安徽 3993 件、广东 3377 件、北京 3300 件、湖北 3232 件。其中江苏申请量最高，比第二名河南申请量高出一倍。

3. 申请人排名

中国申请量排名前十的公司分别是徐工集团、中联重科股份有限公司、国家电网公司、上海振华重工（集团）股份有限公司、三一汽车起重机械有限公司、无锡石油化工起重机有限公司、太原重工股份有限公司、河南新科起重机股份有限公司，如图 9-8 所示。

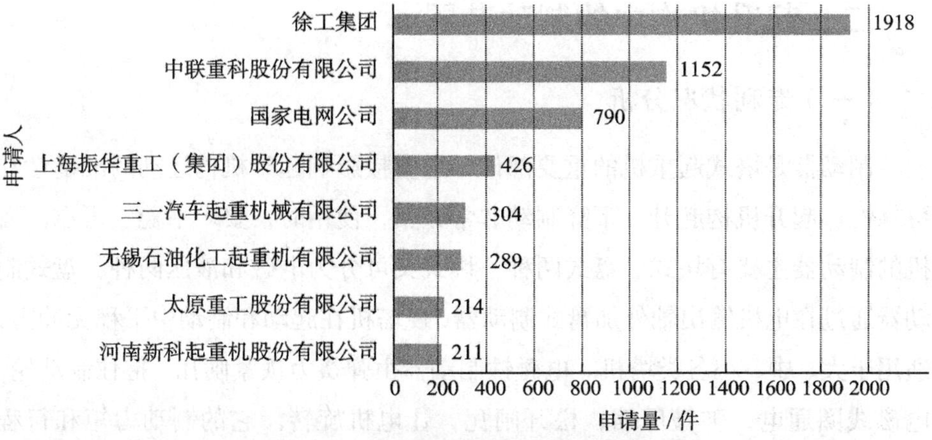


图 9-8　国内起重机公司类申请人排名

4. 中国技术布局分析

对于起重机，中国专利申请的重点和全球相同，都是悬臂式起重机，其专利申请量占起重机领域的 71%。国内起重机专利申请比例如图 9-9 所示。

从起重机零部件角度看起重机专利申请，载荷吊挂装置是研发重点，其专利申请量达到了 75%；行走机构、载重滑车申请量 6975 件，占 9%；支撑结构和轨道申请量 5703 件，占 8%；安全机构 5671 件，占 8%。如图 9-10 所示。

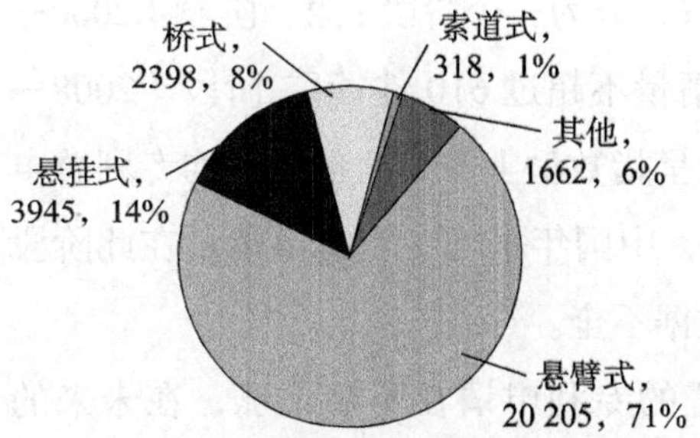


图 9-9　国内起重机专利申请比例

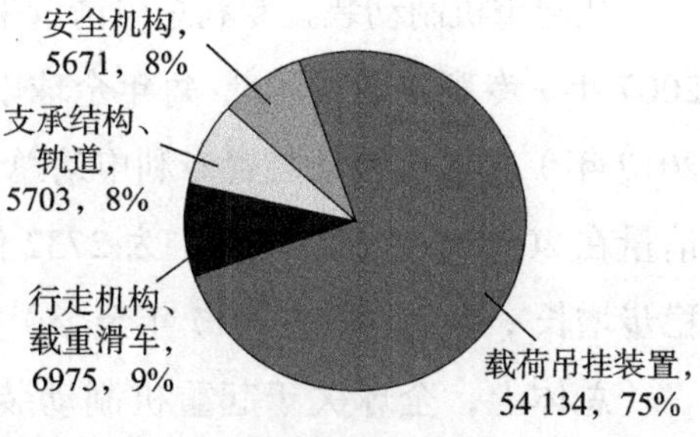


图 9-10　国内起重机零部件专利申请比例

## 二、起升机构中的制动装置

### （一）专利状况分析

制动器是塔式起重机的重要部件，它直接影响起升机构运动的准确性和可靠性。起升机构起升、下降制动非常频繁，使用时，要求平稳、可靠。塔机的制动器主要有块式、盘式两种，块式又可分为电磁和液压两种。盘式制动器通过在电机输出轴外加盘式制动器，使塔机在起动和制动中平稳无冲击，适用于大、中、小各类塔机。电磁铁制动器由弹簧力锁紧闸瓦、抱住制动轮，电磁线圈通电，弹簧压缩，松开闸瓦，让电机旋转。它的制动力矩和行程较小，适用于小型塔机。液力推动杆制动器用一个很小的电液泵带动一推杆来压缩弹簧，代替上面所述电磁铁的作用，以松开闸瓦，其他部分还是抱闸结构，但是它的力量和行程比电磁铁大，所以适应范围大。电磁铁制动器、液压推杆制动器的调整都是通过调整弹簧压缩量来实现的。

### （二）国内外申请趋势

截至 2019 年 10 月，关于起重机制动装置的专利申请总量为 38 907 件。其中，中国专利申请总量 17 495 件，占专利总申请量的 44.9%，可见中国企业非常重视起重机制动装置方面的技术研发。

从起重机制动装置专利总申请量来看，分为三个阶段：第一阶段（2000—2007 年）专利申请量较低，每年全球申请量不超过 610 件；第二阶段（2008—2017 年）起重机制动装置专利申请总量呈指数型上涨，全球年平均专利总申请量在 2017 年达到最高值，为 2732 件，中国年平均专利总申请量在此阶段稳步增长；第三阶段（2017 年至今）数据不全。

总体上，全球关于起重机制动装置的专利申请在不断上涨，在未来的很长一段时间内，起重机制动装置仍将成为起重机领域中很重要的技术研发点。

## （三）技术来源国分析

对起重机制动装置的所有全球专利来源的分析反映了各国技术实力。中国、美国、日本、德国和英国都是其主要技术输出国家，其中美国和日本一直持续技术输出，德国也具有很雄厚的技术积累，中国技术主要产生于20世纪90年代以后，属于新生的技术来源国，但其具有很强劲的后天优势和发展势头。2005年以来，中国的专利申请量已经超过其他技术强国，居于全球前列，见表9-3。

**表9-3　全球起重机制动装置申请量**

| 专利公开国别（组织） | 专利数量/件 |
|---|---|
| 中国 | 17 495 |
| 美国 | 4 606 |
| 日本 | 3 103 |
| 德国 | 2 538 |
| 英国 | 2 042 |
| 法国 | 1 396 |
| 韩国 | 1 313 |
| 欧洲专利局（EPO） | 1 191 |
| 俄罗斯 | 777 |
| 世界知识产权组织 | 730 |

## （四）主要申请人排名

在全球范围内，起重机产业兴起自20世纪70年代，在90年代中后期蓬勃发展，近10年发展尤为迅速。国家电网公司相关专利的申请量达239件，高于其他申请人，且排名靠前的企业大部分为国内企业。因温特奥公司作为一家著名电梯公司，在起重机的制动装置领域也有大量申请，如图9-11所示。

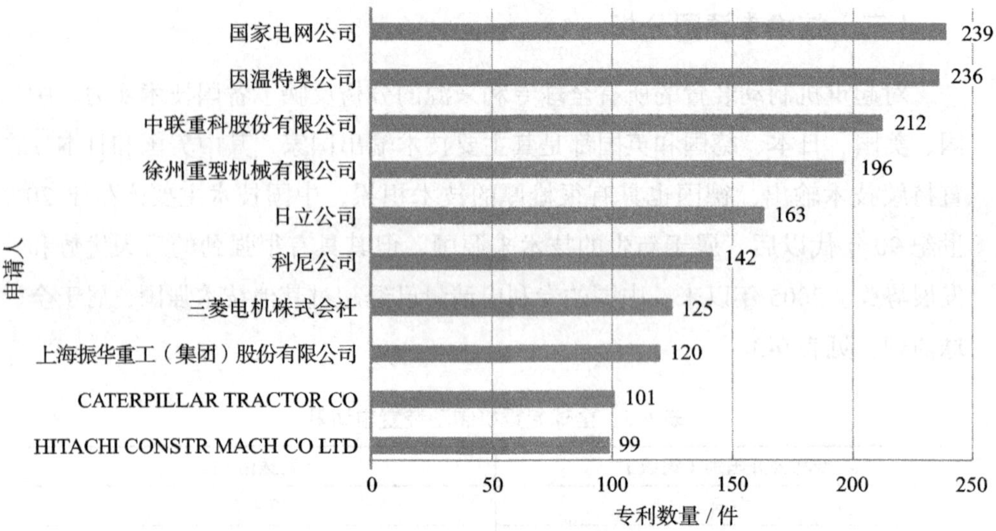


**图 9-11　全球起重机制动装置领域主要申请人排名**

## （五）技术发展脉络

图 9-12 为全球起重机制动装置领域技术发展脉络图，从制动器技术近 50 年的发展历史来看，大致分为两个发展路径，分别是制动结构上的改进和制动控制上的技术革新。

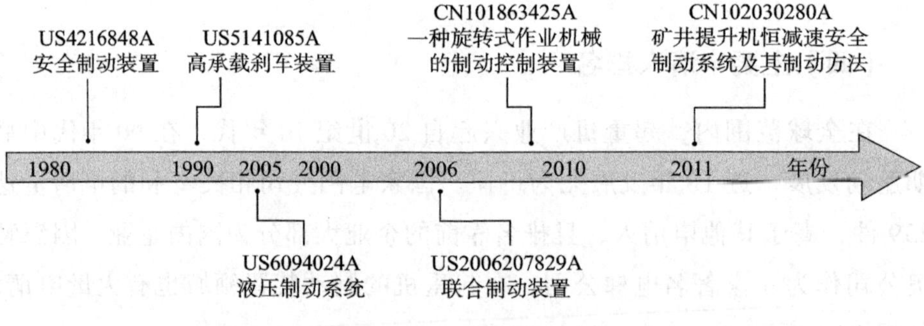


**图 9-12　全球起重机制动装置领域技术发展脉络图**

在结构改进方面，主要集中在制动源及制动摩擦方式的改进，主要体现在 US4216848 A、US5141085 A 及 US2006207829 A1 上，主要是在块式及盘式结构上的改进，整体解决问题的结构属于机械领域的常规部件设定，技术趋于成熟；在制动控制方式的改进方面，主要体现在 US6094024 A、CN101863425 A 及 CN102030280 A 上，随着控制方式和控制理念的进步，主要随电控装置的发展而变化。值得指出的是，2000 年后，中国在制动器领域的专利申请水平有较大提高，从单纯的结构改进逐步转向控制方法和原理的改进。

## 三、起升机构中的卷扬装置

卷扬机构是实现重物升降运动、控制重物升降速度、保持重物随时停止的一种起升装置，其在起重工程中应用广泛，是主要的牵引设备之一。卷扬装置根据动力方式可分为手动、电动和液压卷扬机，一般起重作业中以电动和液压卷扬机居多；按照卷筒个数可分为单筒卷扬机、双筒卷扬机及多筒卷扬机。以目前最常见的卷扬机构举例，卷扬机构一般包括主卷扬和副卷扬，主卷扬用于吊重质量较大的物体，副卷扬一般用于吊重作业范围较远的、质量较小的物体。卷扬机构主要包括液压泵、卷筒、液压马达、平衡阀、制动器、溢流阀、三圈保护等。液压泵是卷为扬机构提供动力的一种装置；卷筒的作用是缠绕和承载卷扬系统中的钢丝绳；液压马达是卷扬机构中的执行元件，控制卷扬的正反转，实现重物的升降运动；平衡阀的作用是负载保持，控制负载下降速度。

### （一）国内外申请趋势

从全球来看，起重机卷扬机构的技术体现在专利上始于 19 世纪 80 年代，首个专利出现在德国，19 世纪末该领域的专利数量较少。但是在 20 世纪初，尤其在 1919 年前后，随着第一次世界大战的结束，各个国家开始着手恢复基础设施，而提升机械作为基础设施建设中的关键设备，卷扬机构的专利申请量呈现明显上升趋势。同时，作为第二个节点，第二次世界大战结束后，即20世纪50年代，随着各国经济和社会的蓬勃发展及基础设施的现代化建设，卷扬机构技术再次发展势头强劲，申请量又一次明显提升，1970—1990年处于高位稳定状态。此时期，随着日本在二战后经济的迅速发展，其专利的申请量对全球申请做出了主要贡献。

中国在卷扬机构技术方面的发展起步较晚，直至1985年中国建立起专利制度后，才出现了1件涉及该领域的专利申请。但在2000年以后，中国作为最大的发展中国家，伴随着巨大的市场潜力和基础设施建设需求，其在该领域的申请有着巨大的增长，21世纪中国在该领域的专利申请量远高于其他国家，是全球申请量增长的主要来源，这也充分展现了我国技术创新能力的变大变强。

### （二）技术来源国分析

通过对起重机卷扬机构的全球专利数据进行分析发现，中国和日本是相关技术研发最为活跃的国家，全球近一半的原创申请源自这两个国家。中国的专利数量为16 642件，位居世界第一，日本以13 055的专利数量位居第二。结合前面的申请趋势数据，中国的起升卷扬机构技术方面的专利数量在2000年后出现井喷式的增长，而日本该方面的专利申请主要集中在20世纪的后半叶。紧随日本之后的是美国、德国、法国，分别以5941、4166、2512件的数量列居第三至第五位。从申请时间上看，起重机卷扬机构的技术源自欧美，日本紧随其后，两者申请量之和的变化趋势基本决定了全球的申请趋势，可见欧美和日本在相关技术领域都有着深厚的积累。而进入21世纪，随着中国对科研投入的增加和对专利发展的重视，其专利申请主导了全球的申请趋势，如图9-13所示。

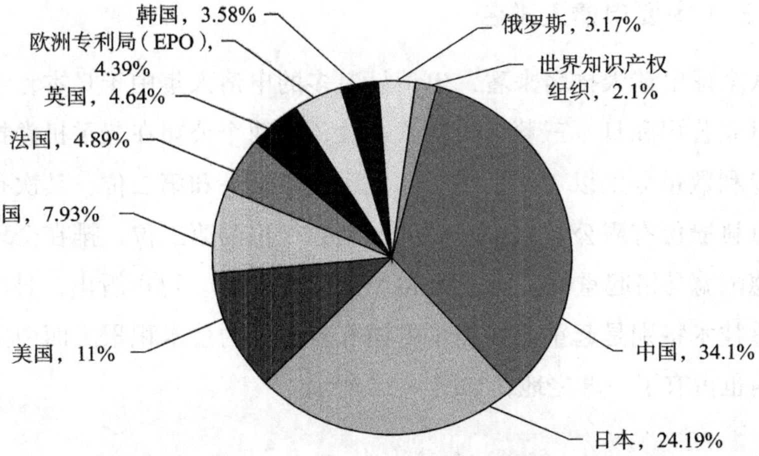


| 专利公开国别（组织） | 专利数量 / 件 |
|---|---|
| 中国 | 16 642 |
| 日本 | 13 055 |
| 美国 | 5 941 |
| 德国 | 4 166 |
| 法国 | 2 512 |
| 欧洲专利局（EPO） | 2 305 |
| 英国 | 2 305 |
| 韩国 | 2 034 |
| 俄罗斯 | 1 601 |
| 世界知识产权组织 | 1 152 |
| 加拿大 | 1 071 |
| 澳大利亚 | 1 043 |
| 挪威 | 933 |
| 瑞典 | 647 |
| 西班牙 | 589 |

**图 9-13　全球各国起重机卷扬装置领域专利申请量比例和排名**

### （三）主要申请人排名

从全球申请人排名来看，申请量最多的申请人集中于日本，主要包括日本日立公司和日本三菱电机株式会社，这两个公司在起重机卷扬机构领域的专利数量分别以 387 和 262 件位居世界第一和第二位，其次是中国的中联重科股份有限公司以 199 件的专利数量位列第三位，排在全球第四位的是德国德马格起重机公司（DEMAG CRANES）。可以看出，日本和德国在起重技术特别是起重卷扬技术方面有着深厚的技术积累。而中国在世界范围内也占有了一席之地，如图 9-14 所示。

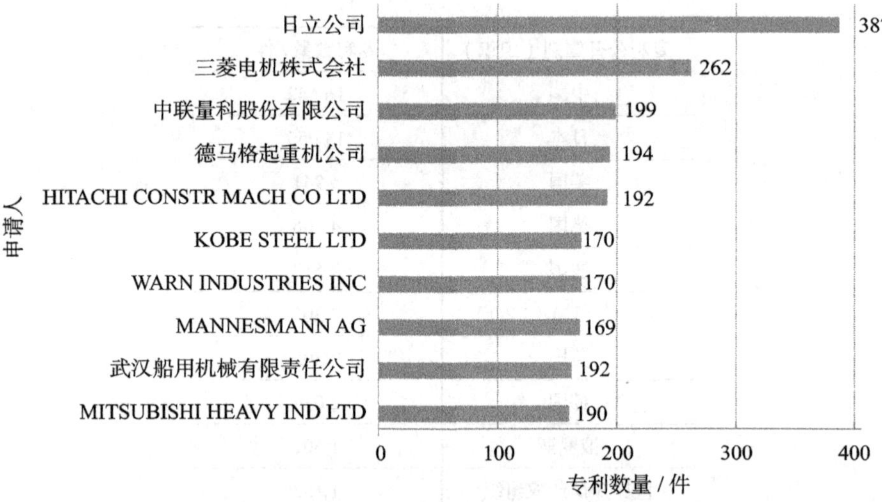


**图 9-14　全球起重机卷扬装置领域主要申请人排名**

### （四）技术发展脉络

从近 20 年的发展可以看出（如图 9-15 所示），其技术发展主要集中在提高工作效能、结构轻量化和提高稳定性。2006 年，日本的纳博特斯克株式会社提出了一种在实现能量再生功能的同时能够实现小型化的绞盘驱动装置（JP5111775B2），其在绞盘卷起时通过滚筒的旋转带动减速机或油压电机，从而驱动发电机，将势能再生为电能，同时通过结构的合理设计，在实现能量再生功能的同时，还可以实现驱动装置的小型化。绞车长时间使用时，其驱动机构可能会磨损，一旦磨损，该驱动机构就报废。针对该问题，浙江双友物流器械股份有限公司提供了一种适用性、稳定性强的绞车的带轴驱动装置（WO2012149701A1），其采用可拆卸的拨板设计，同时，转动筒的内、外两层结构还可使拨板能顺畅稳定地上下滑动，即使长时间使用拨板致其磨损后，也能将其方便地更换。其使用成本比较低，适用性比较高，具有较高的实用价值。除了对其结构上的改进，卷扬机构使用性能上的提高也是技术发展的主要侧重点。例如，针对工作噪声，上海大屯能源股份有限公司提出了一种矿用双速绞车驱动装置（CN202924652U）。其采用二自由度行星变速方式，行星架一体结构，便于固定，行星架固定后，内齿圈浮动，整体上减少了现有双速绞车的噪声和传动不平稳的问题。针对传动效率和可靠性，美国的 Nicholas A Gargaro 公司研发了一种升船机驱动装置（US10040673B1）。这种升船驱动的传动系具有头部和具有该座椅的驱动轴，头部具有锥形侧壁

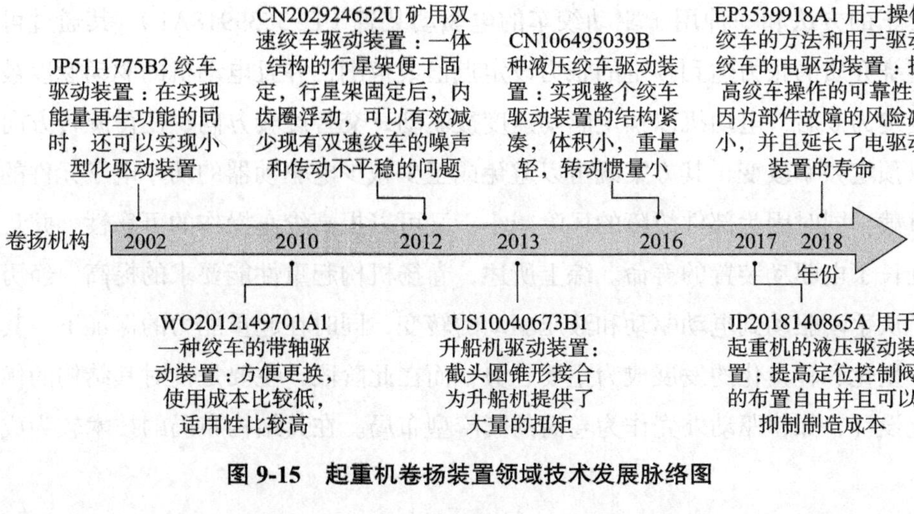


**图 9-15　起重机卷扬装置领域技术发展脉络图**

部，座具有锥形侧壁部，与所述锥形的侧壁部分相互啮合以驱动绞车，所述头部具有截头圆锥形段，具有截头圆锥形的座部，和所述绞车带动的截头圆锥区段彼此接合，这种截头圆锥形接合为升船机提供了大量的扭矩，通过上述结构可将转矩传递到绞车一种提高较重的船舶。提高传动效率的同时，卷扬的结构集成及轻量化也是一直需要解决的问题。一般的驱动装置的体积和质量都很大，转动部分的转动惯量大，导致整个绞车的动态响应特性不佳。针对此问题，广东工业大学提出了一种液压绞车驱动装置（CN106495039B），其通过多个壳动式马达置于绞车滚筒内部，马达的外壳兼作绞车滚筒外壳，滚筒外壳厚度可大大减小，滚筒的转轴兼作各马达公共的进油和回油通道，实现了整个绞车驱动装置结构紧凑、体积小、重量轻、转动惯量小的优良技术效果。卷扬的动力系统主要包括最为原始的手动、电动及涉及高负载的液压动力，而在液压驱动中，液压回路和阀门的设计则对液压系统的性能至关重要。住友集团提供了一种用于起重机的液压驱动装置（JP2018140865A），通过提高控制阀（方向控制阀）的配置自由度，实现性能提升的同时降低了驱动装置的制造成本。在卷扬机构的结构设计发展较为成熟的基础上，针对卷扬机构的控制方法也成为关键技术。瑞士的 ABB 公司提出了一种用于操作绞车的方法和一种用于驱动绞车的电驱动装置（EP3539918A1），其通过可卷绕介质的张力达到预定的张力设定点值或范围，并且电动机的驱动速度被设定为 0 后，电动机以预定驱动速度被驱动，交替旋转方向，使得旋转方向以预定频率改变，其方案既可以避免或至少减少电驱动器的功率电子元件的过载，同时因为部件故障的风险减小，又可以提高绞车操作的可靠性，并且延长了电驱动装置的寿命。综上所述，卷扬机构起重性能要求的提高，经历了从手动驱动到电动驱动和液压驱动的转变，同时在起重能力的保证下，其小型化和轻量化的发展成为主要趋势，而在此阶段，主要是针对其结构的优化设计，如将驱动外壳作为卷筒的紧凑型布局。在其结构布局的技术较为成熟后，主要技术研究集中在了设备的可靠性上，即如何提高设备的使用寿命、降低制造成本，以及较为精细和巧妙液压管路设计。

## 四、起升机构中的吊具

最常用的吊具是吊钩，常用的还有吊环、起重吸盘、夹钳和吊梁等。起重吸盘、夹钳和吊梁等可在起重机上作为专用吊具长久使用，也可作为可更换的辅助吊具挂在吊钩上临时使用，常用于多货种仓库和堆场，以提高作业效率。抓取散状物料的吊具一般为颚板可开闭的抓斗，也可用电磁吸盘吸取金属切屑等导磁性物料。吊取流动性物料的吊具常用的有盛桶和吊罐，一般通过倾侧或抽底塞等方式卸出钢水或化学溶液，通过打开吊罐底门卸出混凝土等流动性物料。

中国吊具市场一直以来都是欧美公司与国内民营企业共存，高、中、低端产品的生产商共存。索具种类齐全的欧美企业有德国企业德莱奇公司等，我国民营企业有河北巨力公司、上海品尔优公司等。

我国吊具行业最近几年发展迅速，但技术标准很不完善，国内企业随意生产，甚至擅自降低安全系数，因此我国的吊装安全有很大的隐患。比如，运输捆绑带方面，我国目前还没有标准。吊装带方面也只有推广标准，还没有强制性标准。

### （一）国内外申请趋势

截至 2019 年 10 月，关于起重机吊具的专利申请总量为 202 277 件，其中，中国专利申请总量 58 455 件，占其专利总申请量的 29%，可见中国企业非常重视起重机吊具方面的技术研发。

从起重机吊具专利总申请量来看，起重机吊具专利申请分为三个发展阶段：第一阶段（2000—2008 年）专利申请量较低，每年全球申请量不超过

2820件，其中，中国申请1041件；第二阶段（2009—2018年）专利申请总量呈指数型上涨，全球年平均专利总申请量在2017年达到最高值10908件，中国年平均专利总申请量在此阶段稳步增长，至2018年，中国专利申请量达到9409件。由于数据更新至2019年10月，第三阶段（2018年至今）关于起重机吊具的专利申请数量不全。

总体上，全球关于起重机吊具的专利申请在不断上涨，在未来的很长一段时间内，起重机吊具都将成为起重机领域中很重要的技术研发点。

### （二）技术来源国分析

表9-4对起重机吊具的所有专利来源进行了分析，反映了各国的技术实力。其中，中国、日本、美国和德国都是其主要技术输出国。日本和美国自1969年后一直持续技术输出，德国也具有很雄厚的起重机技术积累，中国的技术主要产生于20世纪90年代以后，属于新生的技术来源国，但具有很强劲的后天优势和发展势头。2005年以后，中国的专利申请量已经超过其他技术强国，居于全球前列。

**表9-4　全球各国起重机吊具领域专利申请量排名**

| 专利公开国别（组织） | 专利数量/件 |
|---|---|
| 中国 | 58 455 |
| 日本 | 52 282 |
| 美国 | 13 512 |
| 德国 | 13 190 |
| 俄罗斯 | 8 261 |
| 韩国 | 7 038 |
| 欧洲专利局（EPO） | 6 947 |
| 法国 | 5 944 |
| 英国 | 4 896 |

## （三）主要申请人排名

如图 9-19 所示，在全球范围内，起重机产业兴起自 20 世纪 70 年代，而在 90 年代中后期开始蓬勃发展，近十年发展尤其迅速。日立公司相关专利的申请量将近 1158 件，远高于其他申请人，且排名靠前的企业均为日本企业，例如三菱重工业株式会社排名第 2 位，申请量达到 898 件。排在全球第 5 位的是中国申请人国家电网公司，其申请量集中在 2009—2018 年。这一方面反映出我国起重机企业快速发展的势头，另一方面也反映出要想赶上世界一流的企业力量还显单薄，且还有很长的路要走，如图 9-16 所示。

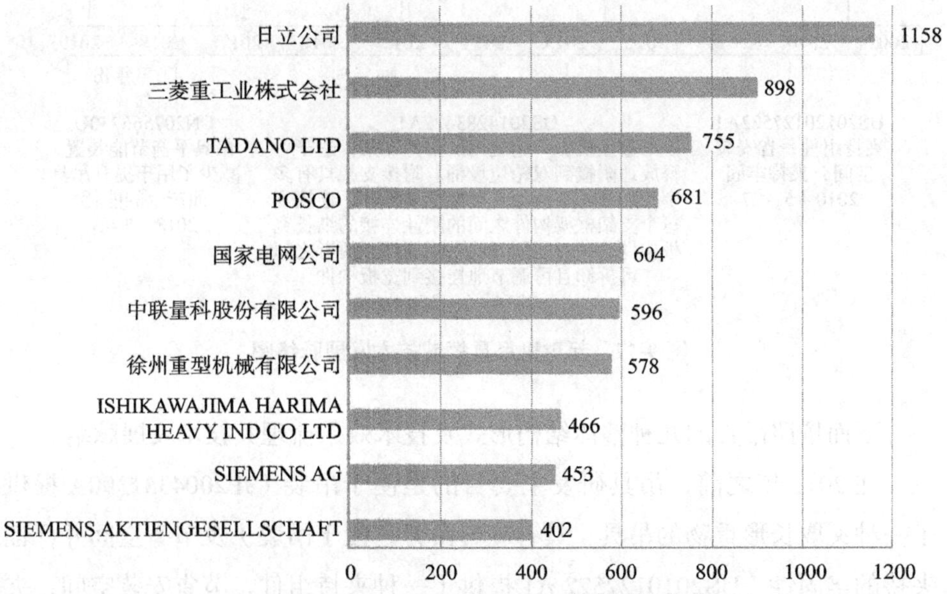


**图 9-16 全球起重机吊具领域主要申请人排名**

## （四）技术发展脉络

在起重机吊具专利文献进行数据标引的基础上，将文献的年代和技术内容进行关联，从而梳理出吊具主要技术分支的发展脉络，如图 9-17 所示。通过该技术发展脉络的梳理可以使企业了解起重机吊具主要技术分支的技术发展历程、技术发展特点和未来的研发趋势，为企业技术研发提供一些借鉴和参考。

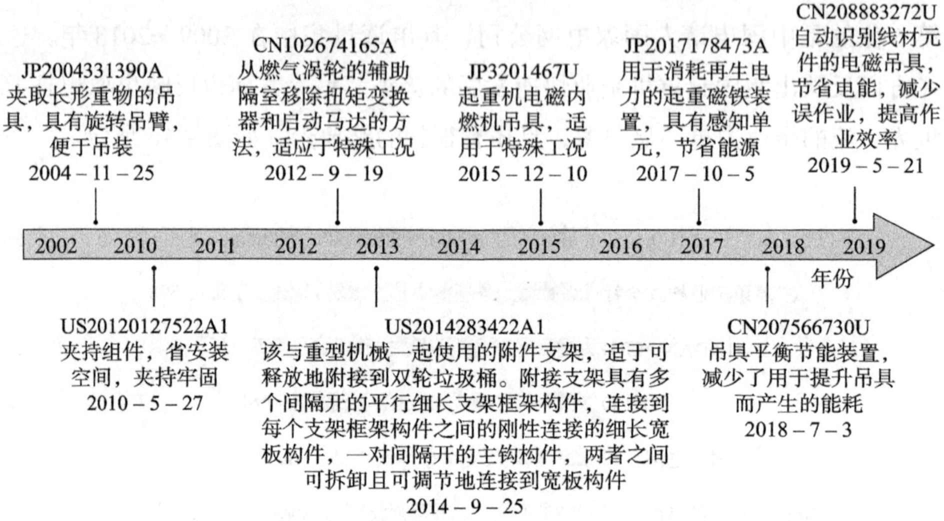


**图 9-17　起重机吊具领域技术发展脉络图**

下面按照吊具的几种整体结构形式及技术效果梳理其技术发展脉络。

在 2012 年之前，吊具研发主要目的是便于吊装（JP2004331390A 提供了一种夹取长形重物的吊具，具有旋转吊臂，便于吊装）及节省空间并保证夹持的牢固性（US2010127522 A1 提供了一种夹持组件，节省安装空间，夹持牢固），而且主要以日本和美国的大公司为主。从 2012 年开始，随着吊装特殊负载领域的扩展，本领域技术人员开始不断研发在特殊工况下使用相应的吊装装置进行吊装（CN102674165 A 从燃气涡轮的辅助隔室移除扭矩变换器和启动马达的方法；US2014283422 A1 提供一种重型机械的附接托架，具有限制杆，该限制杆适于分别接合一对臂的中间部分，从而限制可移动元件的旋转运动；JP3201467U 提供一种起重机电磁内燃机吊具）。2016 年至今，由于全球能源危机和人口老龄化，节约能源和人力成本成为首要解决的问题，因此，相应出现了相关的重要专利（JP2017178473 A 提供一种用于消耗再生电力的起重磁铁装置，具有感知单元，节省能源；CN207566730U 提供一种吊具平衡节能装置，减少了用于提升吊具而产生的能耗；CN208883272U 提供一种自动识别线材元件的电磁吊具，节省电能，减少误作业，提高作业效率），而且发明国从发达国家的垄断局面变成了日本、中国旗鼓相当的状况。总体而言，对于起重机吊具，如何更加节能、专业化应该是今后技术发展的重点。

## 五、本章小结

目前，国内专业生产大型起重机的厂家很多。其中中联重科、三一重工、抚挖等公司产品系列较全，市场占有率较高。国外专业生产大型起重机的厂家很多，其中利勃海尔、特雷克斯 - 德马格、马尼托瓦克与神钢等公司产品系列较全，市场占有率较高。

起重机企业的核心竞争力在于先进合理的结构设计、智能化高精度的电气控制技术、自拆装技术、系列产品的通用性、臂架组合作业。

针对起升机构中的制动装置这个技术分支，全球关于起重机制动装置的专利申请在不断上涨，在未来的很长一段时间内，起重机制动装置仍将成为起重机领域中很重要的技术研发点。2000 年后，中国在制动器领域的专利申请水平有较大提高，从单纯的结构改进逐步转向控制方法和原理的改进。

针对起升机构中的卷扬装置这个技术分支，日本和德国在起重技术领域处于领先地位，但随着中国企业的发展，中国在世界范围内也占有了一席之地。

针对起升机构中的吊具这个技术分支，技术主导国从发达国家的垄断局面变成了日本、中国旗鼓相当的状况。总体而言，对于该结构，如何更加节能、专业化应该是今后技术发展的重点。

## 参考文献

[1] 张茂宇 . 产业专利分析报告（第 49 册）[M]. 北京：知识产权出版社，2017（1）：1-19.

[2] 马天旗 . 高价值专利筛选 [M]. 北京：知识产权出版社，2018（1）：135-168.

[3] 马天旗 . 专利挖掘 [M]. 北京：知识产权出版社，2016（1）：155-165.

[4] 张永清 . 起重运输与吊装技术 [M]. 北京：化学工业出版社，2016（1）：49-511.

[5] 王金诺 . 起重运输机金属结构 [M]. 北京：中国铁道出版社，2017（2）：48-102.

# 第十章　汽车轮毂轴承ABS技术专利分析

国家知识产权局专利局专利审查协作北京中心

张运慧　沈金峰　宋海燕

**摘要**：近年来，国内轮毂轴承 ABS 技术虽有一定发展，但相关技术和产业发展与国外还有较大差距。本章试图从专利的角度研究相关技术的现状和发展趋势，对专利申请进行统计分析，重点对该领域主要申请人的轮毂轴承 ABS 关键技术、未来发展方向进行分析研究，为国内相关创新主体提供参考和助力。

## 一、概述

### （一）研究背景

轮毂轴承是汽车的关键零部件之一，其主要作用是承载重量和为轮毂的转动提供精确引导，同时承受着轴向、径向载荷。目前轮毂轴承已发展到第五代，其中，第一代轮毂轴承主要为双列角接触球轴承或圆锥滚子轴承，包括两个内圈和一个整体式外圈等；第二代轮毂轴承是在第一代的基础上，将轴承外圈和安装法兰集成为整体式外圈；第三代轮毂轴承内圈和外圈均设置法兰盘，外圈法兰盘与悬架连接，内圈法兰盘与制动盘连接，是目前多数汽车厂商所选用的轮毂轴承结构；第四代轮毂轴承把等速万向节与轴承做成一个整体，取消了传统的孔轴配合，结构更为紧凑；第五代轮毂轴承主要将第二代或第三代轮毂轴承的法兰盘与制动鼓结合，将轴承、轮毂和制动盘一体化成完整组件。

制动防抱死系统（Anti-lock Brake System，ABS）是一种主动安全装置，其在车辆制动时根据车轮的转速自动调节车轮的制动压力，防止车轮抱死、后轮侧滑，以提高车辆制动时的方向稳定性，减少制动距离，改善制动效能。虽然目前提到 ABS 就能联想到车辆，而事实上，ABS 最早并不用于汽车上。其在 20 世纪 20 年代首次被提出时仅用于火车和飞机上。直到 20 世纪 50 年代，ABS 技术才首次用于车辆上，但由于当时控制精度低，效果并不理想。随着电子技术的日益成熟，其反应速度和控制精度日益提高，车辆上的应用才得到推广。20 世纪 90 年代以后，ABS 技术发展迅速，并成为多数汽车的标准配置，世界上许多国家都对汽车的 ABS 提出了强制性配置要求，并制定了严格的法规。据统计，目前已有 300 多种汽车装备了 ABS。我国于 2018 年实行的《机动车运行安全技术条件》中也增加了机动车采用主被动安全新技术、新装置、新结构的要求，包括所有汽车制动应有防抱死系统，可见 ABS 技术在我国也成为汽车的标配。

根据 ABS 的工作原理可知，在制动过程中，ABS 的电控单元需要不断地从传感器中获取车轮速度，分析车轮是否即将抱死拖滑，因而在技术演化进程中，ABS 技术逐步与轮毂轴承结合。近年来，国内汽车相关厂家在轮毂轴承 ABS 技术方面虽有一定发展，但大部分市场份额仍被国外企业占据，国内相关技术和产业发展与国外还有较大差距。本章试图从专利的角度研究相关技术的现状和发展趋势，对专利申请进行统计分析，重点对该领域主要申请人的轮毂轴承 ABS 关键技术进行分析研究，为国内相关创新主体提供参考和助力。

### （二）研究对象及其工作原理

车轮转速传感技术主要是将传感转子固定安装于轮毂轴承旋转体上，并将传感检测元件固定于轮毂或轮毂轴承固定体上，传感检测元件检测传感转子的信号，从而准确获得车轮转速并输送到电控单元，电控单元对速度信号进行处理，并根据处理结果向液压调节系统发出控制指令，液压调节系统根据电控单元的指令控制车轮制动器工作缸中的制动液压力迅速变大或变小，防止车轮抱死。其中，传感结构与轮毂轴承结合包括两种类型，一是将传感结构设置在轮毂上，二是将传感结构与轮毂轴承组合成为一个整体。传感元件多采用磁性编码器形式，将磁鼓设置成间隔分布的小磁极，磁极被磁化后，旋转时产生周期分布的磁场，磁传感器探头通过磁电阻效应将变化磁场信号转化为电阻阻值的变化，从而获得轮毂旋转速度。因此，将传感结构 / 系统设置在轴承方寸之上，形成轮毂轴承 ABS 技术，构成轮毂轴承主要技术分支。

### （三）研究方法

为了能全面、准确地反映出相关领域的专利技术现状及其发展趋势，选择 INCOPAT 作为检索数据库，其收录了 105 个国家、地区和组织共 1 亿多条专利数据，包括中英文标题摘要、原始全文等。数据库除了具有常规的分类号检索功能外，还具有中英文联合检索功能和同族合并功能，能够保证检全、检准，并避免数据重复。

## 二、轮毂轴承ABS技术专利申请整体状况

### （一）国内外专利申请发展现状

图 10-1 示出了 1960 年至今国内外涉及轮毂轴承 ABS 技术的专利申请量，通过分析可知，国外专利申请量趋势和国内的趋势有所不同，因此分开进行分析。国外申请的发展过程大致可以分为以下几个阶段。

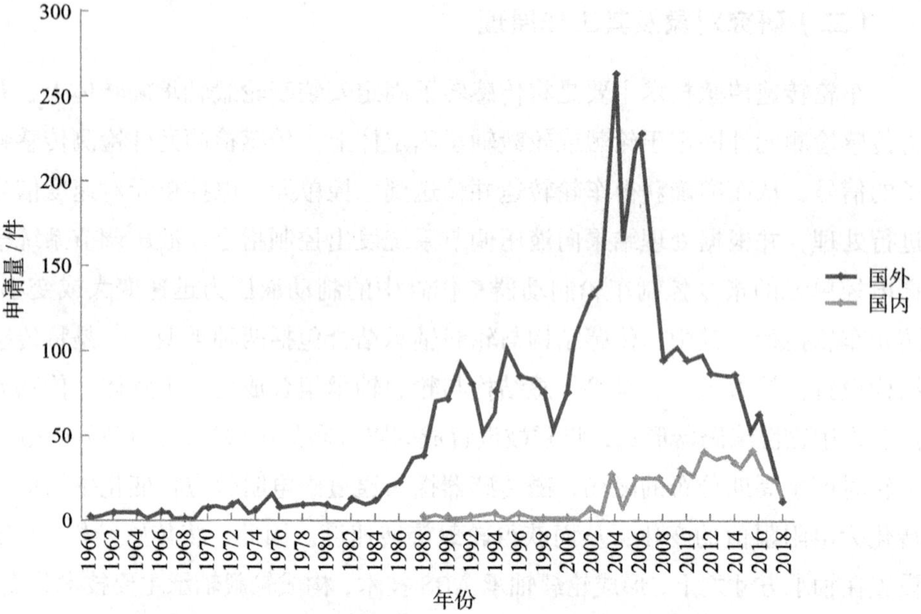


**图 10-1　国内外轮毂轴承 ABS 技术领域专利申请量趋势图**

1. 萌芽时期（1960—1971 年）

1960—1971 年属于轮毂轴承 ABS 技术的萌芽期。这一时期，大部分年份每年的专利申请量只有 2~3 件，甚至在某些年份，例如 1964 年、1967 年、1968 年，专利申请量为 0。随着时间的推移和 ABS 技术的发展，到了 1969—1971 年，每年的专利申请量达到 7~8 件。这一时期，主要申请人集中在英国、德国、法国等欧洲国家。

2. 缓慢发展时期（1972—1984 年）

1972—1984 年属于轮毂轴承 ABS 技术的缓慢发展时期。这一时期，每年的专利申请量突破了个位数，达到了十位数，且每年都有一定的申请量。虽然该时期的申请量增长不是特别明显，但是总体上，该时期相对于萌芽期有了一定量的增长，且发展比较平稳。这一时期，主要的目标申请国不仅集中在英国、德国、法国等欧洲国家，还包括美国、日本等国家。

3. 首次快速发展时期（1985—2000 年）

1985—2000 年属于轮毂轴承 ABS 技术的首次快速发展时期。从 1985 年开始，专利申请量逐年增长，且增长量明显，到 1995 年，申请量达到了 102 件。虽然 1995 年之后申请量有所回落，但每年的申请量也都维持在 50 件以上。这一时期，专利申请主要分布在英国、德国、法国、美国、日本，除此以外，在意大利、韩国也出现了一定量的申请，日本的申请量增长比较明显，对这一时期的申请量贡献较大。究其原因，这与整个技术发展交流进步及人们知识产权意识的提高是分不开的。

4. 再次快速发展时期（2001 年至今）

这一时期，该领域的专利申请量呈现快速增长的态势，从 2001 年的 109 件增长到 2004 年的 264 件。随着 ABS 技术的发展，研发者将其与轮毂轴承结构相结合，并成为企业或研发单位的研发热点。2004 年之后，虽然申请量有所下降，但在 2010 年之前，每年的专利申请量都在 100 件以上。这说明 ABS 技术分支仍保有一定热度。2010 年之后，该领域的申请量有所回落，但每年的申请量依然保持首次快速发展时期的每年 50 件以上的量。2018—2019 年申请量骤降，是由于申请文件尚未完全公开导致申请数量失真所致。

中国国内的专利申请的发展，总体上远远滞后于国外，其发展过程大致可以分为两个阶段。第一阶段为缓慢发展时期（1988—2003 年）。1988 年才出现第 1 个专利申请，1988—2003 年，该领域每年的专利申请量基本上在 0~4 件徘徊，整体发展比较缓慢，属于缓慢发展时期。第二阶段为快速发展时期（2004 年至今）。直到 2004 年，专利申请量才突破个位数，达到 27 件，自此以后，中国在该领域的专利申请进入快速发展时期，基本上每年的专利申请量都有几十件，其中 2016 年的专利申请量最大，达到 41 件。虽然这一时期中国该领域的专利申请相比以前有了很大的发展，但是与国外相比还是存在一定的差距，而且这些中国专利申请大部分是由日本、德国、美国等汽车研发生产强国的企业提出的，这给中国本土企业带来了一定的技术冲击，中国相关企业和科研单位需要学习和追赶。

### （二）技术主题构成

通常情况下，通过 IPC 分类号进行区分，能直观反映其细分技术主题构成。但由于轮毂轴承并无对应 ABS 技术的细分分类号，所以采用人工筛分的方式进行分类。在筛分时，由于如摩托车、自行车第二轮车及轨道车的轮毂轴承结构与汽车轴承结构差别较大，故将非汽车的轴承专利申请排除在外。此外，部分申请仅提及轴承安装 ABS 传感结构，并未涉及具体的传感结构，不具有技术分解上的意义，故也将上述专利申请排除在外。

根据《轮毂轴承的发展趋势和最新技术》记载，主要技术分支包括 ABS 音轮结构、带多极磁性编码器的密封圈、内置列间传感器、内置端盖式传感器、内置环状传感器。ABS 音轮结构属于传统的测速结构，通常采用齿轮型传感器转子型式的测速音轮，将其设置在轮毂轴承的旋转件上，接收转子信号的转速传感元件设置在转向节上；带多极磁性编码器的密封圈设置于密封轴承外圈和内圈端侧空隙的密封圈上，将多极磁性橡胶固化在密封圈的金属环上，两者一体化，这种编码器集固体磁铁的磁性和橡胶的柔性性能于一体，相对于齿轮型传感器转子，后者结构更为紧凑；内置列间传感器是指传感器设置在两列滚动体之间，传感转子设置于轴承旋转体（如内圈）上，驱动轮和非驱动轮均可适用，尤其适用于在轴向空间尺寸受限的情况；内置端盖式传感器是指在轴承端侧将传感器安装在端盖内，传感转子设置在轴承旋转体（如内圈）上，设置于端盖内侧；内置环状传感器结构与内置端盖式传感结构设置位置相似，传感器设于端盖内，但有别于内置端盖式传感器，内置环状传感器转子内置于端盖中而非保持在端盖上，传感器通常为环形结构，能够充分利用轴承内部空间。

按项数排名的轮毂轴承 ABS 技术相关专利申请如图 10-2 所示，其中排名第一的带多极磁性编码器的密封圈约占总量的 26.4%；排名第二的内置端盖式传感器约占总量的 21.6%；第三名为内置列间传感器，约占总量的 9.4%；第四名为内置环状传感器，约占总量的 5.3%；第五名为测速音轮，约占总量的 3.3%；其余部分关注传感器安装、轴承状态及异常检测等。此外，通过时间轴纬度进行观察，对应于轮毂轴承传统技术的 ABS 音轮作为速度传感结构，在其发展成熟之后，申请量大幅减少，后文将通过典型专利进一步说明。

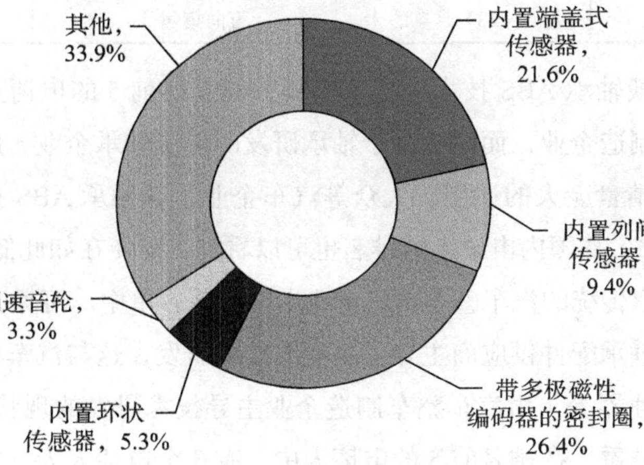


**图 10-2　技术主题构成图**

## 三、轮毂轴承ABS技术的主要申请人

轮毂轴承 ABS 技术主要申请人为日本精工株式会社（NSK）、NTN 株式会社（NTN）、斯凯孚公司（SKF）、光洋精工株式会社（KOYO 和 TOYODA 公司于 2006 年合并，创立 JTEKT）和舍弗勒两合公司（FAG），分别为 770 件、675 件、406 件、337 件和 234 件，上述企业均是国外申请人。比较而言，国内申请人在该领域的申请量最多的仅有 11 件，与该领域的国

外主要申请人的申请量差距非常大，也表明我国该方面研究尚有较大的提升空间，见表 10-1。

**表10-1 主要申请人的申请情况**

| 国外 | | 国内 | |
|---|---|---|---|
| 机构 | 数量 / 件 | 机构 | 数量 / 件 |
| NSK | 770 | 浙江钧铭机械有限公司 | 11 |
| NTN | 675 | 新昌县开源汽车轴承有限公司 | 11 |
| SKF | 406 | 山东华泰轴承制造有限公司 | 7 |
| JTEKT | 337 | 人本集团 | 6 |
| FAG | 234 | 万向集团 | 5 |

虽然轮毂轴承 ABS 技术应用于车辆，但上述前 5 的申请人均不是传统的汽车整车制造企业，而是专注于轴承研发的传统轴承企业，即便是在汽车领域专利申请量庞大的通用、大众等汽车企业，其轴承 ABS 技术申请量也没能进入前 5。从国内申请人的排名也可以看到，即便在如此低的申请量下，仍然没有一家传统的汽车整车制造企业出现在该名单中。可见，在轴承 ABS 技术方面，轴承配件供应商主导了主要的技术研发，这与汽车核心部件（如发动机、变速器等）由汽车整车制造企业主导技术研发的现状有较大差异。从申请人地域看，在排名前 5 的申请人中，有 3 个申请人为日本企业，其余 2 个申请人分别是瑞典和德国企业，同时日本申请人在该领域的全球申请量也遥遥领先于其他国家，尤其是日本精工株式会社（NSK）、NTN 株式会社两家企业，两者申请量都超过了斯凯孚公司和舍弗勒两合公司的总和，可见日本在该技术领域处于领先地位。

图 10-3 是轴承 ABS 主要申请人专利申请情况。可以看出，欧洲的两家企业斯凯孚公司和舍弗勒技术股份两合公司一直稳步发展，没有陡增或陡降的趋势。而日本的三家公司日本精工株式会社、NTN 株式会社和光洋精工株式会社的申请趋势则比较相似，在 2000 年以前，除日本精工株式会社外，

基本都处于稳步发展期，而日本精工株式会社在 1995—2000 年，专利申请量有较大增幅，表明其在该时期的发展较为迅速。2001—2008 年，三者申请量都有较大增幅，且申请量远超斯凯孚公司和舍弗勒技术股份两合公司，表明日本企业该时期在轴承 ABS 技术方面的发展进入高潮期，而这期间也是日本汽车行业的迅速发展期，日系汽车逐渐占领各个地区的市场。而在 2008 年以后，各大公司的申请量逐步下降，这表明轴承 ABS 在经过成熟的发展期后，逐渐趋于平稳。

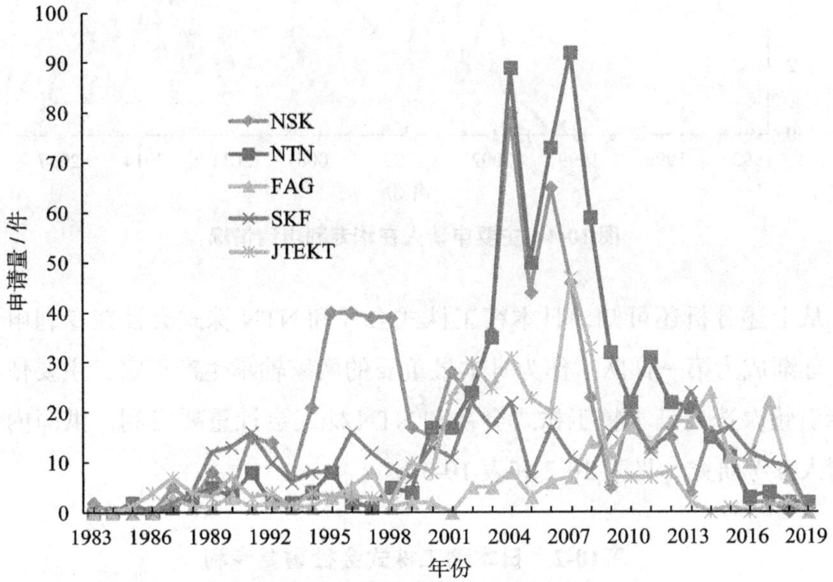


**图 10-3　主要申请人专利申请情况**

图 10-4 是轴承 ABS 主要申请人在中国专利申请情况。可以看到，各申请人在中国申请专利数量均较少，分别为：日本精工株式会社 32 件、NTN 株式会社 73 件、斯凯孚公司 79 件、光洋精工株式会社 23 件、舍弗勒技术股份两合公司 41 件。从布局时间上看，除斯凯孚公司在 1993 年进入中国外，其余公司进入中国申请专利的时间均晚于 2000 年。可见，上述公司基于其引入中国市场的产品类型，有选择地在中国进行专利布局。

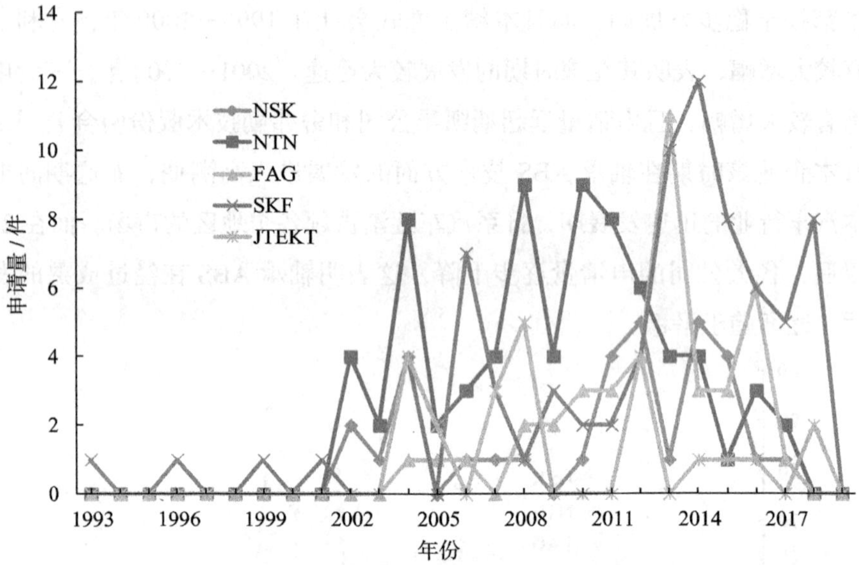


**图 10-4　主要申请人在华专利申请情况**

从上述分析还可知，日本精工株式会社和NTN株式会社在专利申请数量上逐渐成为第一梯队。作为日本最重要的两家轴承生产厂家，主要依据同族标引频次选出日本精工株式会社和NTN株式会社重要专利，供国内相关申请人参考研究，见表10-2和表10-3。

**表10-2　日本精工株式会社重要专利**

| 公开号 | 优先权日 | 标题 | 同族被标引频次 |
|---|---|---|---|
| US6471407B1 | 1999年7月12日 | Rolling bearing unit for supporting wheel | 222 |
| EP1211500B1 | 2000年12月1日 | Rolling bearing apparatus with sensor | 177 |
| CN102481806B | 2010年7月22日 | 带编码装置的车轮支撑用滚动轴承单元 | 137 |
| US7686516B2 | 2004年5月26日 | Rolling bearing unit with load measuring unit | 135 |
| US6830379B2 | 2001年10月18日 | Rotation-speed sensor device | 123 |

**表10-3 NTN株式会社重要专利**

| 公开号 | 优先权日 | 标题 | 同族被标引频次 |
|---|---|---|---|
| US6637754B1 | 1999 年 11 月 17 日 | Wheel bearing and sealing device therefor | 193 |
| US6692153B2 | 2001 年 3 月 7 日 | Wheel support bearing assembly | 150 |
| JP3474036B2 | 1994 年 8 月 1 日 | Piezoelectric film transducer system for bearings | 115 |
| CN1289911C | 2002 年 3 月 8 日 | 旋转检测器和采用它的防锁制动装置 | 105 |
| US7084537B2 | 2002 年 3 月 8 日 | Rotation detecting device and wheel support bearing assembly utilizing the same | 100 |

## 四、技术发展路线分析

轮毂轴承随汽车车轮运转长期处于尘土飞扬、潮湿甚至泥泞的恶劣外部环境中，如果轴承内部进入尘土、杂质、污水等，将引发轴承磨损，影响其使用寿命，测速部件通常为磁性编码结构，杂质、污水侵入将影响测量精度。如何防尘防湿保障轴承内部环境，提高检测精度及耐久性成为轮毂轴承领域的核心目标。通过对汽车轮毂中涉及 ABS 技术的全球专利申请进行分析，发现四类解决方案的申请量占总体申请量的比重较大，相关技术成为第三代轮毂轴承 ABS 技术研究的重点，受到了国内外企业和科研院所的广泛关注。该四类解决方案基于 ABS 测量装置在轴承的不同安装位置而区分为带多极磁性编码器的密封圈、内置端盖式传感器、内置列间传感器、内置环状传感器，上述不同解决方案演变进化过程形成核心技术发展脉络。

### （一）带多极磁性编码器的密封圈方向呈精确测量、高密封性能、紧凑化发展趋势

从 20 世纪 90 年代起，各大轴承公司对相关方向展开研究。例如斯凯孚公司 1995 年提出了相关早期申请 FR2730566A1，将多极磁性橡胶硫化在金

属环上，由于与密封圈一体化设计，轴承及其检测结构更为紧凑、小型化。由于磁阻元件旋转传感器和霍尔效应传感器对转速高低没有限制，其可用来测量几乎静止的车轮转速。经过十几年的深入研究，上述技术分支呈现测量精确、密封性能高、紧凑化的发展趋势，以斯凯孚公司（SKF）、日本精工株式会社（NSK）、NTN株式会社为代表。

例如，NTN株式会社于2010年提出的专利申请US2010124389A，针对泥水或盐水飞溅或高低温反复的外部环境，现有轴承传感器保持件会与形成密封圈的金属芯分离，致使磁性传感器与磁化构件之间的气隙发生变化，从而不能进行正确速度检测的问题，在形成密封板的金属芯的外筒状部上形成锚固部，锚固部径向向外弯折形成舌，并且利用形成传感器保持件的合成树脂围绕锚固部而使传感器保持件与金属芯一体成型，因而即使在严酷行驶环境下使用，也可确保塑性树脂制成的传感器保持件与金属芯之间的附着性。此外，还加强了密封性能，密封件的内侧密封件包括环形密封板；抛油环具有一体成型侧唇和径向唇的密封构件；密封构件的侧唇与抛油环和/或脉冲发生环滑动接触。在传感器保持件的内侧布置盘状罩，从而在其间形成迷宫式密封，并且在盘状罩的内周或内周附近形成排放口。这使得即使该车轮轴承装置在泥水飞溅时也可通过盘状罩防止泥水进入。

此外，随着技术的发展，不仅能够被动防止污水进入轴承内部，还能够主动将外来物质排出。日本精工株式会社于2015年提交申请US2015078691A，涉及轮毂单元轴承，具有外轮构件、内轮构件、盖，外轮构件作为静止轮；内轮构件作为借助多个滚动体而能够相对于外轮构件旋转的旋转轮；盖覆盖外轮构件和内轮构件的轴向内端部，盖具有圆盘部和圆筒部，圆筒部从圆盘部的外周缘部向轴向外侧弯折而形成并且嵌合固定于外轮构件，圆筒部具有切起部，切起部在圆筒部周向的一部分上向圆筒部的径向内侧或径向外侧切起，形成连通盖内外的排水孔。具体技术发展趋势如图10-5所示。

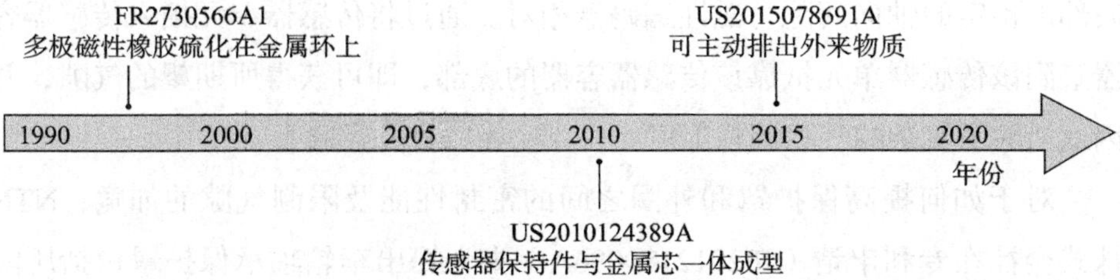


**图 10-5　带多极磁性编码器的密封圈方向技术发展脉络图**

## （二）内置端盖式传感器方向更关注高密封性能、测量精度等方面

感应结构与轴承整合，传感器安装在轴承外侧的端盖中，是近年轮毂轴承的发展趋势之一，具体分为一体型和分离型两种类型。因分离型传感器具有利于标准化、便于批量生产及更换方便的天然优势，成为上述领域的主流技术发展方向。如捷太格特公司（KOYO SEIKO CO）、通用汽车、日本精工株式会社 20 世纪 90 年代对相关方向展开研究，日本精工株式会社于 1998 年提交专利申请（US5814984A），针对端盖和轴承外圈的防水问题，提出在端盖和轴承外圈连接处设置密封环，防止浑水进入轴承内部；又如斯凯孚公司在 1996 年提出的早期申请（US5756894A）关注到端盖上传感器的防撞保护及密封问题。各大轴承厂家对于技术课题的深入研究，提出大量相关申请，日本精工株式会社、NTN 株式会社等公司在此领域占据主导地位。内置端盖式传感器方向面临的技术问题主要包括如何保障端盖安装在轴承外圈后不发生影响检测精度的形变、传感器与编码器之间适当气隙保持及端盖和外圈之间的密封等。

对于如何使轴承装配简单并保持密封性能，NTN 株式会社在 2011 年递交的专利申请（JP2011080500A）中提出如下解决方案：结合有轮速检测装置的车轮轴承装置设有传感器帽和装配在内圈外侧的磁性编码器，该传感器帽的安装部的传感器单元装配至安装部并隔着轴向气隙与磁性编码器对置。在安装部中成形为有底筒状的传感器插入环一体成型，使得传感器插入环的底部以预定的轴向间隙与磁性编码器相对。通过将传感器单元插入传感器容器直到该传感器单元抵靠该传感器容器的底部，即可获得所期望的气隙，并因此消除了复杂的气隙调整工序。

对于如何提高保护罩和外圈之间的密封性能及限制气隙的加宽，NTN株式会社在专利申请（JP2012189096A）中，提出车轮轴承保护罩包括压配合至外圈的端部内表面的筒形装配部；盘形屏蔽部，该屏蔽部从装配部径向向内延伸，两者之间具有缩胫部，转速传感器靠近屏蔽部的内表面侧或与其接触；底部用于与台阶部一起覆盖内构件的内侧端。屏蔽部仅以预定倾斜角度从外侧倾斜，并且在与保护罩被压配合至外构件相同的载荷状态下，屏蔽部的满偏度的允许极限被限制为 0.15mm 以下，能够通过在保护罩上设置有台阶的纵向截面来提高保护罩的刚性，并能够抑制保护罩由于石子等的撞击而引起的变形，同时能够限制气隙的增大而提高转速检测的精度和可靠性。具体技术发展趋势见图 10-6。

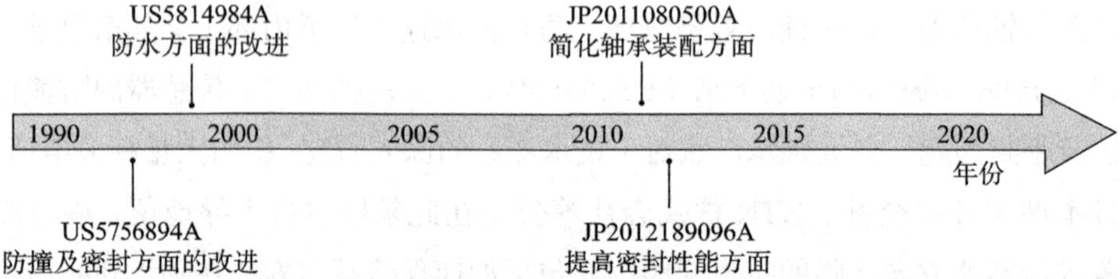


**图 10-6　内置端盖式传感器方向技术发展脉络图**

## （三）内置列间传感器方向重点关注成本、多功能检测

轮毂轴承的内置传感器位于两列滚动体之间，传感结构与轮毂轴承整合可延长其使用寿命。此种类型轴承通常采用分体式内圈，如何获得轴承内部的运行状况是关注重点之一。NTN 株式会社于 1989 年提出的早期申请（US4865468），相对于传统的设置在轴承外圈端侧的 ABS 转子结构，将传

感器设置在两列滚动体的列间，能够减少轴承组件的重量、尺寸及成本。日本精工株式会社 2001 年提出的申请（EP1069435A），轴承列间除了设置速度传感器，还包括振动等多个传感器的组合。也有其他早期专利申请在列间设置用的位移传感器，以优良的精度测量该载荷。由于高精度非接触型传感器很昂贵，如何实现低成本多功能检测是此研究方向需要解决的课题之一。日本精工株式会社 2005 年提出的国际申请（WO2005026680A）提出了解决方案：设置至少一对转速传感器，用于分别探测在两排中的滚动元件的转速；计算器基于在各排中的滚动元件的转速与旋转速度的比值来计算施加在静止环与旋转环之间的径向载荷，基于各排滚动元件旋转速度的差值与轮毂的旋转速度的比值来计算轴向载荷。日本精工株式会社提出的申请（JP2014009952A）于 2016 年获得授权，其另辟蹊径，提出直接设置轴承载荷传感器，并优化相关算法，即使车辆速度变化期间，也能改善负载估计精确性。内置列间传感器具体技术发展趋势见图 10-7。

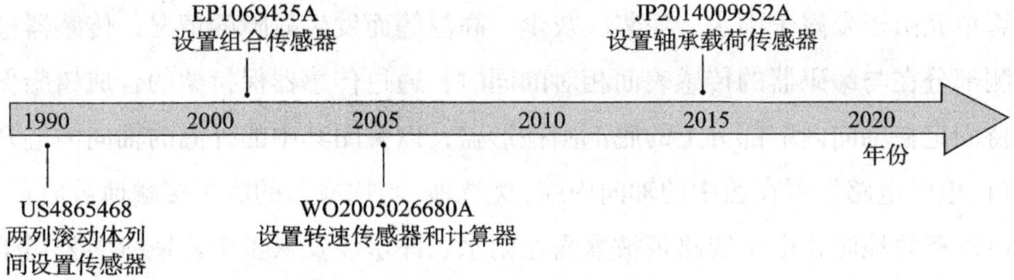


**图 10-7 内置列间传感器方向技术发展脉络图**

### （四）内置环状编码器方向重点关注低成本、提高检测精度，多功能测量

内置环状编码器置于轮毂轴承内部，结构紧凑、重量轻，多用于非驱动轮，如传感转子输出信号强，低速行驶时无源传感元件也可测量车轮速

度。相对于其他技术分支，涉及内置列间传感器主体的专利申请量少，主要申请人包括舍弗勒两合公司、日本精工株式会社。舍弗勒技术股份两合公司于 1995 年提交专利申请（US5544962A），改进点在于确保测量精度。日本精工株式会社于 2008 年提交的专利申请（WO2008143349A）提出，针对常规检测结构因传感器支架的热膨胀或热收缩，导致编码器所感测的表面和传感器在轴向的感测部分之间的相对位移，将轮毂轴承配备的编码器与轮毂同心地附接到轮毂的端部且具有与轮毂同心的圆柱形感测表面，传感器支架具有至少保持传感器的环状部，并且在固定于构成罩的圆筒部的内周围的保持环埋设于传感器支架的状态下，经由保持环安装于筒部环形部分的轴向中间部分，传感器被保持在由金属制成并且具有底部并固定到端部的圆柱形盖中，使得外环的端部开口在感测部分与感测表面相对的状态下。被覆盖通过由合成树脂制成的传感器夹持器，可以抑制因传感器支架的热膨胀或热收缩直接产生有害的轴向相对位移。日本精工株式会社于 2009 年提交的专利申请（JP2009186390A）提出，为避免现有结构中组装到汽车上的状态量的计算单元由于暴露于雨水、泥浆、灰尘、高温等而发生故障的情况，传感器检测部分在与编码器的传感表面相对的同时，通过传感器保持架的合成树脂保持固定在轴向内端部分上的底部圆柱形盖，以关闭其中的外圈的轴向内端开口，电子电路设置在盖中的轴向内端，优选地，与构成盖的底板接触地被放置，可以有效地防止电子线路板被暴露在雨水、浑水以及灰尘中。斯凯孚公司于 2015 提交的申请（DE102015216576A）提出，将 ABS 传感器设置为可扩展型，至少一个传感器测量例如车轮轴承处的负载和 / 或重量力和 / 或温度和 / 或旋转方向和 / 或磨损，并向电子元件发送信号。电子元件将这些信号数字化，并将数字化后的信号传输到功能性 ABS 传感器，一起发送到车辆控制单元。因此，在车轮轴承处进行的测量有关的所有信号，尤其是数字形式的信号，都通过 ABS 传感器传输。具体技术发展趋势见图 10-8。

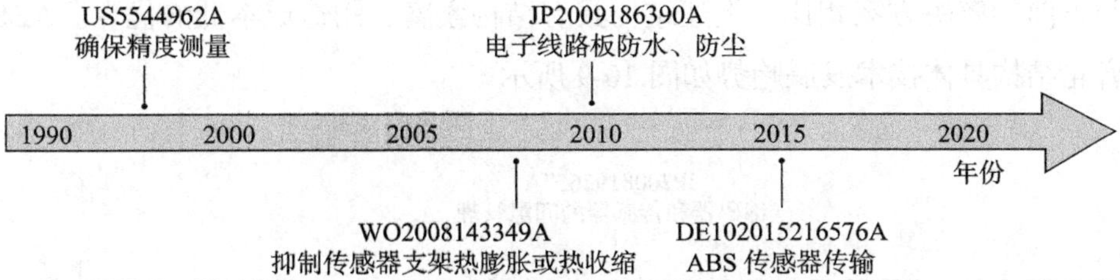


**图 10-8　内置环状编码器方向技术发展脉络图**

## （五）ABS音轮结构向低成本、结构紧凑、智能化方向发展

传统的测速音轮通常配合安装在驱动轮等速万向节的外圈或非驱动轮用轴承的外圈上，传统传感器转子存在体积大和重量重的缺点，相应的专利申请量在近些年有所降低，但因其结构简单、成本较低，仍吸引一些研发主体的关注，主要申请人包括舍弗勒两合公司、日本精工株式会社等。在传统结构中，检测部分所涉及部件的供应目的地不同，难以管理编码器和传感器。由于结构不能可靠地检测转速信号，针对上述技术问题，日本精工株式会社 2008 年提出的专利申请（JP2008190657A）提出，在轮毂单元中，转速检测器、通过轮毂螺栓安装到轮毂法兰的车辆中心侧平坦部分的轭架、在轭架和安装的编码器中包括连接到外圈的传感器提供轮毂单元轴承，传感器和编码器传感器在预定间隙处的径向上相对，采用上述结构，在轮毂单元轴承的状态下，容易管理检测单元中编码器和传感器的间隙大小。

针对传统传感器转子体积大等缺点，舍弗勒两合公司 2016 年提出申请（DE102015210983A），其中，旋转轴承环形成为音调轮，其直接或间接地包括到端面的波纹轮廓。在音轮功能的工作条件下，在固定速度传感器之前，用波形旋转密封轴承环。声轮上波纹轮廓的凸起或凹口引起的旋转变化周期性地改变相对于传感器的距离。由于作为组合部件包围旋转轴承环的编码器，与先前的解决方案相比，上述结构具有结构紧凑、制造成本低的优点。ABS音轮结构具体技术发展趋势如图 10-9 所示。

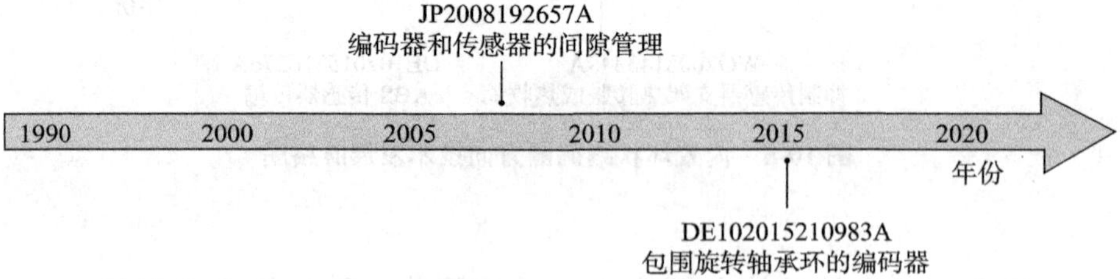


**图 10-9　ABS 音轮结构技术发展脉络图**

## 五、未来技术发展预测

作为传统的机械行业之一，汽车轮毂轴承传感技术发展较为稳定，虽然因 ABS 测量装置在轴承安装位置不同而在结构上有所区别，但万变不离其宗，主流技术将继续沿着传感器与轮毂轴承一体化方向进行，在轮毂轴承外部恶劣的环境下，如何提高密封性，具备良好的耐热、防泥浆和防污水性能，使结构紧凑并控制成本始终是所属领域技术人员关注的重点之一。此外，通过对安装结构、安装工艺改进，保持编码器与传感结构之间适当的气隙，确保检测精度，是所属领域的研发方向。再者，随着汽车轮毂轴承向智能化发展，研发人员不仅关注轴承旋转速度，还关注轴承内部运转状态，如载荷、应力、振动、温度、润滑等状态，检测轴承参数从早期多个传感器简单集合向功能集成转化，即尽量采用最少数量的传感器检测轴承状态，并优化相关算法，可实现对多个轴承状态参数的检测。

## 六、本章小结

本章通过对国内外相关领域的专利进行统计分析，对该领域技术在国内外专利申请现状进行了全面介绍，对该领域中的关键专利进行了重点分析，希望能对我国相关技术的发展有所帮助。

## 参考文献

[1] 李智 . 汽车轮毂轴承专利研究分析 [J]. 科技风，2019（5）：136.

[2] 刘汝卫 . 汽车轮毂轴承的发展现状及趋势 [J]. 现代机械，2009（6）：78-80.

[3] 陈钊 . 汽车 ABS 技术发展趋势研究 [J]. 农业装备与车辆工程，2006（8）：39-41.